DK 英国中小学生STEAM课程

Scratch + Python 编程很简单

第 2 版

邹华晓 译

中国大百科全书出版社

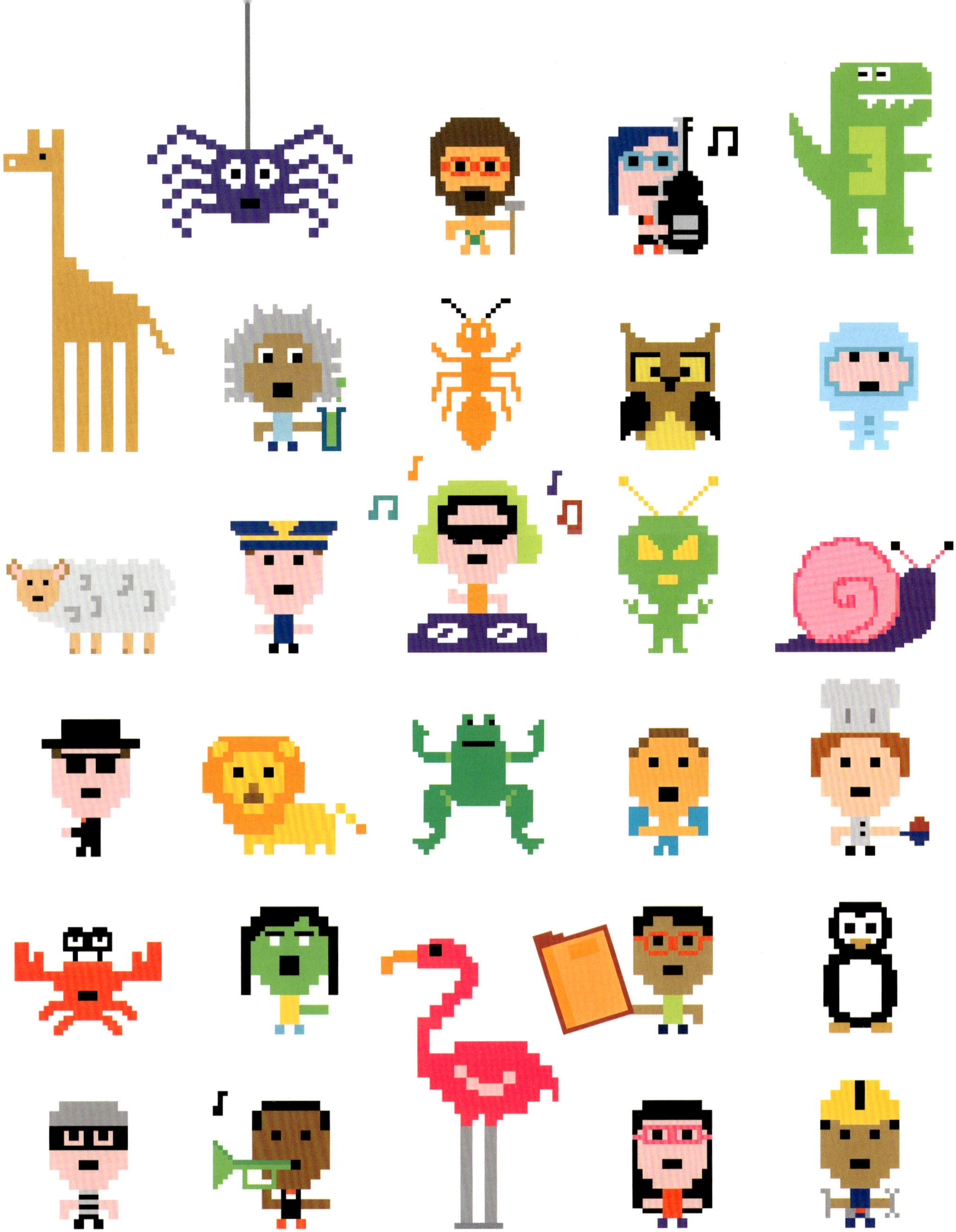

DK 英国中小学生STEAM课程

Scratch + Python 编程很简单

第2版

邹华晓 译

从二进制代码到创建游戏，
独特的分步骤可视化学习指南

中国大百科全书出版社

Original Title: Computer Coding for Kids

北京市版权登记号：图字01-2022-0798

图书在版编目（CIP）数据

DK编程很简单 / 英国DK公司编；邹华晓译. — 2版. — 北京：中国大百科全书出版社，2022.4
书名原文：Computer Coding for Kids
ISBN 978-7-5202-1096-6

Ⅰ. ①D… Ⅱ. ①英… ②邹… Ⅲ. ①程序设计—少儿读物 Ⅳ. ①TP311.1-49

中国版本图书馆CIP数据核字（2022）第048067号

译　　者：邹华晓

策 划 人：杨　振
责任编辑：吴　宁
封面设计：殷金旭

DK编程很简单（第2版）
中国大百科全书出版社出版发行
（北京阜成门北大街17号　邮编 100037）
http://www.ecph.com.cn
新华书店经销
当纳利（广东）印务有限公司印制
开本：889毫米×1194毫米　1/16　印张：14
2022年4月第2版　2022年4月第1次印刷
ISBN 978-7-5202-1096-6
定价：138.00元

For the curious

www.dk.com

混合产品
源自负责任的森林资源的纸张
FSC® C018179

卡罗尔·沃德曼，大英帝国员佐勋章获得者，拥有剑桥大学工程学位，是英国最受欢迎的电视节目主持人之一，以卓越的数学才能而闻名。她主持过许多以科技为主题的电视节目，比如《明日世界》《怎样做》。此外，她还主持了26年第4频道的《倒计时》节目。她十分关注科技动态，并且对编程兴趣浓厚。

乔恩·伍德科克拥有牛津大学物理学学士学位和伦敦大学计算天体物理学博士学位。他从8岁开始编程，曾为从单片机到世界一流的超级计算机等各种计算机编程。他参与的项目包括太空模拟、高科技公司调研以及使用垃圾制造智能机器人。他对编程教学充满热情，在学校组建了编程俱乐部。他曾担任许多科技书籍的撰稿人和顾问。

克雷格·斯蒂尔是计算机科学教育专家，致力于为学生创造有趣且富有创造力的学习环境。他是苏格兰CoderDojo公司的创始人，这家公司开设免费的青少年编程俱乐部。他运营的数字工作室与树莓派基金会、格拉斯哥科研中心、格拉斯哥艺术学院、英国电影电视艺术学院、英国广播公司都有合作。他使用的第一台计算机是ZX Spectrum。

肖恩·麦克马纳斯从9岁开始学习编程。他接触的第一门编程语言是LOGO。如今，他是一位技术作家和记者。他的著作有《轻松掌握Scratch》《轻松掌握网页设计》等。想要了解更多Scratch游戏和教程，可以访问他的网站：www.sean.co.uk。

克莱尔·奎格利毕业于格拉斯哥大学计算机科学学院，并先后获得了理学学士学位和博士学位。她曾在剑桥大学和格拉斯哥科研中心的计算机实验室工作，目前正在为爱丁堡的小学开发音乐与科技资源项目。她还受聘于CoderDojo公司，担任编程导师。

丹尼尔·麦卡弗蒂拥有思克莱德大学计算机科学学位。他曾在银行和广播公司担任软件工程师。他现在居住在格拉斯哥，主职是教青少年编程。

目录

更多信息请查询：
www.dk.com/computercoding

前言

几年以前，计算机编程看起来像是只有专家才能掌握的神秘技能。对很多人来说，认为编程很有趣的想法简直匪夷所思。但是近几年，世界发生了翻天覆地的变化，互联网、电子邮件、社交网络、智能手机和 App（应用程序，application 的缩写）发展迅猛，它们已然改变了我们的生活方式。

计算机现在已经成为我们生活的重要组成部分。联系他人时，我们不仅可以打电话，还可以发短信或使用社交媒体。从购物、娱乐到新闻、游戏，我们恣意享受着计算机为我们提供的一切便利。值得注意的是，我们不仅可以使用计算机，还可以创造新程序。学会编程，我们就能创作自己的数字作品。

计算机所做的一切都是由人通过键盘输入的代码控制的。编程语言看起来可能像一门外语，却是任何人都能快速掌握的语言。许多人认为编程已经成为 21 世纪人们需要掌握的最重要的技能之一。

学习编程的过程非常有趣，无论你学会了多少，成果都是立竿见影的。事实上，制作游戏、编写程序的过程都非常有趣，一旦你产生了兴趣，编程就会变得毫不费力。同时，编程还需要创造力，它也许是第一门综合了艺术、逻辑、故事情节和商业的科学。

不仅如此，编程还是一种奇妙的生活技能。它提高了我们的逻辑思维和解决问题的能力。这两种能力在生活中的许多不同领域，从科学、工程到医学、法律都至关重要。未来涉及编程的工作将急剧增加，如今优秀的程序员已经供不应求。学习编程，数字世界属于你！

卡罗尔·沃德曼

Carol Vorderman

如何使用本书?

本书介绍了学习编程需要掌握的所有基础概念，并且通过有趣的项目将理论付诸实践。有关编程的内容会被进一步分解，使小读者更易学习和理解。

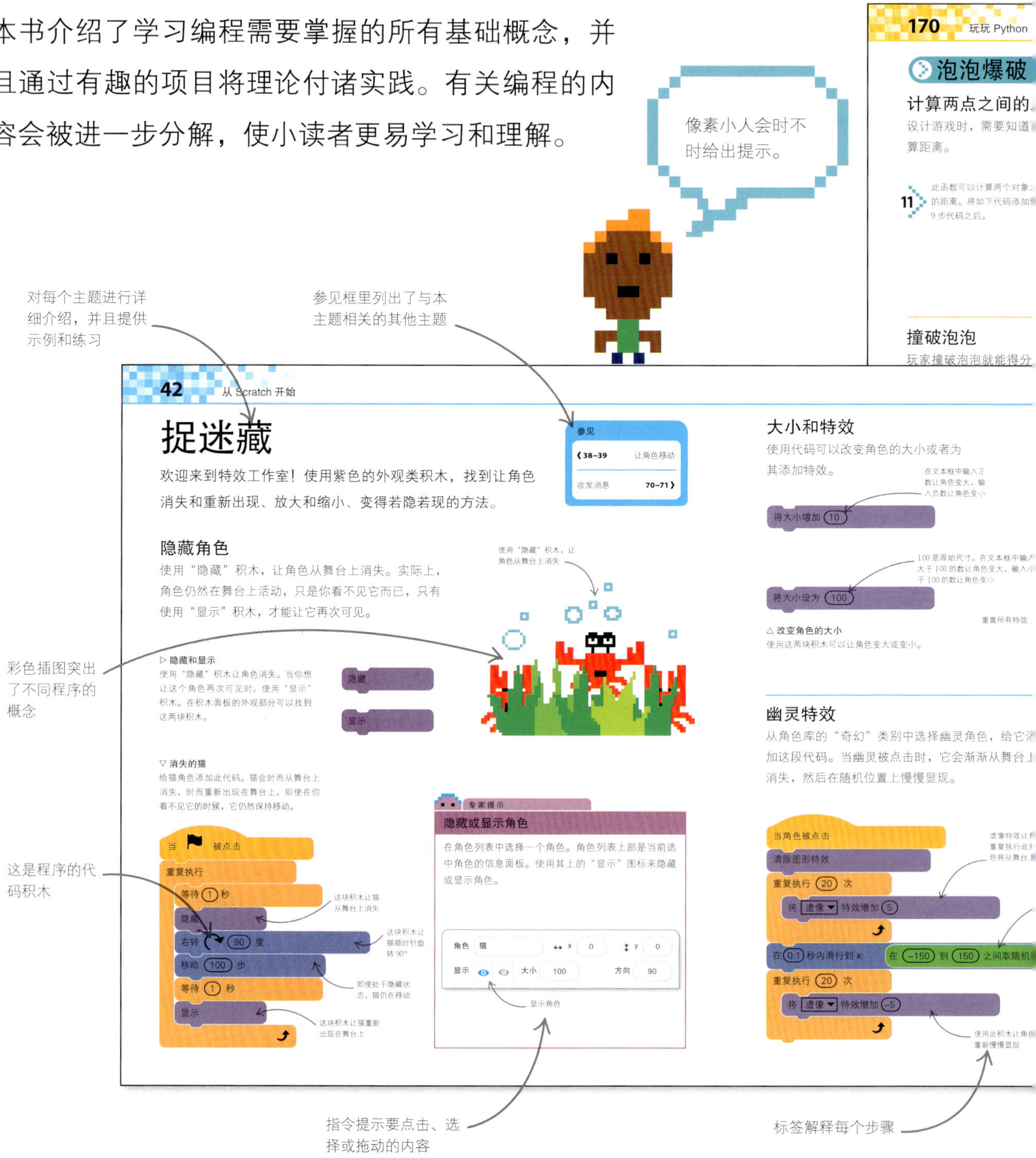

通过 7 个项目培养你的编程技能。项目页面用蓝色长条标记

简洁的分步说明指导你完成项目

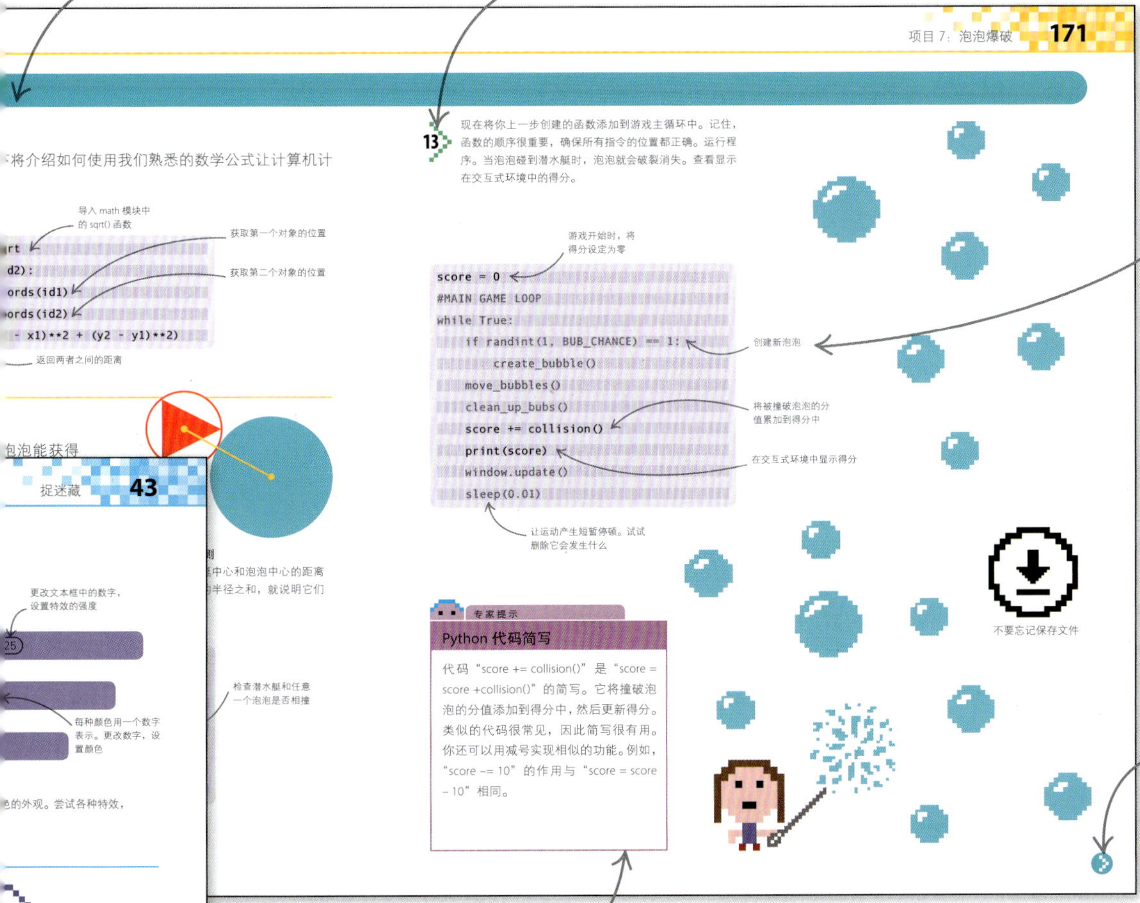

几乎每行代码都有简洁的标签，以防你出错

此图标表示项目未完，下一页继续

信息框提供额外的信息，如专家提示、术语和要记住的事等

专家提示

何时保存

每个项目页面上都有这个图标，为的是提醒你该保存文件了，以免在计算机系统崩溃时丢失文件。记得经常保存你的成果哦！

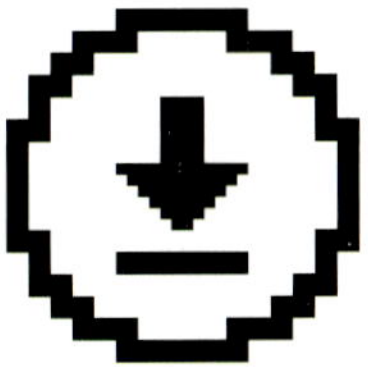

不要忘记保存文件

1

什么是编程？

什么是程序?

程序（program）是计算机（computer）为了完成某项任务执行的一组指令（instruction）。编程即编写告诉计算机该做什么的分步指令。

参见
像计算机一样思考 16~17》
成为一名程序员 18~19》

程序无处不在

我们的周围到处都是程序。我们日常使用的许多设备和工具都由程序控制。这些东西都遵从由程序员编写的分步指令工作。

◁ **手机**
通过程序，你可以用手机打电话、发短信。当你搜索联系人时，程序会帮你找到相应的电话号码。

△ **软件**
从浏览网页到撰写文档再到播放音乐，计算机所做的一切都依赖程序员编写的代码（code）。

◁ **游戏机**
游戏机是另一种类型的计算机，游戏机里的所有游戏都是程序。游戏里的所有图像、声音和控件都是用代码编写的。

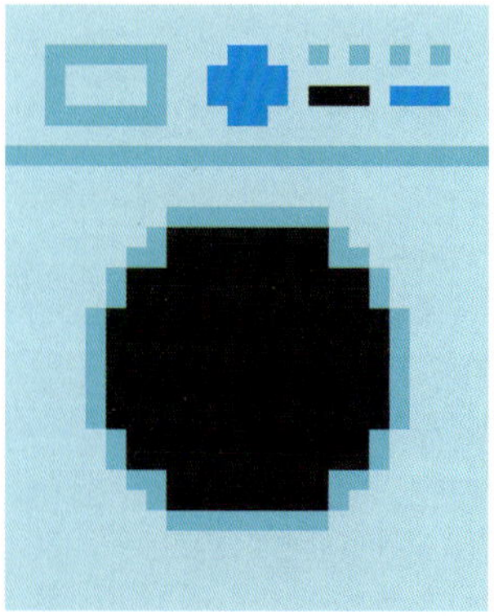

△ **洗衣机**
程序让洗衣机可以按照不同的洗衣选项工作。代码控制水温和洗涤时间。

▷ **汽车**
汽车中的一些程序负责监控汽车的行驶速度、车厢内的温度以及油箱剩余油量。程序甚至可以帮助控制刹车，以保障人们的安全。

程序如何工作？

计算机可能看起来很聪明，但实际上它们只是能够非常快速且准确地执行指令的盒子。作为聪明的人类，我们可以通过编写程序让它们完成不同的任务。

1 计算机无法思考

计算机不会主动去做任何事情，需要程序员向它们发出指令。

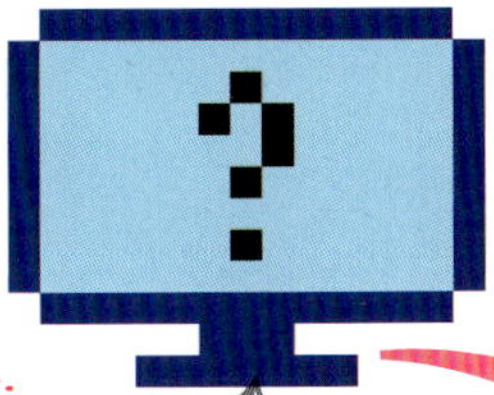

没有指令，计算机一无是处

2 编写程序

你可以通过编写一套非常详细的指令即程序，告诉计算机要做什么。每条指令都必须足够具体，这样计算机才能够理解。如果指令不正确，计算机将无法按照你的预期运行。

这是一个倒计时发射程序

```
for count in range(10, 0, -1):
    print("Counting down", count)
```

3 编程语言

计算机只能按照它们所能理解的语言执行指令。程序员应该选择与任务最匹配的编程语言(programming language)编写程序。

```
for count in range(10, 0, -1):
    print("Counting down", count)
```

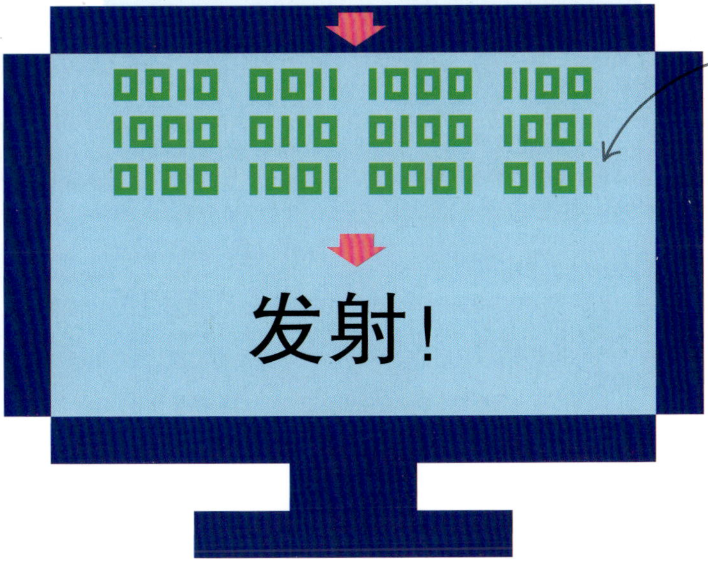

所有程序最终都会转换成二进制代码（ binary code ）——一种仅使用 1 和 0 的机器语言（ machine language ）

术语

硬件和软件

硬件（ hardware ）是指你可以看到或触摸到的计算机的物理部分，如电线、电路、键盘、显示屏等。软件（ software ）是指在计算机内部运行并控制其工作的程序。软件和硬件相互协作，让计算机做有意义的事情。

像计算机一样思考

程序员必须学会像计算机一样思考。所有的任务必须被分解成具体的步骤，使得计算机易于执行，并且不会出错。

参见
《14~15 什么是程序？
成为一名程序员 18~19》

像机器人一样思考

想象一下，咖啡厅里的服务员是机器人。机器人的大脑是一台计算机，需要事先被告知如何将食物从厨房端到坐在餐桌旁的顾客面前。首先，我们必须将这个过程分解成计算机可以理解的简单任务。

术语

算法

算法（algorithm）是一组用于执行任务的简单指令。程序是一种已被翻译成计算机能够理解的语言的算法。

1 机器人服务员程序之一

使用这个程序，机器人会抓起盘子里的食物，冲破厨房墙壁进入用餐区，把食物放在顾客一旁的地板上——程序不够详细。

1. 拿起食物
2. 从厨房移动到顾客所在的餐桌边
3. 放下食物

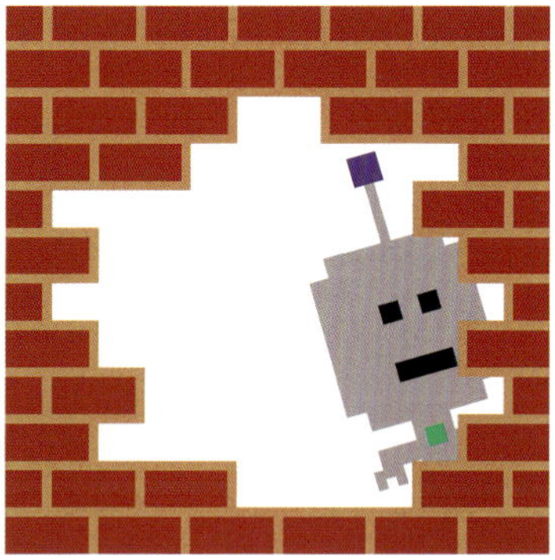

◁ 糟糕！
指令不清晰。我们忘记告诉机器人该怎样利用门通行了。利用门通行对人类来说是理所当然的事情，但是计算机不能独立思考，所以我们应该提前告诉计算机。

2 机器人服务员程序之二

这次，我们事先告诉机器人如何利用门通行。机器人穿过门以后，撞到用餐区的猫，摔倒了，还把盘子打碎了。

1. 端起一个摆好食物的盘子
2. 通过以下方式从厨房移动到顾客所在的餐桌边
    - 移动到厨房和用餐区之间的门前
    - 穿过门，移动到顾客所在的餐桌边
3. 把盘子放在顾客面前的餐桌上

△ 还是不完美
机器人不知道如何应对猫之类的障碍物。我们需要给机器人下达更详细的指令，使它能够安全移动。

3 **机器人服务员程序之三**

使用这个版本的程序，机器人就能成功避开障碍物，将食物送到顾客面前。不过放下盘子后，机器人仍然站在餐桌边，而其他食物还堆积在厨房里等待被端给客人。

1. 端起一个摆好食物的盘子，并且让盘子时刻保持水平
2. 通过以下方式从厨房移动到顾客所在的餐桌边
    - 移动到厨房和用餐区之间的门前
        - 检查并绕过障碍物
    - 穿过门，移动到顾客所在的餐桌边
        - 检查并绕过障碍物
3. 把盘子放在顾客面前的餐桌上

△ **成功了吗？**
最后，机器人终于将食物安全送达。但我们忘了给它下达指令，让它回到厨房拿下一盘食物。

真实案例

在我们身边，类似的程序正在运行，比如由计算机控制的电梯。电梯应该上升还是下降？接下来该去哪一层？

1. 等待电梯门关闭
2. 等待按钮被按
    - 如果所按楼层高于当前楼层
        - 电梯上升
    - 如果所按楼层低于当前楼层
        - 电梯下降
3. 如果所按楼层为当前楼层，电梯等待
4. 打开电梯门

◁ **电梯程序**
为了使电梯能够正常、安全地运行，每一步指令都必须准确、清晰，并且涵盖所有的可能情况。程序员必须确保他们创建的程序是合理的。

成为一名程序员

程序员是为我们在计算机上所见所做的一切编写程序的人。你可以通过学习编程来创建属于自己的程序。

参见
什么是 Scratch？ 22~23 ❯
什么是 Python？ 86~87 ❯

编程语言

有多种编程语言可供你选择。不同的编程语言用于完成不同的任务。以下是一些时下最流行的编程语言以及它们适用的场合。

C语言	编写计算机操作系统（operating system，缩写为 OS）的强大语言。
Ada	编写控制宇宙飞船、人造卫星和飞机的程序。
Java	编写计算机、手机和平板电脑的程序。
MATLAB	非常适合编写需要处理大量运算的程序。
Ruby	自动将大量信息转换成网页。
JavaScript	搭建交互式网站。

Scratch 一种可视化编程语言，非常适合编程入门。这是本书详细介绍的第一种编程语言。

Python 一种基于文本的编程语言，可以编写各种各样的程序。这是本书详细介绍的第二种编程语言。

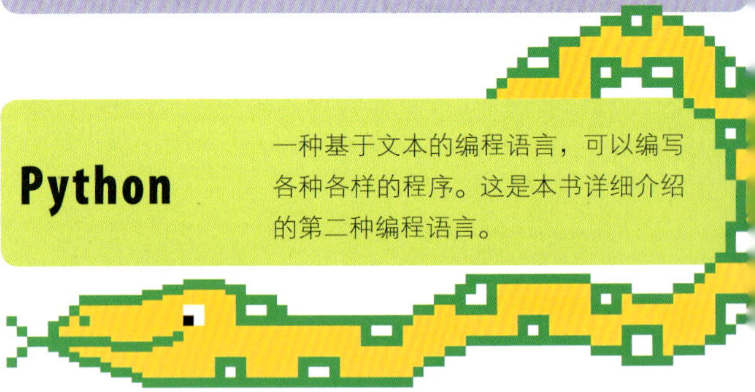

什么是 Scratch？

Scratch 非常适合编程入门，因为只需要像搭积木一样将 Scratch 的代码积木（简称积木）搭在一起就能创建程序，而不需要输入代码。Scratch 简单易学，还能教会初学者使用其他编程语言的关键——思维方式。

什么是 Python？

世界各地的人都在使用 Python 开发游戏、工具和网站。这是你需要掌握的另一种很棒的编程语言。Python 的代码由英文单词、数字和符号组成，所以我们阅读和理解用它编写的程序相对容易。

ghostgame

IDLE File Edit Format Run Window Help

```
# Ghost Game
from random import randint
print("Ghost Game")
feeling_brave = True
score = 0
while feeling_brave:
    ghost_door = randint(1, 3)
    print("Three doors ahead...")
```

用 Python 编写的程序

开始

现在该开始学习编程了。你只需要一台连接互联网（internet）的计算机。本书从 Scratch 开始介绍。Scratch 是一种可以帮你成为编程专家的完美语言。准备好，让我们一起进入有趣的编程世界吧！

专家提示

乐在实践

作为程序员，你应该经常运行自己编写的代码和程序。学习编程的要点之一是敢于尝试，改变代码的不同部分，看看会发生什么。通过不断地尝试和完善代码，你将发现新的编程方式，学到更多的编程知识，并且从中获得更多的乐趣。

2

从Scratch开始

什么是 Scratch？

Scratch 是一种让编程变得简单易学的可视化语言。我们可以用它制作各种各样好玩的程序。

参见

安装和启动 Scratch 24~25 ❯

Scratch 界面 26~27 ❯

彩色的积木与代码 30~31 ❯

了解 Scratch

Scratch 是制作游戏和动画的不二选择。它还附带大量可供你选择的酷炫图像和声音文件。

1 开始编程

Scratch 是一种编程语言。用 Scratch 编程不怎么需要打字，所以它很容易上手。

2 把积木搭在一起

Scratch 有许多彩色积木，从中选择你需要的积木，并把它们搭在一起，就组成了一行行的代码，这就是一组指令。

3 让角色动起来并说话

我们可以将人物、交通工具、动物等对象（object）添加到程序中。这些对象被称为角色（sprite）。积木能让这些角色移动、讲话。

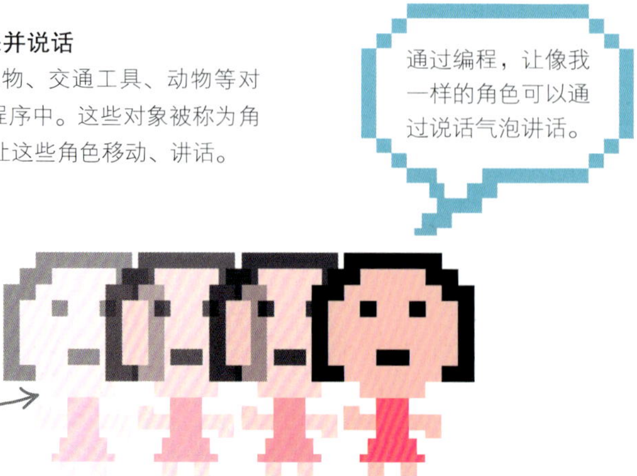

术语

为什么叫 Scratch？

Scratching 是将不同的声音混合在一起制作新乐曲的方式。Scratch 编程语言让你可以通过混合图像、声音和积木的方式制作新程序。

一个典型的 Scratch 程序

以下是 个 Scratch 程序示例。所有行为都发生在程序界面的某个固定区域，我们将之称为舞台（stage）。先把背景和角色添加到舞台上，然后开始编写代码（也称为脚本）使事件发生。

▽ 运行程序

运行程序即为开始一个程序。点击舞台左上角的小旗按钮，运行用 Scratch 编写的程序。

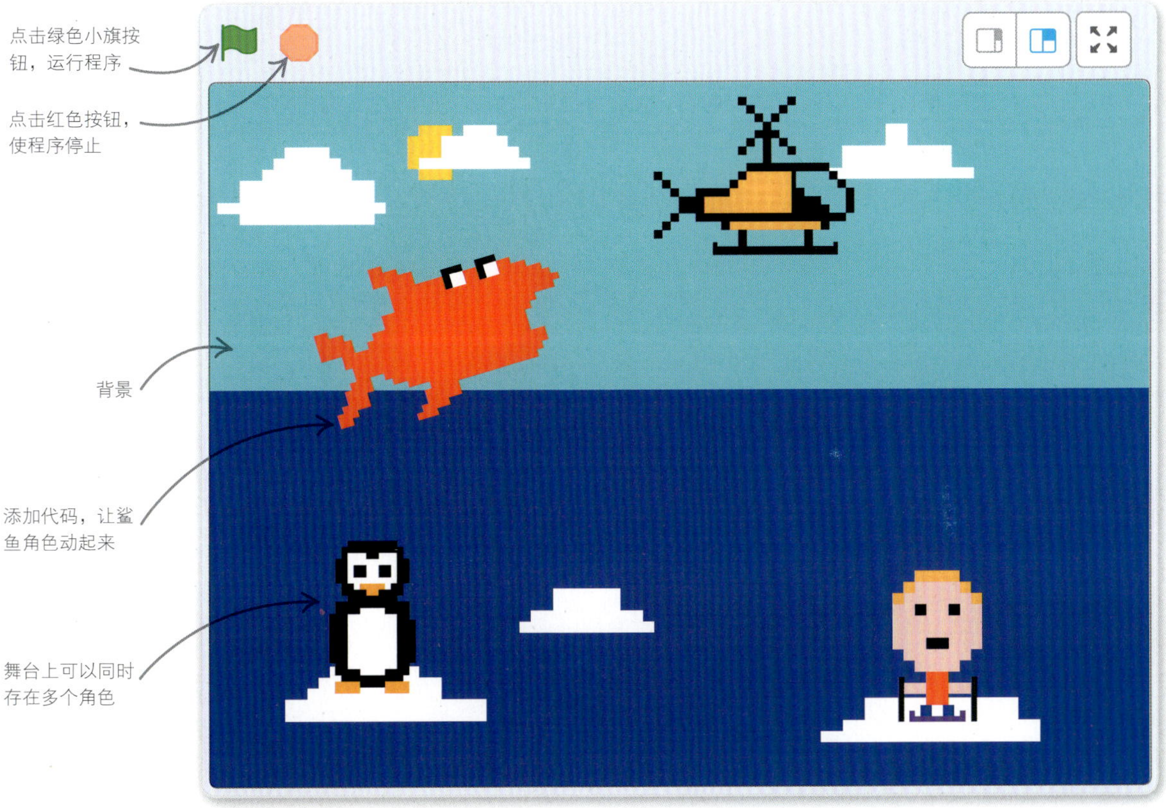

▷ 积木让角色动起来

Scratch 积木就是代码。这段代码让鲨鱼每次移动到舞台边缘时就会反弹。"下一个造型"积木让鲨鱼在移动时张合嘴巴。

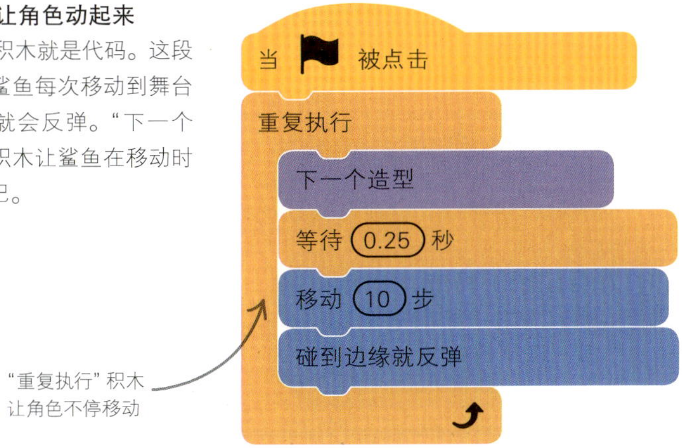

记住

Scratch 程序

在 Scratch 里，你保存的文件（file）被称为项目（project）。一个项目应包含你所使用的所有角色、背景、声音和代码。当你再次打开这个项目时，一切都应是你保存时的样子。一个 Scratch 项目就是一个程序。

安装和启动 Scratch

开始用 Scratch 编程以前，要先有 Scratch 软件。你可以把软件安装（install）在计算机里，也可以使用在线版。

专家提示

下载提示

如果无法从 Scratch 网站下载安装程序，可以通过以下途径获取 Scratch 3.0 安装程序（请注意对操作系统的要求）：

Windows 10+：Microsoft Store

macOS 10.13+：App Store

ChromeOS：Google Play

Android 6.0+：Google Play

创建 Scratch 账号

Scratch 账号（account）可以分享你通过 Scratch 网站编写的程序。Scratch 网站还可以在线保存文件。访问 http://scratch.mit.edu/，点击“加入”创建你的账号。

▷ **开始**

使用 Scratch 的方式有两种，一种是在线方式，另一种是离线方式。

	1 注册 / 安装	**2 登录 / 启动**
 在线版	访问 http://scratch.mit.edu/，点击“加入”。创建用户名和密码。注意，事先获得父母或监护人的许可，你才可以访问网站。	完成注册以后，点击“登录”，输入你的用户名和密码。点击屏幕顶部的“创建”，开始创作你的作品。
 离线版	访问 http://scratch.mit.edu/download，下载 Scratch 安装程序。安装程序运行完毕，Scratch 图标会出现在你的桌面上。	双击桌面上的 Scratch 图标，启动程序，然后你就可以开始编程了。

专家提示

鼠标控制

如果鼠标有一个以上的按键，点击指令表示单击鼠标左键，右击指令表示单击鼠标右键。如果鼠标只有一个按键，可以按住键盘上的“Ctrl”键，同时单击鼠标，完成右击指令。

不同版本的 Scratch

本书使用的是 Scratch 3.0。建议读者尽可能使用此版本，因为 Scratch 3.0 与旧版略有不同。

△ Scratch 2.0
旧版 Scratch 中，舞台位于界面左侧。

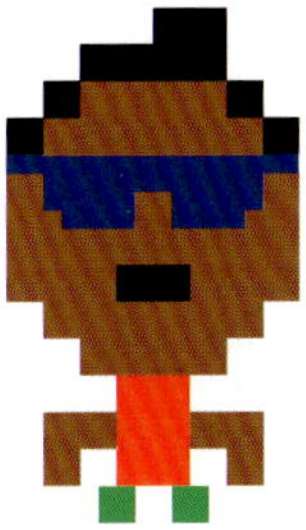

△ Scratch 3.0
新版 Scratch 增加了一些新积木，舞台位于界面右侧。

3 保存文件

当你登录以后，Scratch 会自动为你保存文件。需要查找作品时，点击位于屏幕右上方的用户名，选择“我的东西”即可。

点击屏幕顶部的“文件”菜单并选择“保存到计算机”。问一问计算机主人，你可以将作品保存在哪里。

4 操作系统

Scratch 3.0 在线版完美兼容 Windows、macOS、ChromeOS 和 Android 操作系统。

Scratch 3.0 离线版完美兼容 Windows、macOS、ChromeOS 和 Android 操作系统。

Scratch 界面

这是 Scratch 的操作界面。舞台在界面右侧，用户在界面中间编写程序。

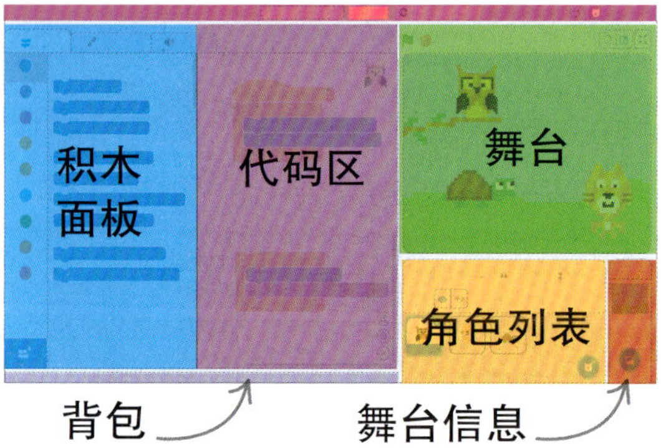

△ Scratch 地图
舞台是演示程序的区域。你可以在角色列表中管理角色，在积木面板上寻找需要的积木，在代码区编写代码。

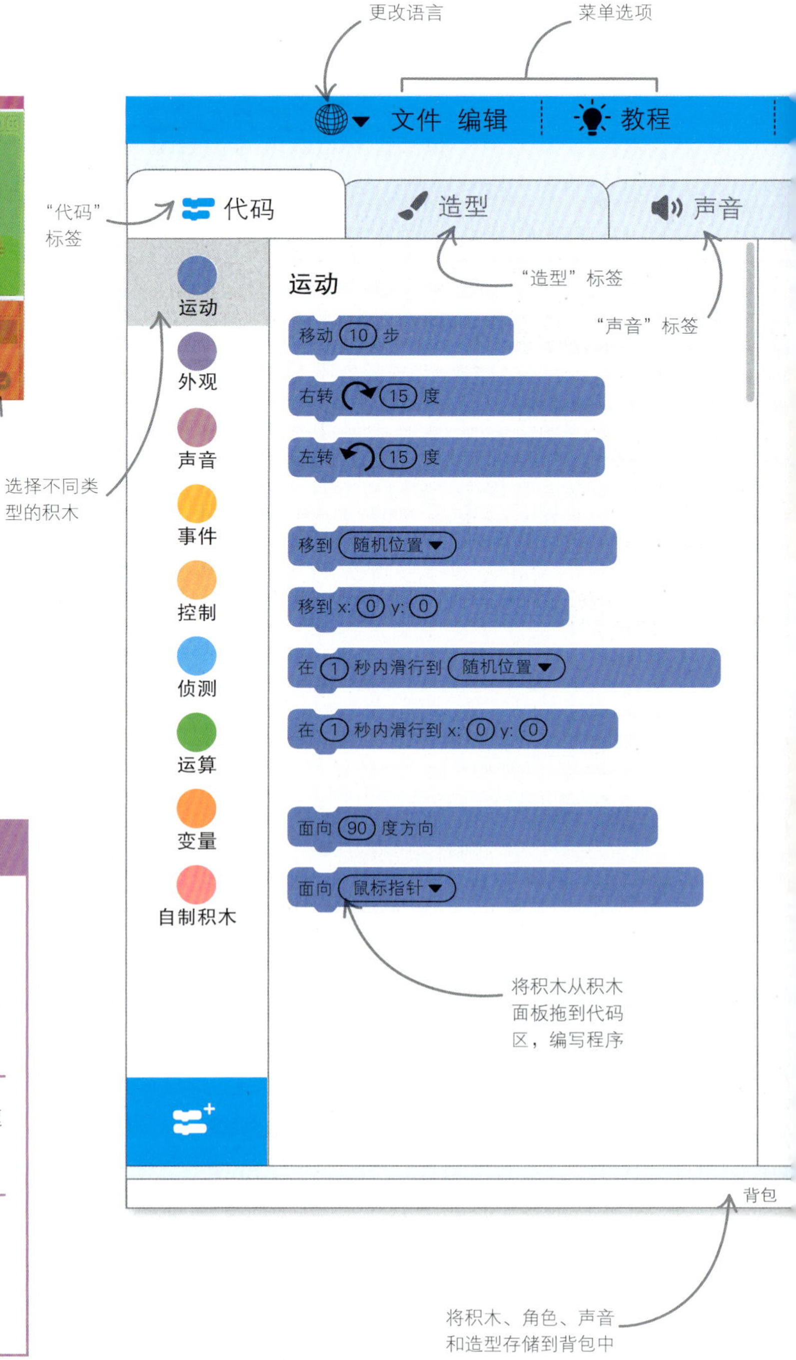

专家提示

菜单选项

这些是位于界面顶部的菜单选项。

文件	保存文件、打开计算机中保存的文件或开始一个新项目。
编辑	撤销（undo）错误操作或打开加速模式。
教程	如果你遇到问题，可以在此解惑。

▽ **体验**

点击界面上的各种按钮和标签，尝试使用Scratch。我们会在后面讲解它们的用法。

角色

参见
《26~27 Scratch 界面
造型 40~41》
捉迷藏 42~43》

角色是 Scratch 的基本组成部分。每个 Scratch 程序都是由角色及控制角色的代码组成的。第 32~37 页的“躲避恶龙！”程序使用了猫、龙和甜甜圈角色。

角色能做什么？

角色其实是舞台上的图片。通过搭积木，我们能让角色做一些事情，比如让一个角色回应其他角色或程序用户。以下是角色可以做的一些事情。

- 在舞台上移动
- 触碰到某个物体时做出反应
- 改变外观
- 被程序用户控制
- 发出声音
- 通过说话气泡交流

Scratch 界面上的角色

每个项目可以有多个角色，每个角色又可以有自己的代码。给不同的角色添加相应的代码，并且清楚怎样在不同角色的代码区之间进行切换（switch），这两点至关重要。

▷ **角色和代码**
一个项目可以有很多个角色，每个角色可以有长长的代码。

创建和编辑角色

当有更多的角色在舞台上相遇、追逐或躲避时，游戏会变得更精彩。创建、复制和删除角色很简单。

▽ 创建角色

将鼠标指针移至角色列表中的猫头按钮，弹出菜单，为你的程序创建一个新角色。

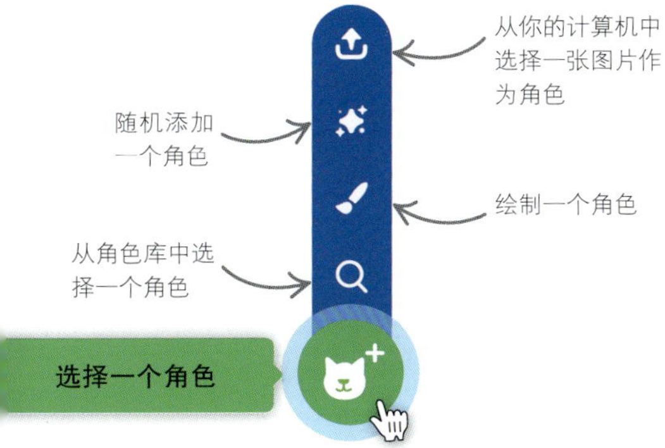

▽ 复制或删除角色

要复制一个角色及其代码，只需要在角色列表中右击该角色并选择“复制”。

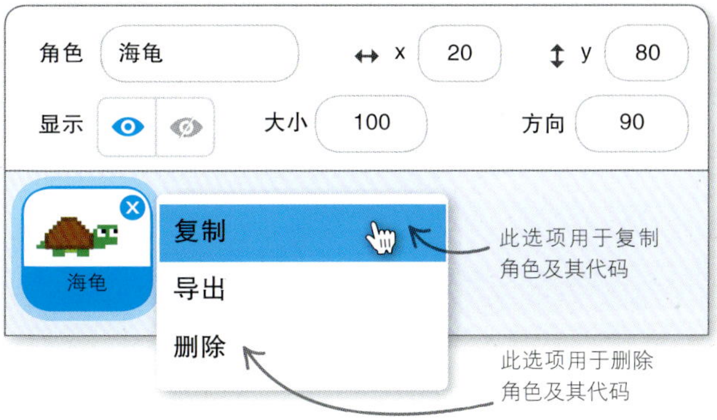

给角色命名

当你开始编写新程序时，猫角色名为角色 1。如果给角色起个更有意义的名字，编写程序也会更容易一些。这样还有助于理解和管理程序代码。

1 选择角色

点击角色列表中的角色，代表选中该角色。

2 修改名称

点击信息面板上的文本框，使用键盘修改角色名称。现在，角色就完成重命名了。

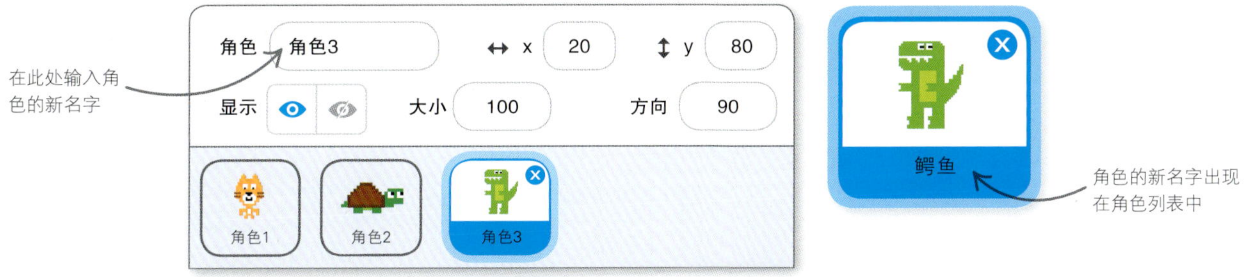

彩色的积木与代码

积木是根据功能分类并用不同颜色标记的代码。将它们搭在一起可以构建程序。程序按照积木搭建的顺序运行代码。

参见
❮ 26~27 Scratch 界面
项目 1：躲避恶龙！ 32~37 ❯

彩色的积木

Scratch 有 9 种不同类型的积木。使用积木面板上的按钮进行切换。点击任意一种颜色的按钮，查看其中包含的所有积木。

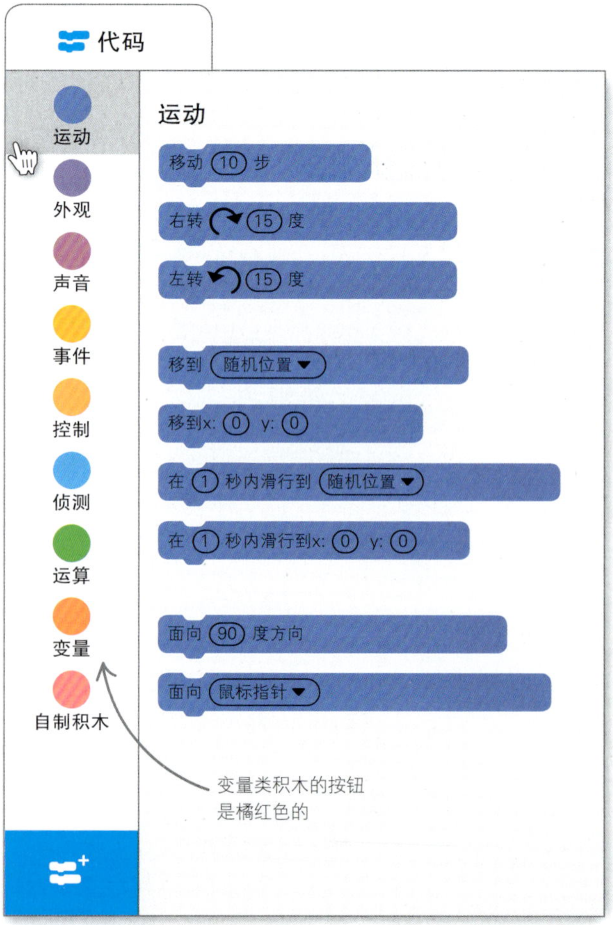

积木的功能

不同类型的积木负责完成不同的事情。一些让角色移动，一些管理声音，一些决定事件何时发生。

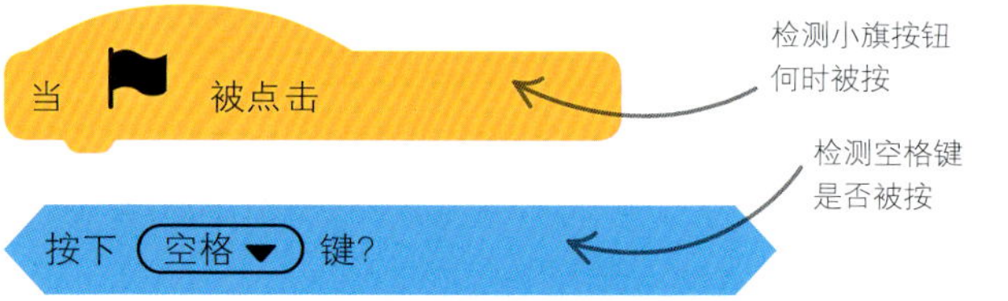

△ 事件和侦测

黄色的事件类积木让事件发生。浅蓝色的侦测类积木检测键盘、鼠标以及角色正在碰触的物体。

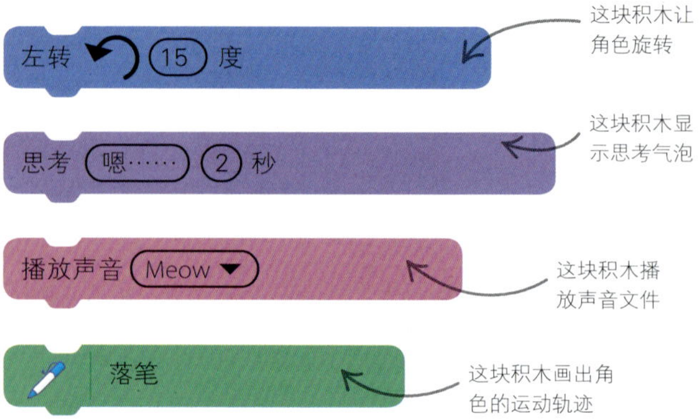

△ 运动、外观、声音和画笔

这些积木控制角色在舞台上的行为，即程序的输出。选择一个角色，并试试每块积木，看看它们能让角色做什么。

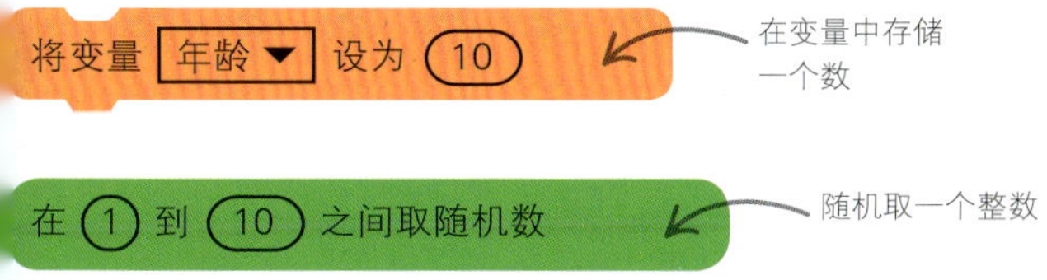

△ **变量和运算**
橘红色的变量类积木和绿色的运算类积木能够存诸数字和文字，并且完成相关的指令。

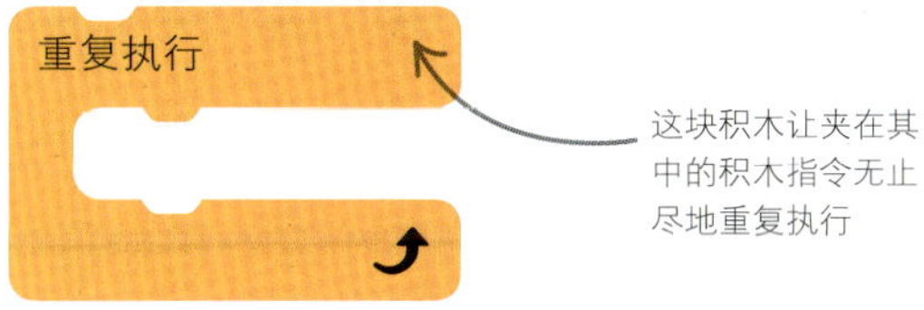

△ **控制**
控制类积木决定其他积木何时运行，还可以控制指令重复执行。

代码流

程序运行时，Scratch 依次执行积木指令，顺序是从顶部开始向下执行。

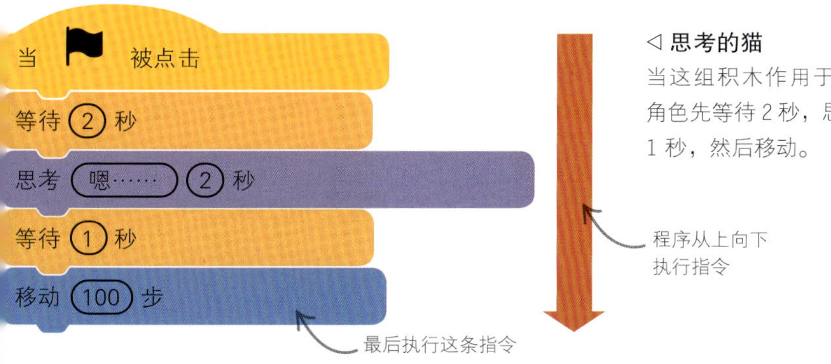

◁ **思考的猫**
当这组积木作用于猫角色时，猫角色先等待 2 秒，思考片刻，停顿 1 秒，然后移动。

运行代码

代码运行时积木会发光。点击舞台左上角的小旗按钮或者代码区的积木，都能使代码运行。

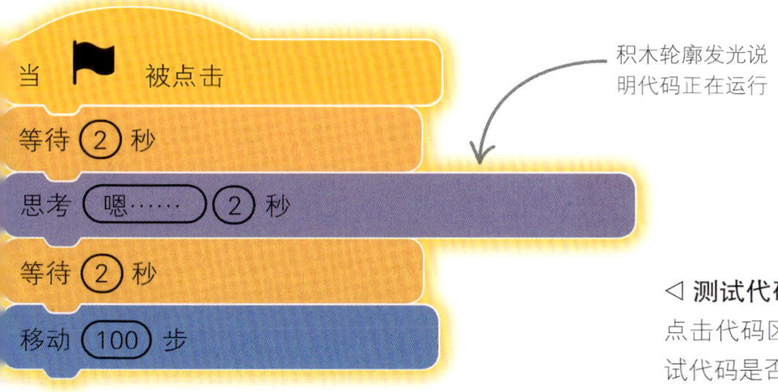

◁ **测试代码**
点击代码区的积木，测试代码是否正常运行。

记住

停止程序

点击舞台左上角的红色停止按钮，停止程序。红色停止按钮的形状是正八边形，它位于用于启动程序的小旗按钮的右侧。

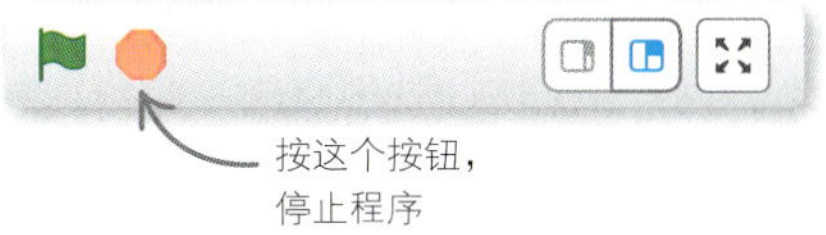

项目 1：躲避恶龙！

这个项目涉及一些 Scratch 编程的基础知识。它展示了如何制作猫躲避喷火龙的游戏。

参见
《24~25 安装和启动 Scratch
《26~27 Scratch 界面

让猫角色移动

猫角色紧随鼠标指针在舞台上移动。仔细按照提示操作，否则游戏可能无法运行。

积木面板

1 打开 Scratch。点击菜单上的“文件”选项，然后点击“新作品”，开始创作。猫角色一开始便出现在舞台上。

2 点击积木面板上的橘黄色“控制”按钮。然后点击“重复执行”积木，按住鼠标左键，并将这块积木拖到右侧的代码区。松开鼠标左键，放下积木。

3 点击积木面板上的深蓝色“运动”按钮，深蓝色的运动类积木就会出现。将“面向鼠标指针”积木拖到代码区，插入“重复执行”积木中间。

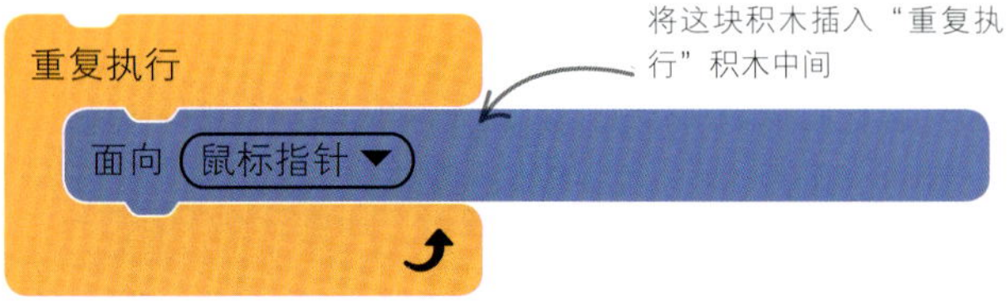

4 点击积木面板上的“事件”按钮。将“当小旗按钮被点击”积木拖到代码区，搭在“重复执行”积木上面。

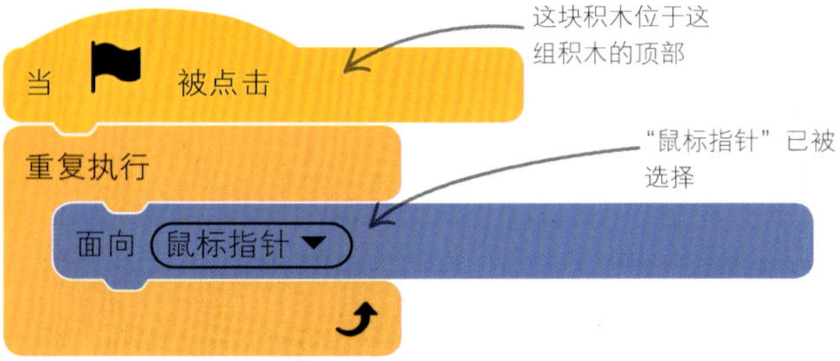

5 点击舞台左上角的小旗按钮，运行程序。当你在舞台区域移动鼠标指针时，猫角色总是转向面向鼠标指针的方向。

6 再次点击“运动”按钮，将“移动 10 步”积木拖到代码区，插入“重复执行”积木中间。点击小旗按钮，让猫角色追逐鼠标指针。

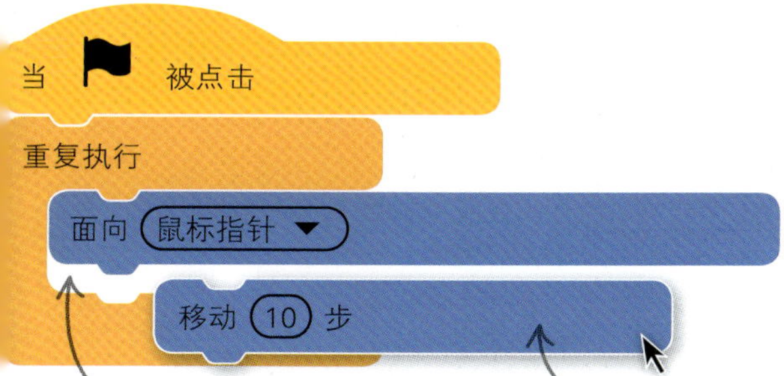

7 角色后面的图片称为背景。角色列表右侧有一个蓝色圆形按钮，可以通过它从背景库中选择背景，添加到程序中。点击这个按钮，在列表中选择“太空”主题，点击名为星空的图片，程序背景就选好了。

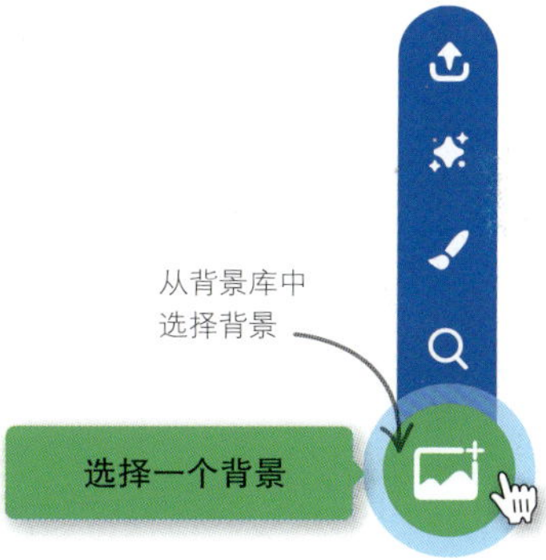

◁ **太空中的猫**
现在，Scratch 界面大概是这样的。运行程序，猫将在太空中紧追鼠标指针。

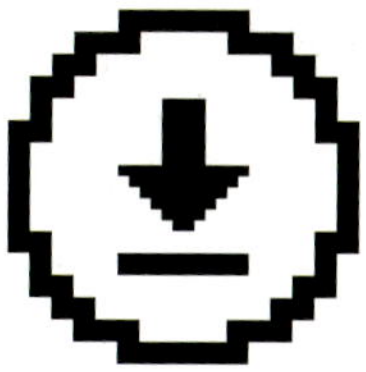

如果你使用的是在线版，Scratch 会自动保存文件；如果是离线版，你需要自行保存文件：点击“文件”，选择“保存到计算机”。

躲避恶龙！

添加一只喷火龙

猫追老鼠很平常，现在让我们试试让喷火龙追猫。不要让喷火龙抓到猫，否则猫会被烧焦。

8 在角色列表的右下角有一个猫头按钮，可以通过它从角色库中选择角色。点击这个按钮，在界面上方的菜单中选择“奇幻”主题，然后选择龙角色。

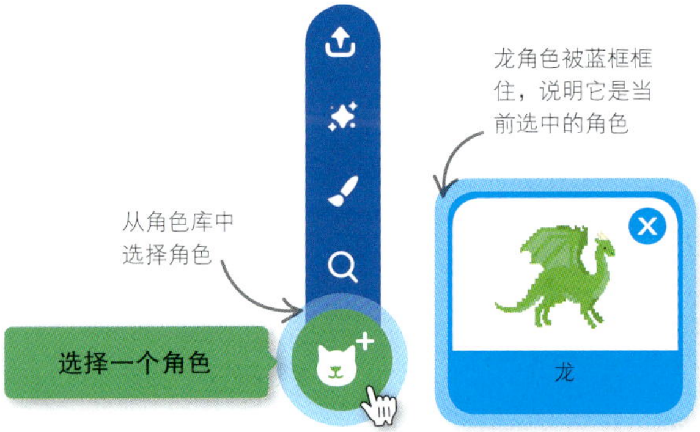

9 给龙角色添加如下代码。点击积木面板上的彩色按钮，选中下方的积木，再将积木拖到代码区。龙要开始追猫了。

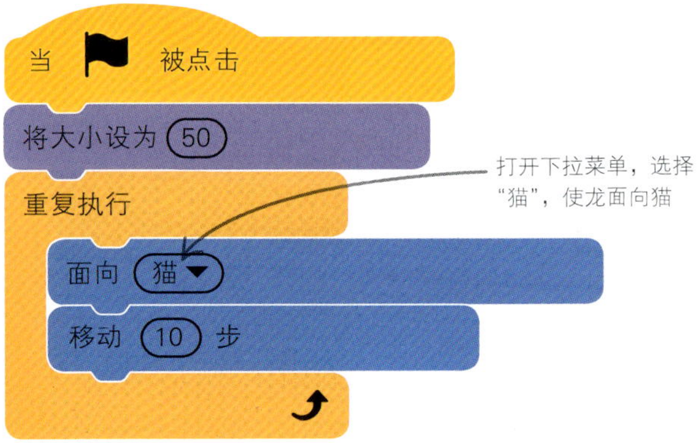

10 点击深蓝色的“运动”按钮，将“移到 x:0 y:0”积木拖到代码区。点击积木上的文本框，将其中的数字分别改为 −200 和 −150。点击紫色“外观”按钮，将“换成造型 1 造型”积木添加到代码区。

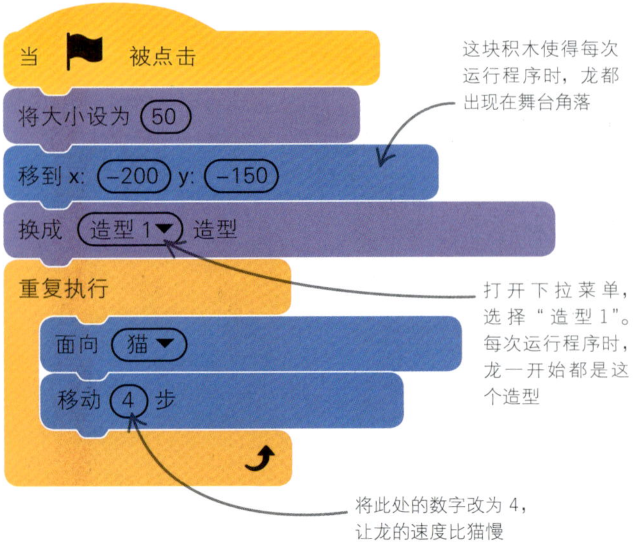

11 龙角色依然是被选中的状态，给龙角色添加第二组代码。在控制部分找到“等待……”积木，在侦测部分找到“碰到鼠标指针？”积木，把它们拖入代码区。当龙追上猫后，龙就会喷火。

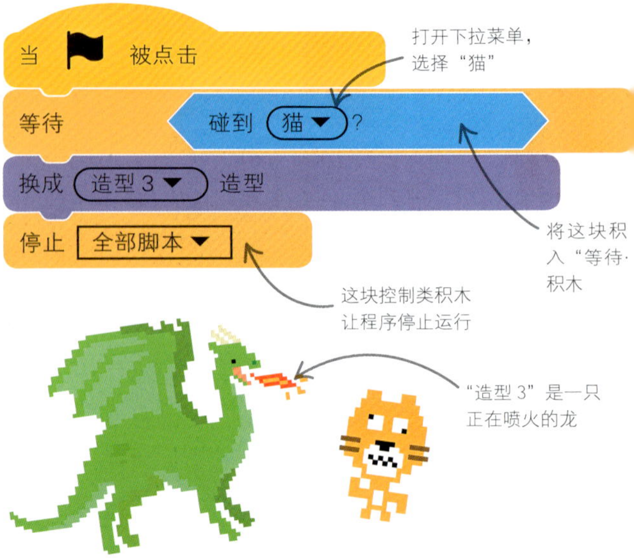

编程中的变量用于存储信息。此步骤使用变量创建计时器，计算猫角色被火烧到之前存活的时间。点击“变量”按钮，然后点击“建立一个变量”按钮。

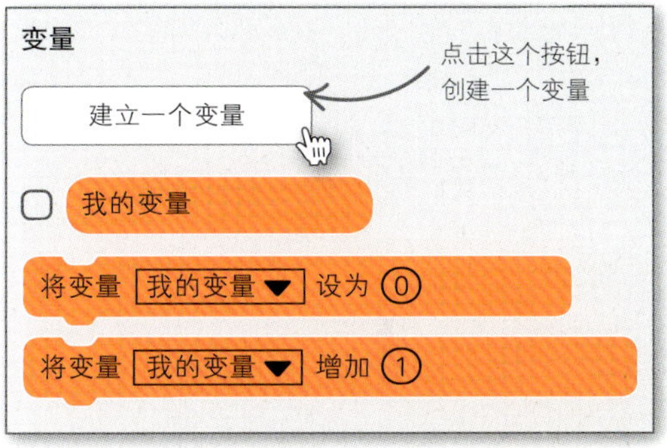

13 在文本框中输入变量名“时间”，选中下方的“适用于所有角色”选项，然后点击“确定”按钮。这样猫、龙以及其他所有角色都可以使用这个变量。

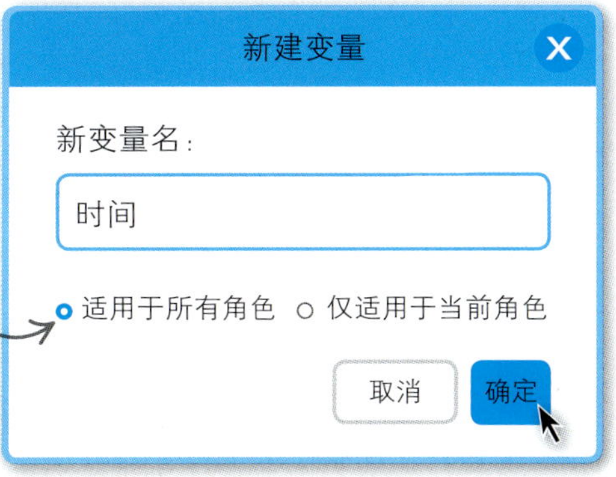

现在，变量名和变量的值都出现在舞台左上角的一个小方框中。右击这个方框，选择“大字显示”，方框中将仅显示变量的值。

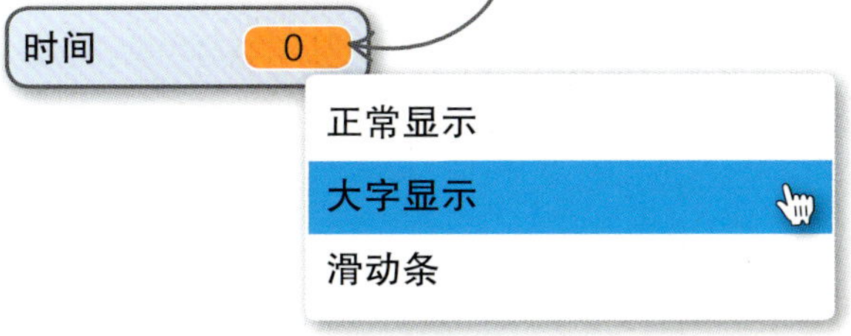

专家提示

让游戏更有难度

尝试改变角色的速度或大小。

让龙的速度更快：

让龙变大或变小：

更改信息面板上文本框中的数字，使角色变大或变小。看看你能让每个角色变到多大。

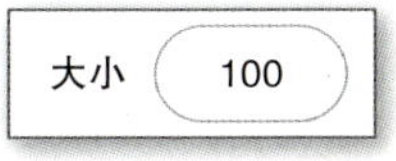

创建变量后，积木面板上变量部分的积木会出现变化。将“将变量时间设为 0”积木和“将变量时间增加 1”积木拖到代码区，继续编写代码。你可以将这段代码添加到任何角色的代码区。

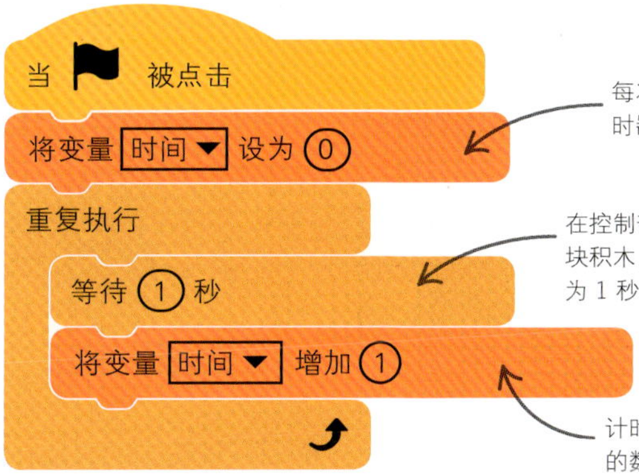

不要忘记保存文件

躲避恶龙！

添加一个美味的甜甜圈

Scratch 的角色库中有很多角色可供选择。将甜甜圈角色添加到程序中，让猫追逐甜甜圈，这样游戏会变得更有意思。

16 点击角色列表右下角的猫头按钮，从角色库中选择一个新角色。在搜索框中输入“甜甜圈”，点击甜甜圈的图片。

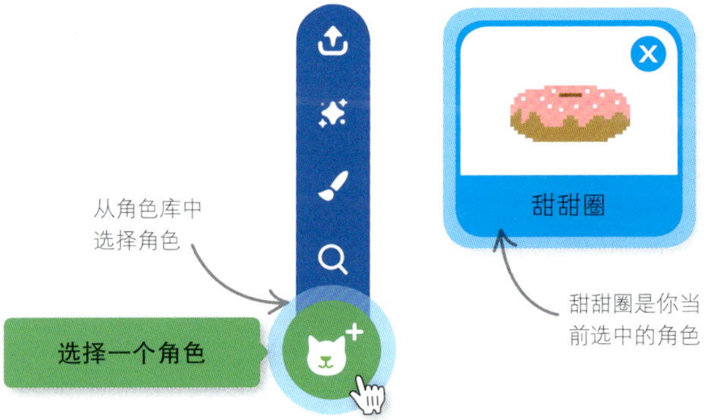

17 给甜甜圈角色添加如下代码。在侦测部分找到“按下鼠标？”积木，在运动部分找到“移到随机位置”积木，打开下拉菜单，选择“鼠标指针”，把它们拖入代码区。点击鼠标时，这段代码让甜甜圈瞬移到鼠标指针所在的位置。

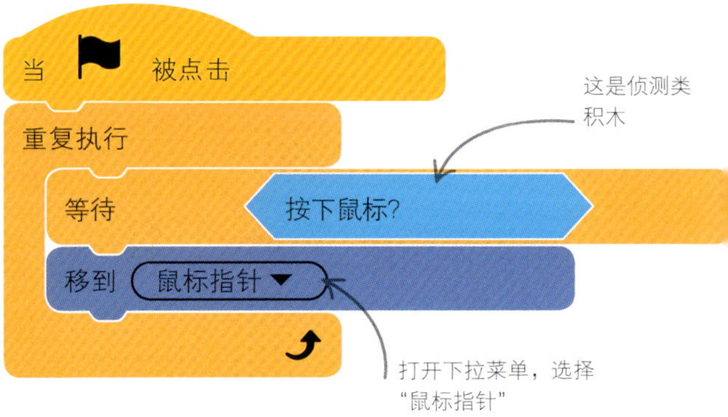

18 选中角色列表中的猫角色，代码区出现它的代码。点击“面向鼠标指针”积木上的箭头，打开下拉菜单，选择“甜甜圈”，这样猫就改为跟着甜甜圈移动，而不再跟着鼠标指针移动。

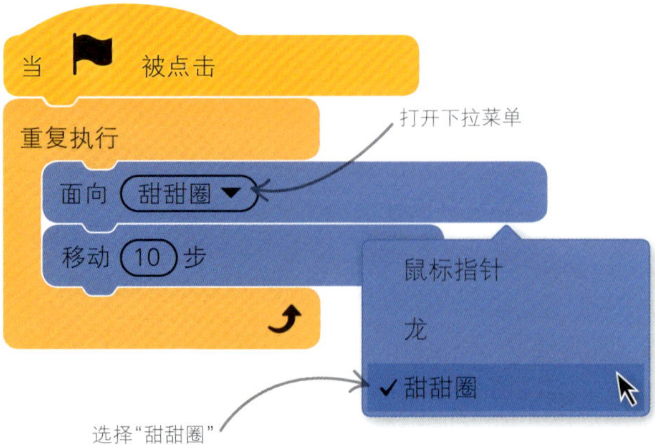

19 点击小旗按钮，运行程序。点击鼠标，甜甜圈就会瞬移至鼠标指针所在的位置。猫追着甜甜圈跑，龙追着猫跑。

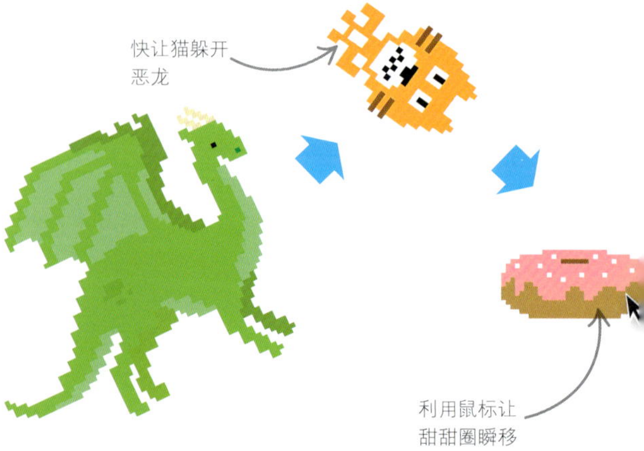

20 添加一些音乐吧。点击积木面板上方的“声音”标签。每个角色都拥有自己的声音，你可以在此管理声音。点击界面左下角的喇叭按钮，从声音库中选择声音。

21 搜索并选择名为 Drip Drop 的声音文件，该声音被添加给猫角色，并且出现在声音区。

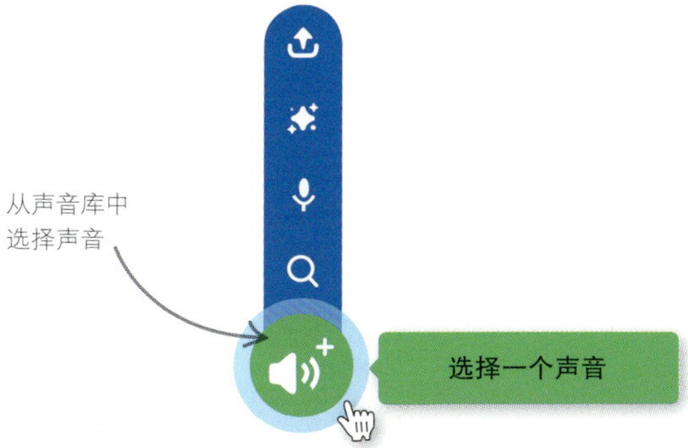

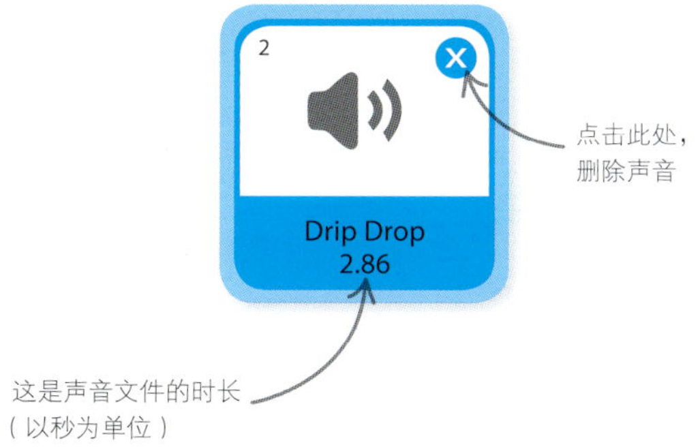

22 点击“代码”标签，返回代码区。给猫角色添加这段代码，这样在游戏结束前，音乐会循环播放。运行程序，祝你玩得开心！

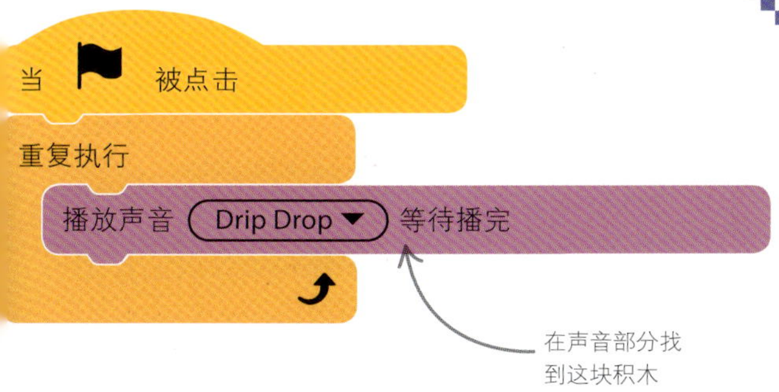

记住

成就

此项目展示了 Scratch 的一部分功能。以下是你的收获：

创建程序：通过搭积木编写代码，你制作出一个游戏。

添加图片：你使用了背景图片和角色图片。

让角色移动：你让角色互相追逐。

使用变量：你为游戏创建了一个计时器。

使用造型：你使用不同的造型改变了龙的外观。

添加音乐：你为角色添加了声音文件，并且在程序运行时循环播放。

让角色移动

参见
《28~29 角色
坐标 56~57》

计算机游戏的主题无外乎射击、闪躲、捕捉和逃跑。角色会跑，能驾驶宇宙飞船或赛车。要用 Scratch 制作出色的游戏，你首先要学习如何让角色动起来。

运动类积木

深蓝色的运动类积木可以让角色动起来。点击“文件”菜单，选择“新作品”，创建新项目。新项目默认以位于舞台正中央的猫开始，准备行动！

1 第一步

选中积木面板上事件部分的“当小旗按钮被点击”积木，将其拖到右侧的代码区。选中积木面板上运动部分的“移动 10 步”积木，将其拖到代码区。选中积木面板上控制部分的“重复执行”积木，将其拖到代码区，夹住“移动 10 步”积木。点击舞台上方的小旗按钮，运行程序。猫会一直向右移动，直到走到舞台边缘。

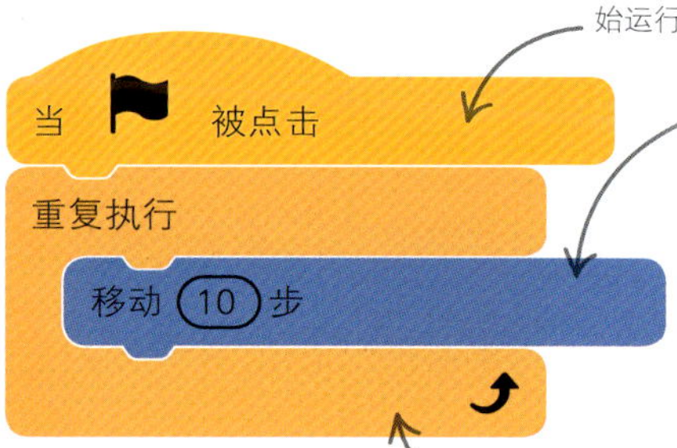

2 反弹

将“碰到边缘就反弹”积木拖到“重复执行”积木中间。现在，猫走到舞台边缘后就会向后转，不过向左走时它是上下颠倒的。

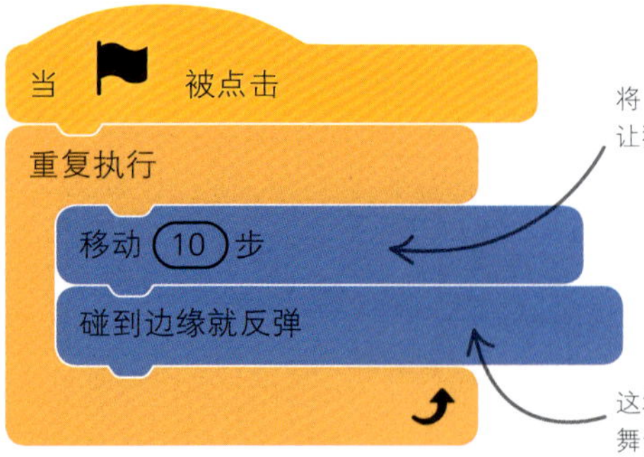

3 旋转

将深蓝色的“将旋转方式设为左右翻转”积木拖到“重复执行”积木中间，置于“碰到边缘就反弹”积木下方。现在，猫向左走时也能保持头朝上了。

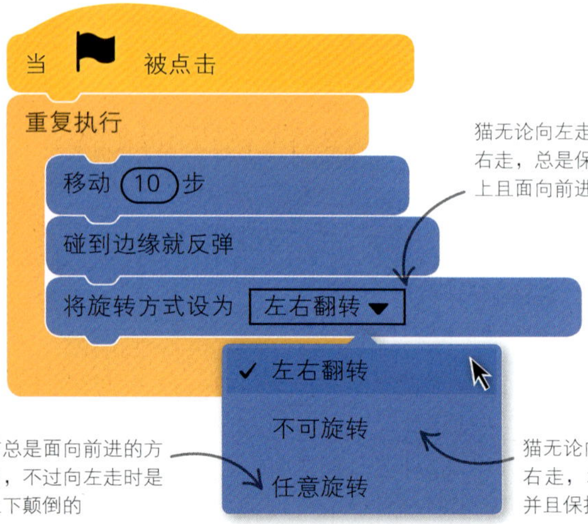

哪个方向?

猫正在舞台上向左或向右走。你可以改变猫的方向，让它向上或向下走，甚至沿着舞台的对角线移动。运动类积木用于制作猫捉老鼠的游戏。

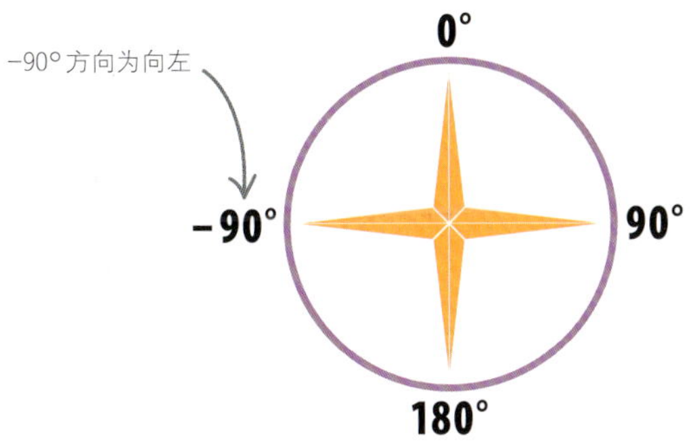

△ 罗盘
方向用度数表示，从向上的 0° 开始。你可以输入 -179°~180° 的任意度数。

4 面向正确的方向
将“面向 90 度方向”积木拖到代码区。点击积木上的文本框，输入一个新数字，使角色面向不同的方向。

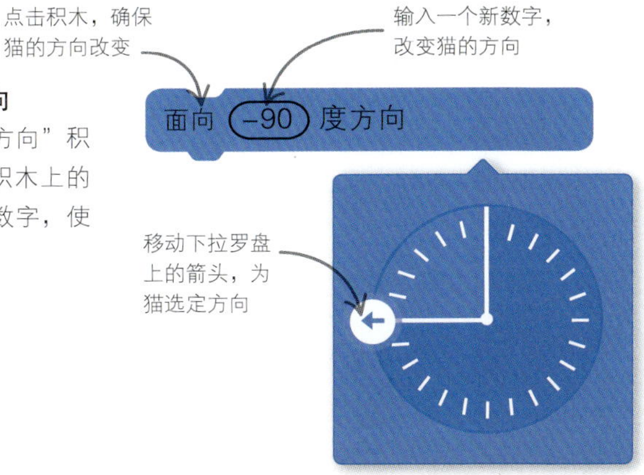

5 猫和老鼠
删除代码区“重复执行”积木中间的全部积木，将“面向鼠标指针”积木拖到“重复执行”积木中间。

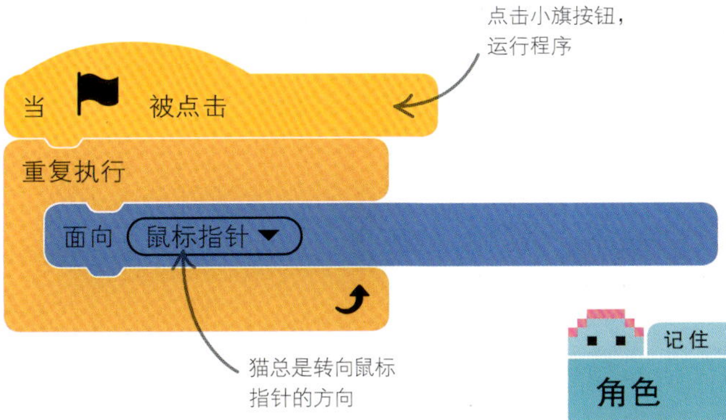

6 猫追老鼠
猫能捉住老鼠吗? 将“移动 10 步”积木拖到“重复执行”积木中间。现在，猫改为朝着鼠标指针移动。

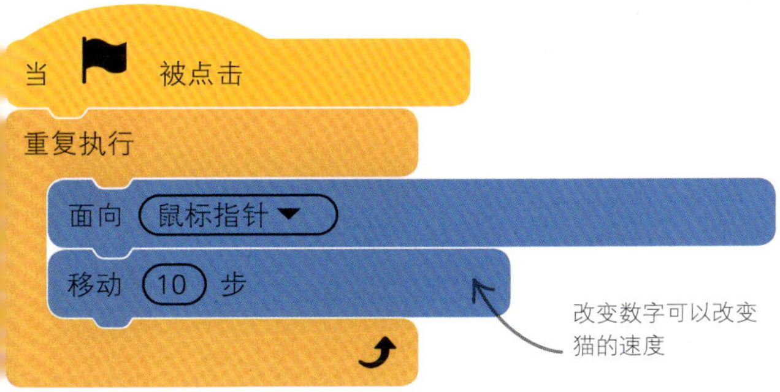

记住

角色

在 Scratch 中，角色是你可以移动的对象。每个新项目都以猫角色开始，但是你可以从角色库中选择汽车、恐龙、舞者和其他所有角色，把它们加入项目。你甚至可以自己设计角色。

造型

要改变角色的外观、表情或姿态，你需要改变它的造型。造型其实是同一角色拥有的不同图片。

参见
❮ 38~39 让角色移动
收发消息 70~71 ❯

改变造型

变换造型可以让角色看起来像在活动四肢。当猫角色在两种造型之间切换时，它看起来就像在走路一样。新建一个项目，来试一试吧。

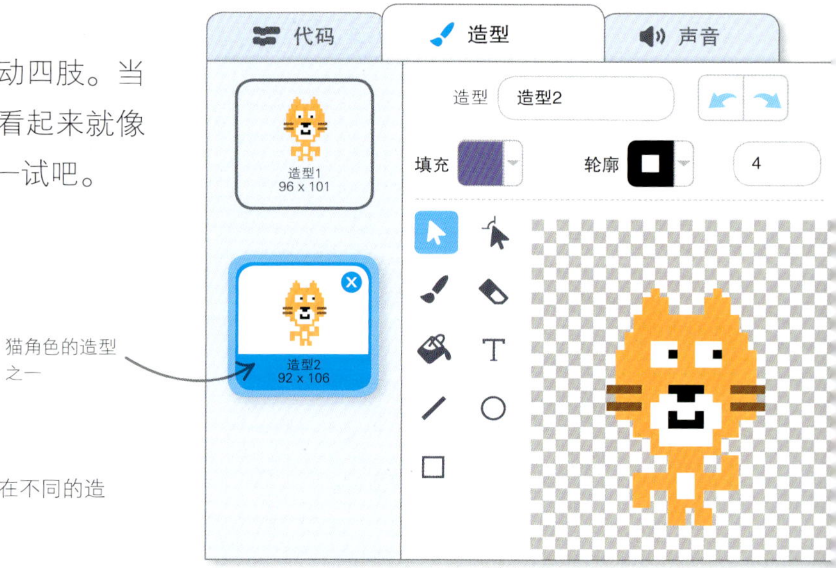

1 不同的造型
点击“造型”标签，查看猫角色的造型。在不同的造型中，猫的动作不同。

2 让猫前进
给猫角色添加此代码让它前进。移动时，它的造型始终不变，四肢保持不动，让它看起来像在舞台上滑行。

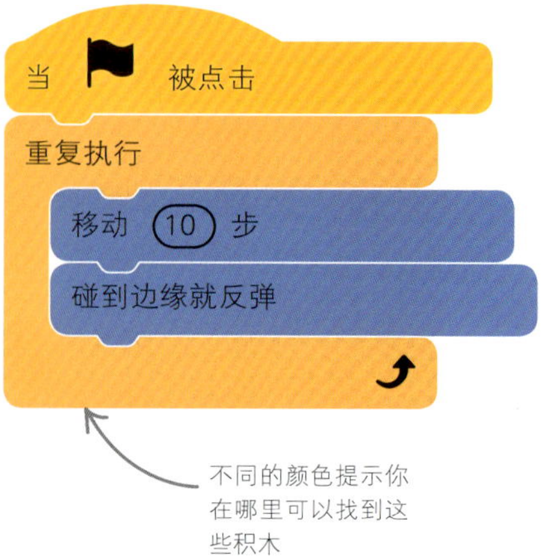

3 改变猫的造型
从积木面板的外观部分找到“下一个造型”积木，把它添加到“重复执行”积木中间。这样猫每走一步都会改变造型，四肢仿佛在动。

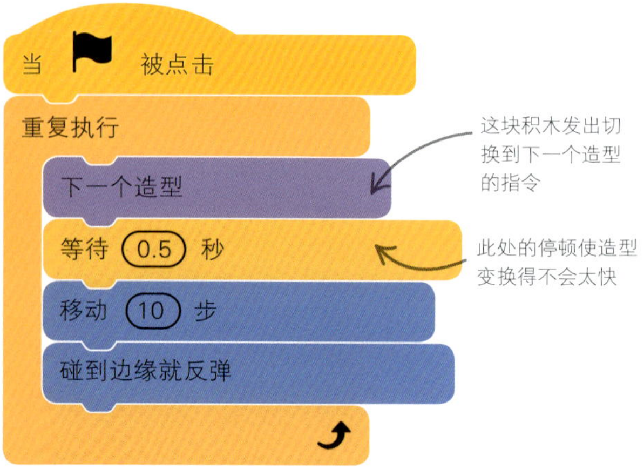

跳芭蕾舞

现在尝试设计一场芭蕾舞表演吧。从角色库中选择芭蕾舞者角色。在角色列表中选中猫角色，将它的积木拖给角色列表中的芭蕾舞者。这样芭蕾舞者就拥有了和猫相同的代码。

在角色列表中芭蕾舞者的图片上放下积木

△ **芭蕾舞者的代码**

相同的代码适用于芭蕾舞者和猫。芭蕾舞者有4个造型，在舞台上跳芭蕾舞时会用到所有的造型。

专家提示

切换

使用“换成造型1造型”积木，让角色只显示某个特定的造型。使用该积木为你的角色选择一个特别的姿态。

切换造型：打开积木上的下拉菜单，选择造型。

切换背景：使用此积木更改舞台上的背景。

添加说话气泡

添加说话气泡，让角色在更换造型的同时说话。添加“说你好！2秒”积木，修改文本框中的内容，让你的角色说点儿别的。

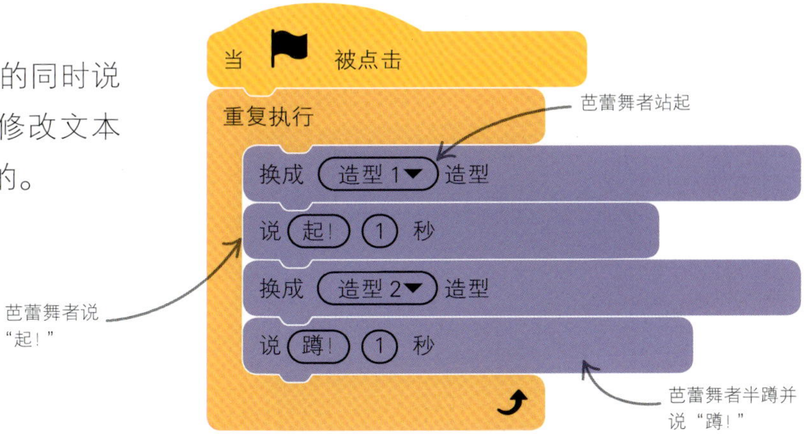

捉迷藏

欢迎来到特效工作室！使用紫色的外观类积木，找到让角色消失和重新出现、放大和缩小、变得若隐若现的方法。

参见

❮ 38~39 让角色移动

收发消息 70~71 ❯

隐藏角色

使用“隐藏”积木，让角色从舞台上消失。实际上，角色仍然在舞台上活动，只是你看不见它而已，只有使用“显示”积木，才能让它再次可见。

使用“隐藏”积木，让角色从舞台上消失

▷ 隐藏和显示

使用“隐藏”积木让角色消失。当你想让这个角色再次可见时，使用“显示”积木。在积木面板的外观部分可以找到这两块积木。

▽ 消失的猫

给猫角色添加此代码。猫会时而从舞台上消失，时而重新出现在舞台上，即使在你看不见它的时候，它仍然保持移动。

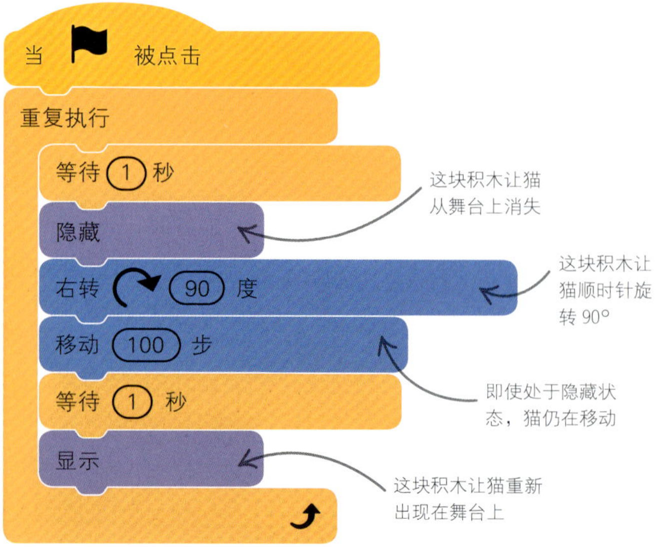

专家提示

隐藏或显示角色

在角色列表中选择一个角色。角色列表上部是当前选中角色的信息面板。使用其上的“显示”图标来隐藏或显示角色。

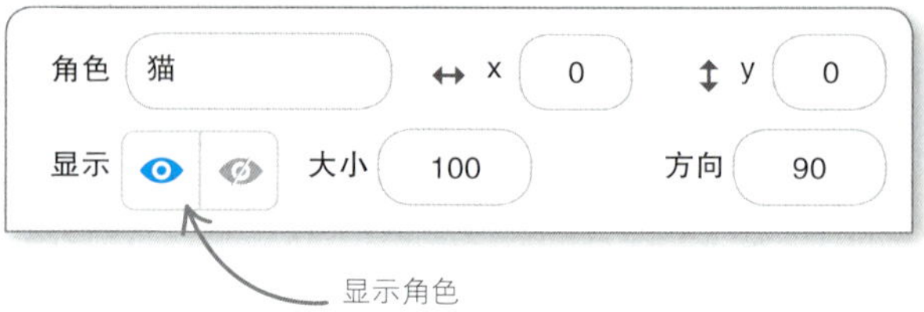

大小和特效

使用代码可以改变角色的大小或者为其添加特效。

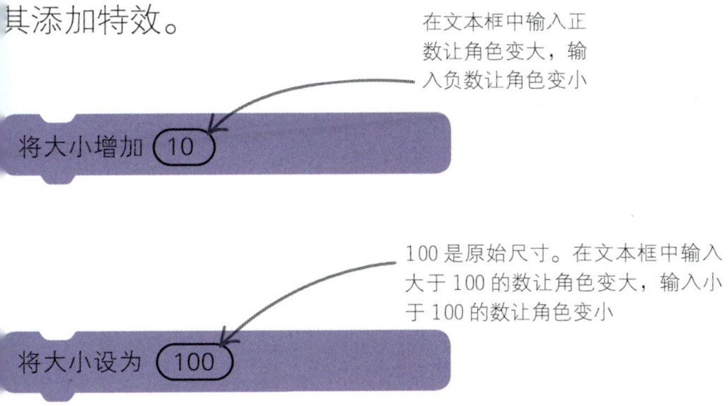

△ **改变角色的大小**

使用这两块积木可以让角色变大或变小。

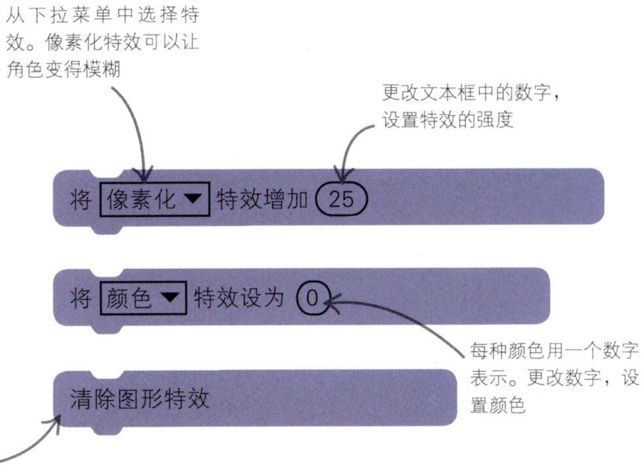

△ **添加特效**

Scratch 中的特效可以改变角色的外观。尝试各种特效，这会非常有趣。

幽灵特效

从角色库的“奇幻”类别中选择幽灵角色，给它添加这段代码。当幽灵被点击时，它会渐渐从舞台上消失，然后在随机位置上慢慢显现。

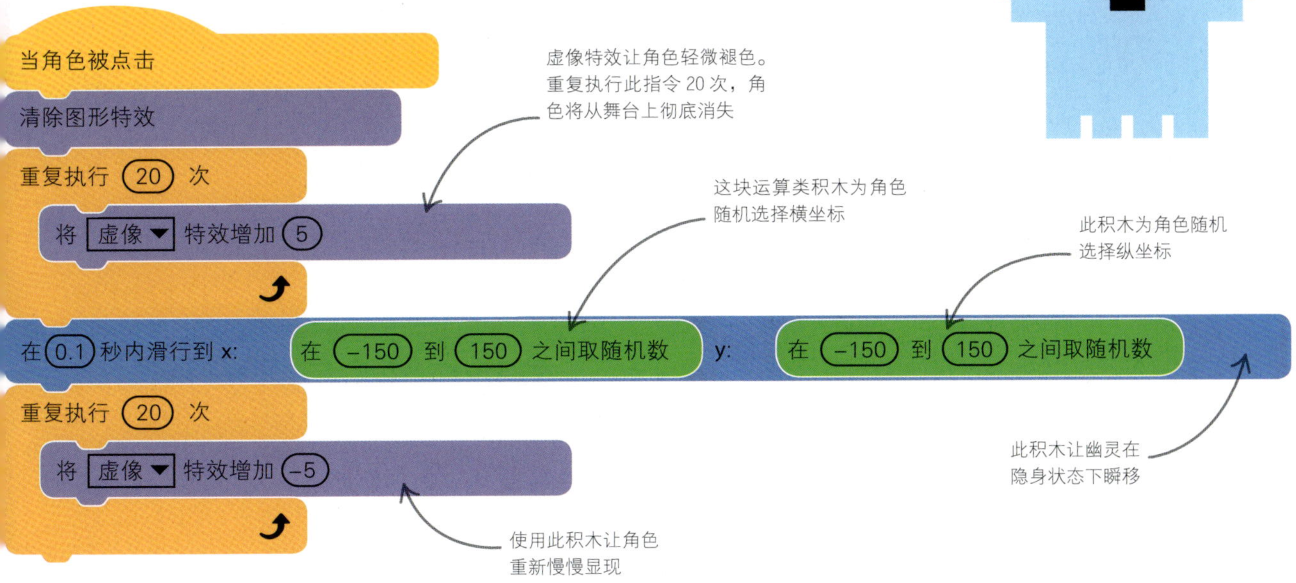

事件

当特定事件发生时，Scratch 的黄色事件类积木便开始运行代码。特定事件包括用户按下某个按键，点击某个角色，使用摄像头或麦克风等。

参见

侦测 66~67 》

收发消息 70~71 》

点击角色

给角色添加如下代码让角色做某事，这样当舞台上的角色被点击后，程序便开始运行。搭上不同的积木，看看被点击后角色会做什么。

△ **点击角色**

当你点击舞台上的猫角色后，此代码让猫“喵喵”叫。

按下按键

编写代码，使得按下键盘上的不同按键时程序会做出不同的反应。还有一种更好的使用键盘创建游戏的方法，见第 66~67 页。

术语

什么是事件？

事件即发生的事情，比如按键被按或小旗按钮被点击。监测事件发生的积木应搭在其他所有积木的上方。事件被触发前，代码一直处于待运行状态；事件被触发后，代码才开始运行。

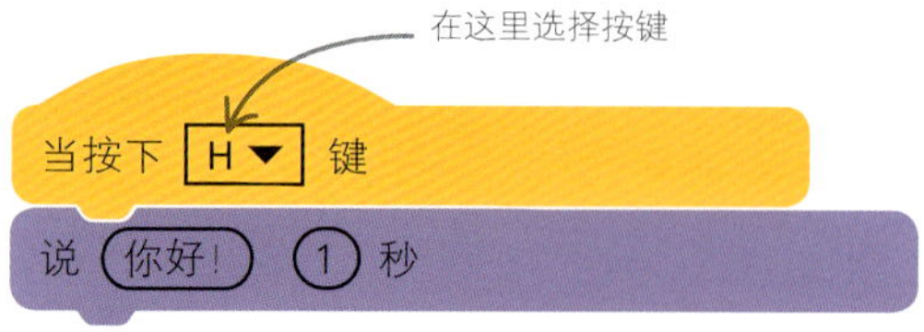

△ **打招呼**

给角色添加此代码，这样当你按下键盘上的“H”键后，角色会说“你好！”。

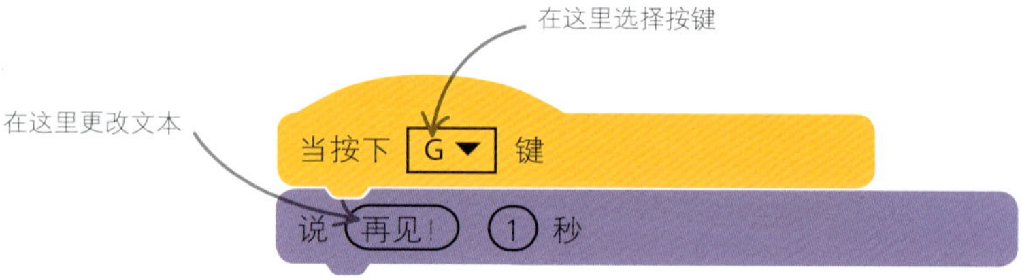

△ **说再见**

当你按下键盘上的“G”键后，角色会说“再见！”。

声音事件

如果你的计算机配备了麦克风，角色就能检测房间里的声音，音量的数值范围从 0（很安静）到 100（很吵）。使用“当响度 >10”积木，当房间里的音量超过 10 时，代码便开始运行。

> 专家提示
>
> **申请许可**
>
> Scratch 会询问你是否允许它使用摄像头和麦克风。消息框弹出时，选择“允许”即可。

1 让猫对声音敏感

新建项目，从背景库中选择名为房间 2 的背景图片，把它添加到项目中。将猫拖到椅子上，并给它添加如下代码。

2 对着猫大喊

对着麦克风大喊，会让猫惊恐地从椅子上跳起来，并且“喵喵”叫。猫对音乐和其他声音也有反应，只要音量足够大。

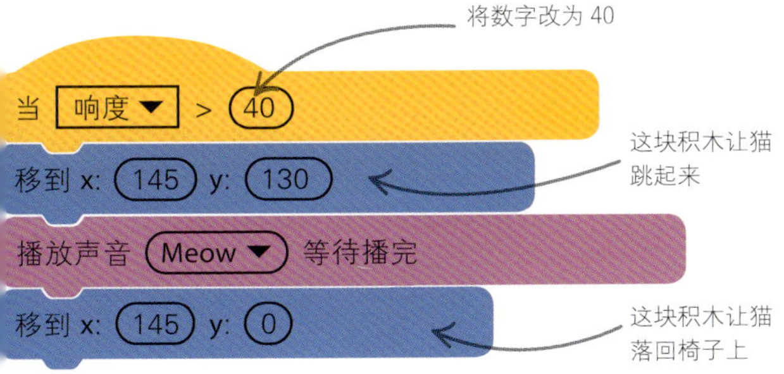

运动探测器

如果你的计算机带摄像头，也可把它用于 Scratch。给猫角色添加右侧代码，当你在摄像头前向它挥手时，它会对着你“喵喵”叫。点击积木面板左下角的添加扩展按钮，选择“视频侦测”，添加积木。

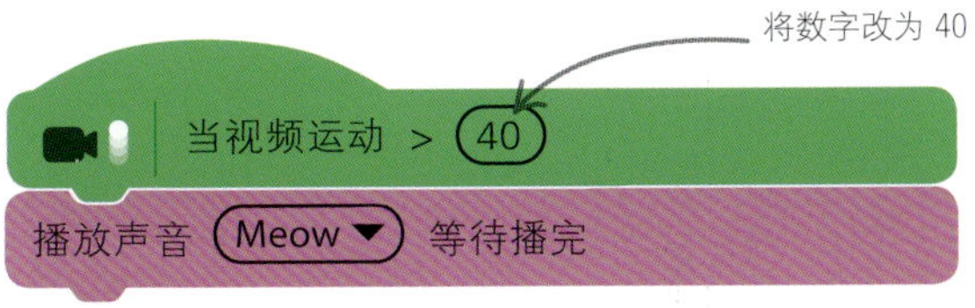

△ **侦测运动**

这个项目需要使用“当视频运动 >10”积木。当你在摄像头前的动作足够大时，代码便开始运行。

> 专家提示
>
> **背景更换**
>
> 角色也可以对背景更换产生反应。例如，当背景换成某张图片时，角色就会从舞台上消失。从界面右下角的背景库中选择一个新背景，然后在代码区添加“当背景换成背景 1”积木。

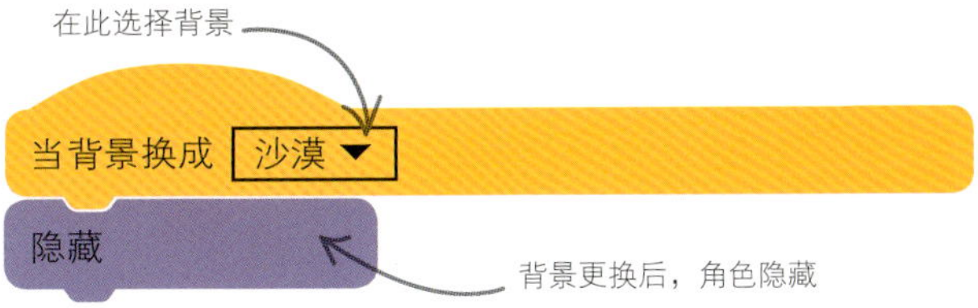

简单循环

循环是指重复运行程序的一部分。循环积木属于控制类积木，告诉 Scratch 需要重复运行哪些代码以及重复的次数。循环积木使我们免于在代码区重复添加相同的积木。

参见
复杂循环 68~69 ❯
Python 中的循环 122~123 ❯

无限循环

无论你往“重复执行”积木中间添加什么积木，夹在其中的指令都会一直重复执行。“重复执行”积木下面不需要再搭其他积木，因为循环永不停止。

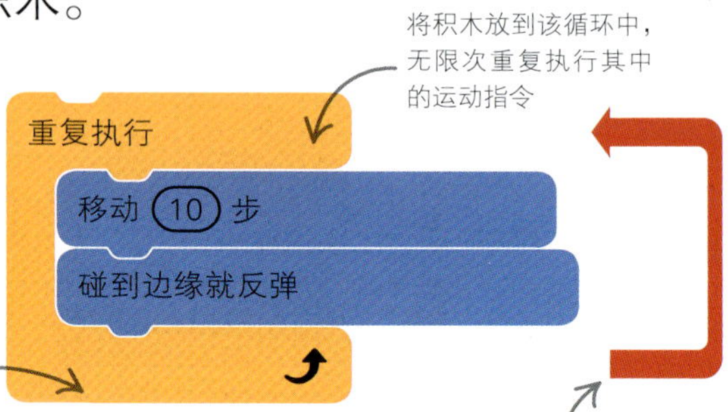

△ **重复执行**
当循环中最后一块积木所包含的代码运行完以后，循环中的代码将重新从上至下运行。

有限循环

要重复某种行为一定的次数，可以使用“重复执行 10 次”积木。修改积木上的数字，重新设置循环次数。将角色恐龙 4 添加到一个新项目中，然后给它添加如下代码。

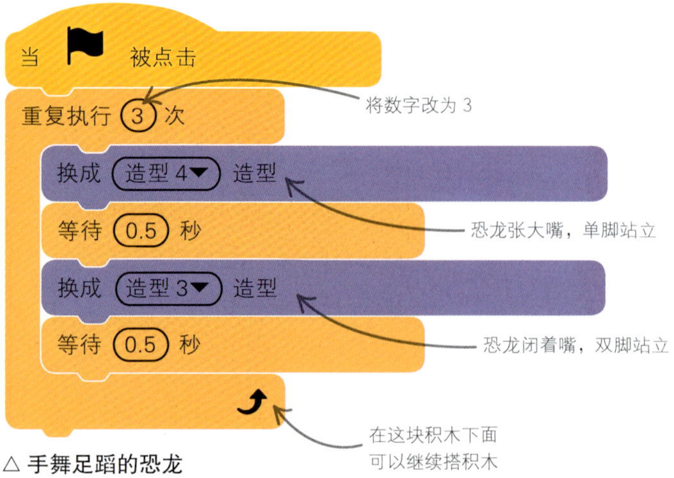

△ **手舞足蹈的恐龙**
点击小旗按钮后，恐龙开始跳舞。一组动作它会重复跳 3 次。

记住

循环积木的外形

循环积木的外形就像鳄鱼的嘴。将需要重复运行的积木夹在循环积木中间。如果需要添加更多积木，循环积木会自动扩展，为新加入的积木留出足够的空间。

嵌套循环

嵌套循环（nested loop）顾名思义，循环可以相互嵌套，这意味着可以在“重复执行”积木中间添加“重复执行 10 次”积木。在此代码中，恐龙先跳舞，然后向右移动，再向左移动，沉思一会儿平复呼吸，再次跳起舞来。只有当你点击红色停止按钮时，它才会停止跳舞。

循环中的循环

无限循环之中可以嵌套多个有限循环。确保积木的位置正确，否则程序可能无法正常运行。

点击舞台左上角的小旗按钮，开始运行代码

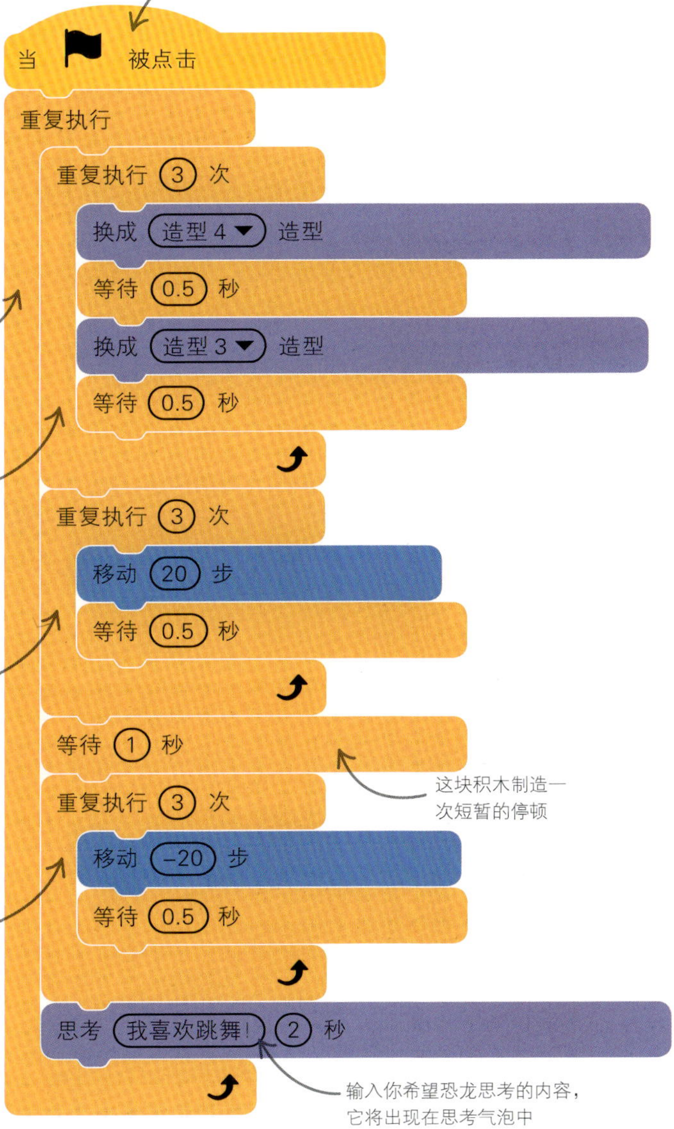

“重复执行”积木将所有要重复执行的指令包含在内

舞蹈动作（见上一页）

恐龙向右移动 3 大步

这块积木制造一次短暂的停顿

恐龙向左移动 3 大步

输入你希望恐龙思考的内容，它将出现在思考气泡中

画笔和海龟

参见
《44~45 事件
《46~47 简单循环

每个角色都可以使用画笔类积木绘制自己的轨迹。要创作一幅图画，需要用到“落笔”积木。让角色在舞台上移动，就像让画笔在纸上移动一样。使用画笔类积木之前，需要先点击界面左下角的添加扩展按钮，选择“画笔”。

画笔类积木

画笔通过深绿色的画笔类积木控制。每个角色都有自己的画笔，通过“落笔”积木使用画笔，“抬笔”积木停止使用画笔。画笔所画线条的粗细和颜色都可以更改。

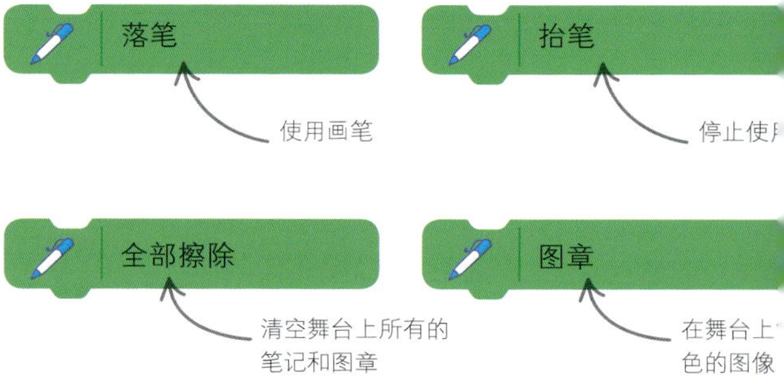

△ **试用画笔**
尝试使用画笔类积木绘画。

画一个正方形

要画出一个正方形，你只需要在舞台上落笔，然后让角色沿着正方形的边移动，还要使用循环指令。

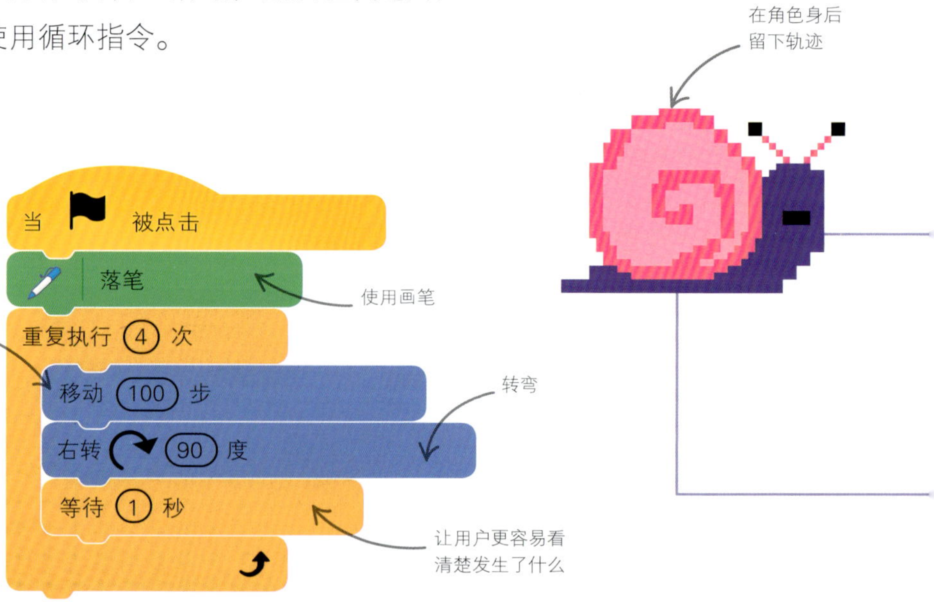

▷ **更改形状**
使用这段代码可以画出一个正方形。要画一个三角形，只需将“重复执行 4 次”积木上的数字改为 3，即三角形的 3 条边，然后将“右转 90 度”积木上的数字改为 120。

空中文字

在这个程序中，你可以控制一架飞机。在你驾驶飞机飞行时，飞机会在空中留下机尾云，因此你需要在舞台上画出机尾云。新建项目，添加飞机角色，然后给飞机添加如下代码。

高飞

使用键盘上的左移键和右移键改变飞机的飞行方向。按下“A”键开始画机尾云，按下“Z”键停止画机尾云，按下空格键清除舞台上的所有痕迹。

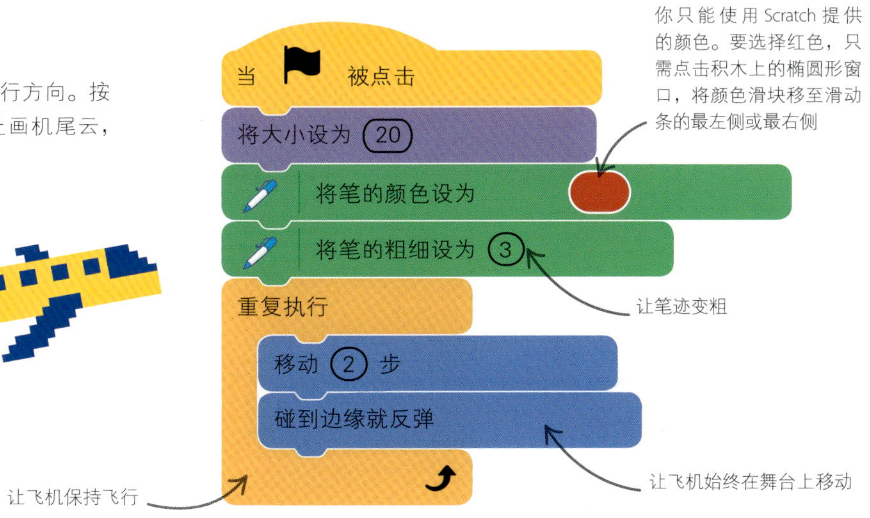

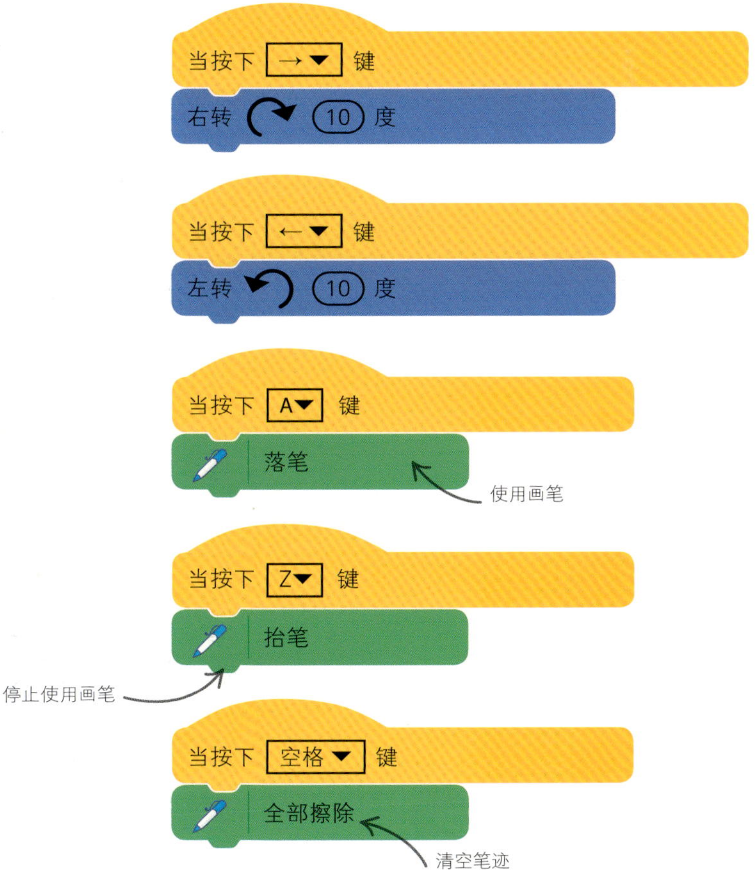

术语

海龟绘图

利用角色绘图称为海龟绘图。这是因为有一种机器人被称为海龟，它们可以通过在地上移动绘图。第一个使用海龟绘图的编程语言是LOGO。

变量

编程中的变量是存储信息位置的名称。变量可以用来记录分数、玩家姓名或角色的速度等信息。

参见
数学 52~53 ❯
Python 中的变量 108~109 ❯

新建变量

点击积木面板上的“变量”按钮，新建变量。一旦变量被创建，新积木便会出现在积木面板上，随时供你使用。

◁ **存储数据**
你可以把变量看成一个箱子，你可以在里面存放不同的信息，以便程序使用。

1 新建变量
点击积木面板上的“变量”按钮，然后点击“建立一个变量”按钮。

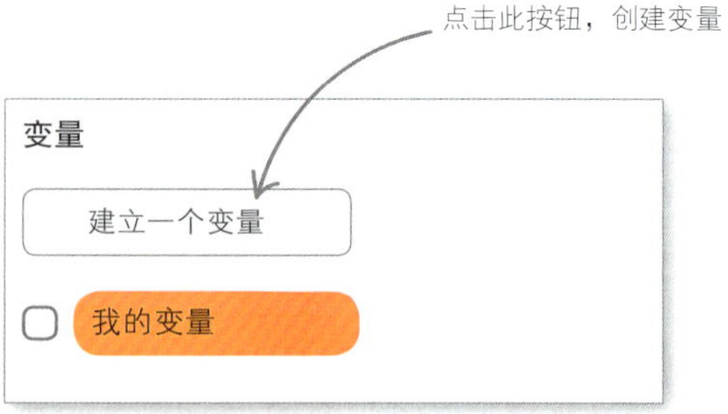

2 给新变量命名
给新变量起个名字，有助于你记住变量里存储的信息。选择变量适用于哪个角色，然后点击“确定”按钮。

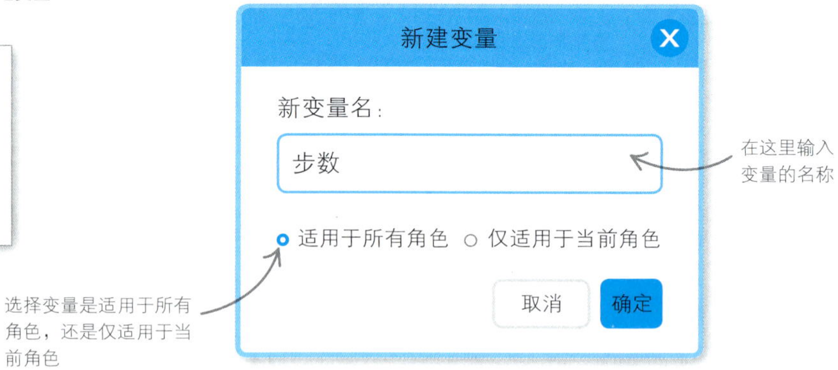

3 新变量已创建
一旦新变量被创建，新积木就会出现在积木面板上。如果你已经创建了多个变量，可以通过这些积木上的下拉菜单选择要使用的变量。

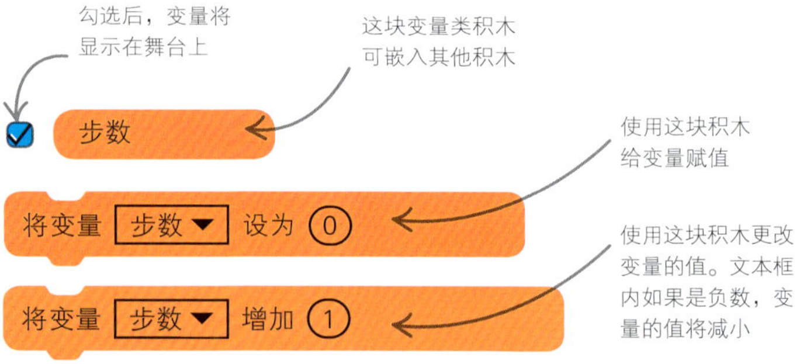

使用变量

变量可用于改变角色的速度。以下简单的代码将向你展示怎样操作。

1 设置变量的值

使用“将变量步数设为 0”积木，将其上的数字改为 5。用“移动 10 步”积木拖到代码区，在文本框中嵌入“步数”积木。

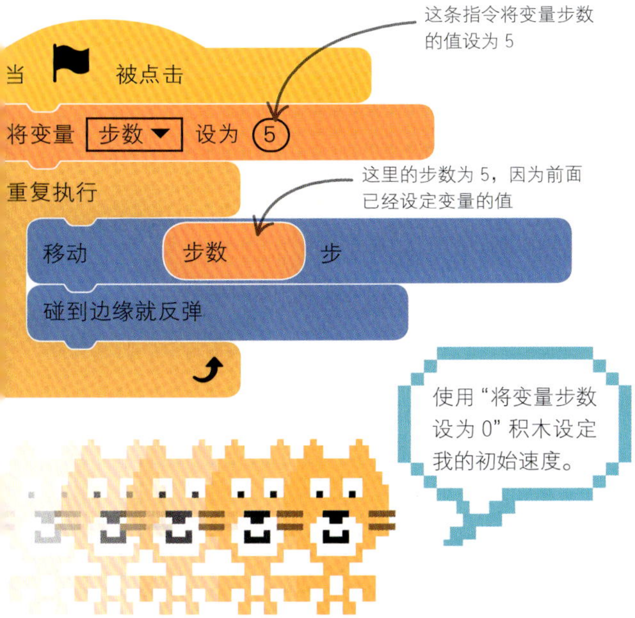

2 改变变量的值

使用“将变量步数增加 1”积木让步数的值加 1。将它夹在“重复执行”积木中间，这样猫的速度就会越来越快。

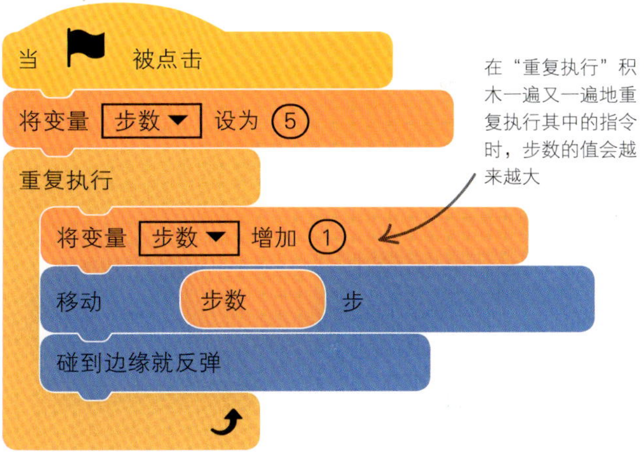

删除变量

当你不再需要变量时，右击“步数”积木，选择“删除变量步数”，你将失去这个变量中存储的所有信息。

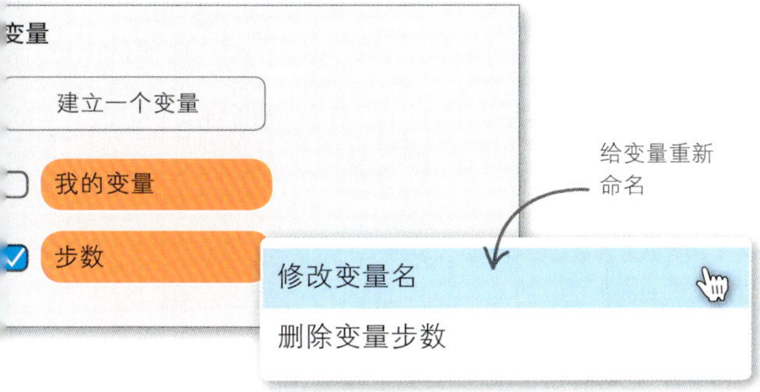

专家提示

只读变量

有些变量由 Scratch 设置，不能更改。但是它们仍然是变量，因为它们的值是会变的。

跟踪当前角色与鼠标指针（也可以是其他角色）的距离。

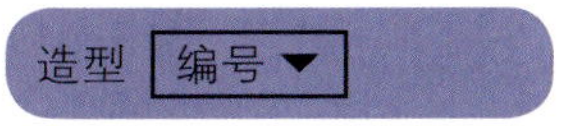

报告当前角色造型的编号。

告诉你当前角色的方向。

数学

Scratch 可以使用运算类积木进行各种运算。

参见
《50~51 变量
Python 中的数学 112~113》

四则运算

有 4 种运算类积木可用于四则运算。

```
(7) + (22)
```

△ 加

“+”积木将两个数相加。

```
(64) - (28)
```

△ 减

“−”积木用第一个数减第二个数。

这里使用“思考……”积木输出结果

```
思考 ((2) + (5))
```

△ 显示结果

将“思考……”积木拖到代码区，把“+”积木嵌入其中。现在将两个数相加，看看角色思考出的答案是多少。

```
(11) * (10)
```

△ 乘

计算机使用“*”表示乘法运算，因为乘号（×）太像字母 x。

```
(120) / (4)
```

△ 除

键盘上没有除号（÷），因此 Scratc 使用“/”代替除号。

变量中的结果

要进行更复杂的运算，如计算商品售价，除了在运算类积木的文本框中输入数字，你还可以将变量嵌入文本框中。结果被保存到变量中。

1 新建变量
点击积木面板上的“变量”按钮，创建两个变量：售价和定价。

2 设置定价
选择“将变量定价设为 0”积木，并将商品定价设为 50。

```
将变量 [定价 ▼] 设为 (50)
```

3 计算售价
使用右侧代码计算商品定价的一半，将其定为售价。

```
将变量 [售价 ▼] 设为 ((定价) / (2))
```

将“定价”积木嵌入文本框，用其除以 2

在“将变量售价设为 0”积木上嵌入“/”积木

随机数

在 1 到 10 之间取随机数”积木可用于掷骰子游戏或随机
]换角色造型。

```
在 (1) 到 (10) 之间取随机数
```

你可以修改积木上的数字

◁ **随机选数**
如果要随机选一个月，需要将积木上的第二个数字改为 12。

专家提示

游戏

计算机常常通过随机选数给游戏增加意外惊喜。例如，可以让外星人出现在随机的位置，或者在随机的时间出现。随机选数就像掷骰子。

```
当 ⚑ 被点击
重复执行
    等待 (2) 秒
    换成 (在 (1) 到 (3) 之间取随机数) 造型
```

在每次切换造型之前，这块积木都让角色的上一个造型保持 2 秒

在造型 1、2、3 之间随机选择

◁ **切换造型**
此代码让角色每两秒随机变换一次造型。

◁ **随机造型**
切换造型让角色看起来像在运动或者穿着不同的衣服，如图所示。

复杂运算

运算类积木能够完成大多数简单的运算，除此以外，Scratch 还可以进行复杂运算。……除以……的余数”积木用于求两个数相除后的余数；“四舍五入……”积木用于求与一个数最接近的整数；“平方根……”积木用于求一个数的算术平方根。

```
(10) 除以 (3) 的余数
```

用 10 除以 3，得到余数

将 44.7 四舍五入，得到与 44.7 最接近的整数

```
四舍五入 (44.7)
```

从下拉菜单中选择不同的函数

```
[平方根 ▼] (9)
```

计算 9 的算术平方根

◁ **更多运算**
运算部分还有一些高级函数积木，用来进行复杂运算。

字符串和列表

字符串（string）是由数字、字母和符号组成的一串字符（character）。字符串可以包含键盘上的任何字符（包括空格），长度任意。此外，你还可以通过列表（list）组合字符串。

参见
《50~51 变量
Python 中的字符串 114~115》

键盘上的字符排成一排，就像悬挂的字符串

处理文字

程序常常需要记住一些文字，比如玩家的名字，可以通过创建变量存储这些文字。Scratch 还可以向用户提问，用户在弹出的文本框中输入答案。以下代码为询问用户的名字，然后让角色跟用户打招呼。

1 新建变量

点击积木面板上的“变量”按钮，然后点击“建立一个变量”按钮。创建名为问候的变量。

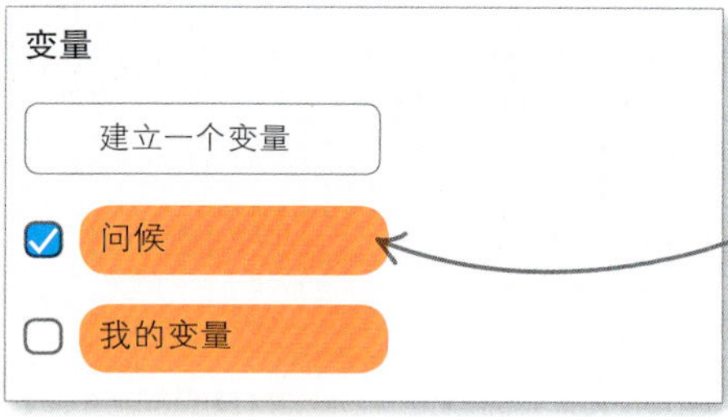

将变量命名为问候

2 提问

此代码让角色提出一个问题。用户在弹出文本框中输入的全部内容都会存储在名为回答的变量里。之后程序将变量问候和回答中存储的字符串合并，让角色跟用户打招呼。

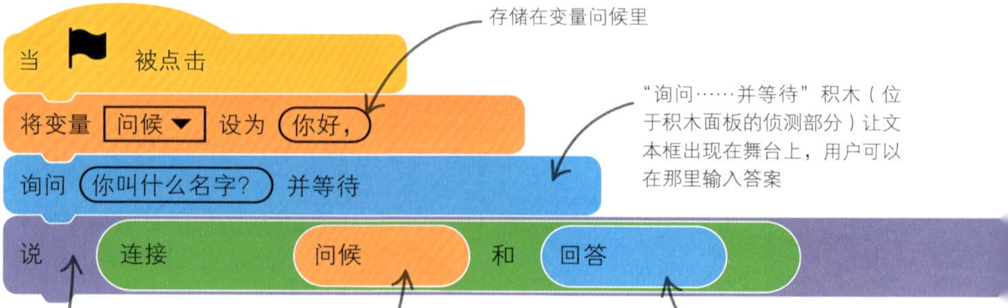

这块积木将“你好，”存储在变量问候里

“询问……并等待”积木（位于积木面板的侦测部分）让文本框出现在舞台上，用户可以在那里输入答案

“说你好！”积木为角色创建说话气泡

变量问候中存储了字符串“你好，”

变量回答（位于侦测部分）中存储了用户在文本框内输入的全部内容

制作列表

变量适用于只需要记住一条信息的情况，如果你需要记住一类信息，就需要使用列表。列表可以同时存储许多数据（数字和字符串），如一个游戏的所有高分。下例只是列表的其中一种用法。

1 新建列表

新建项目。进入积木面板的变量部分，点击“建立一个列表”按钮。将列表命名为句子。

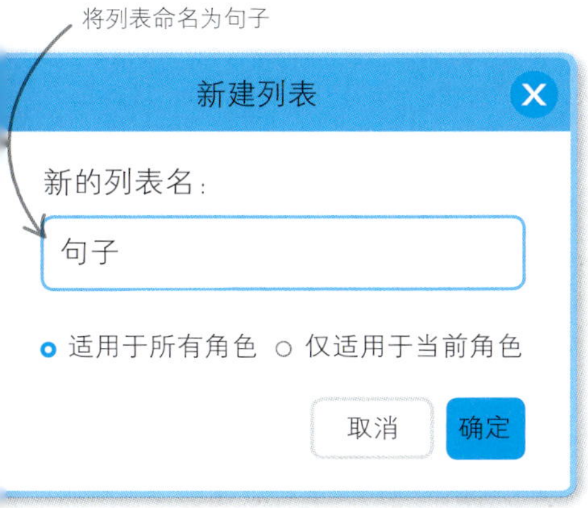

2 使用列表

此代码让用户输入一个词，并将这个词存储在列表中，同时它还会出现在角色的思考气泡中。

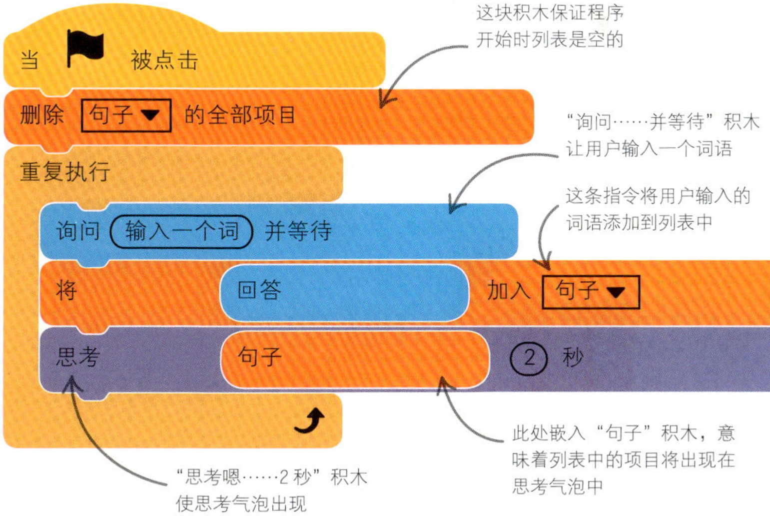

3 查看列表

如果你勾选了“句子”积木前的复选框，列表就会出现在舞台左上角。你可以随时查看加入列表的词。

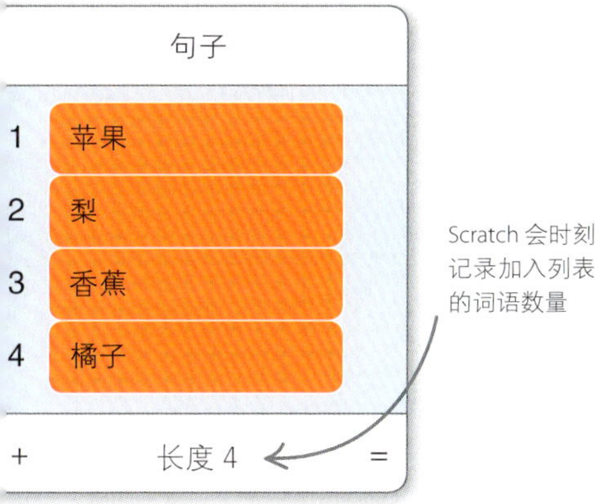

专家提示

处理列表

以下积木用于更改列表中的项目。列表中的每一项都有相应的编号——第一项的编号是 1，第二项的编号是 2，以此类推。我们可以借助编号删除、插入或替换列表中的项目。

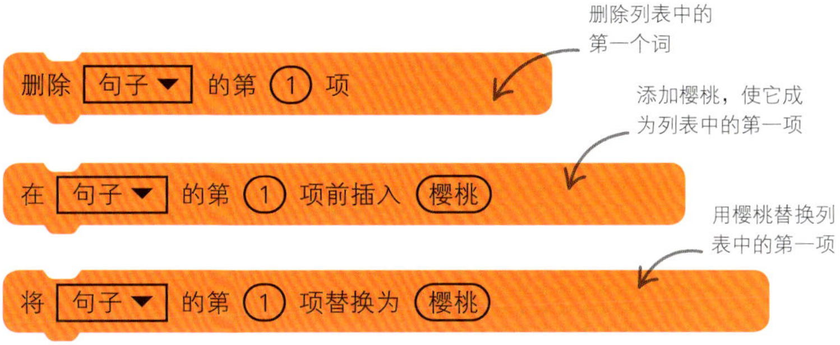

坐标

参见
❮ 38~39 让角色移动
❮ 52~53 数学

借助坐标（coordinate），你可以将角色放到特定的位置或者找到角色的确切位置。坐标是通过舞台上的网格精确定位角色的一对数字。

x 坐标和 y 坐标

角色的坐标显示在 Scratch 界面上。了解角色的坐标有助于编写代码。

在文本框中输入数字，修改角色在舞台上的位置

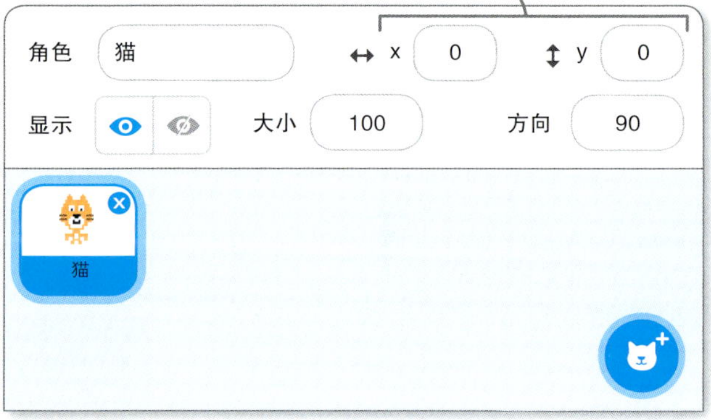

△ **角色的位置**
角色列表上部的信息面板上显示了角色当前在舞台上的坐标。

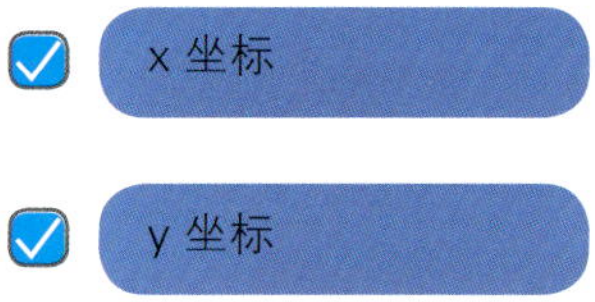

◁ **在舞台上显示坐标**
勾选“x 坐标”和“y 坐标”积木前的复选框，在舞台上显示角色的坐标。

网格

要精确定位一个点，需要统计它距离舞台中心的水平步数和竖直步数。向左和向右的步数为 x 坐标。向上和向下的步数为 y 坐标。

舞台上无形的网格

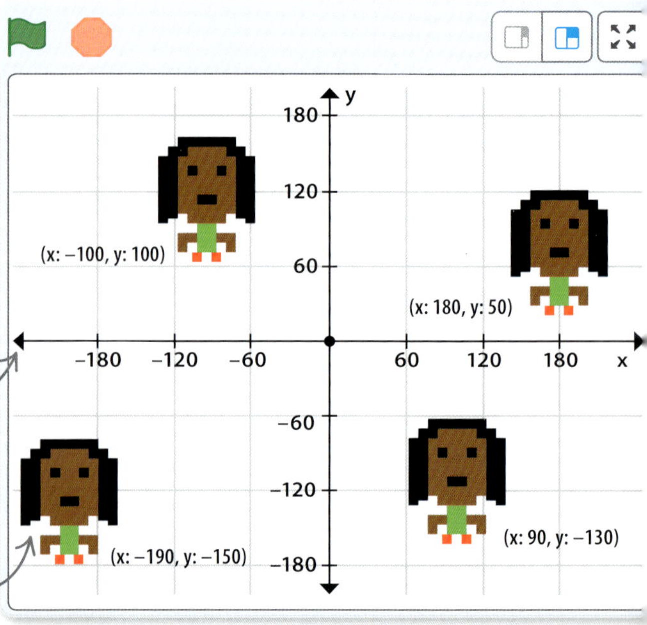

角色位于舞台中心左侧 190 步（x 坐标为 −190）、下方 150 步（y 坐标为 −150）

移动角色

利用坐标将角色移动到舞台上的特定位置。位置远近没关系。积木面板上运动部分的“在 1 秒内滑行到 x:0 y:0”积木可以让角色顺利移动到指定位置。

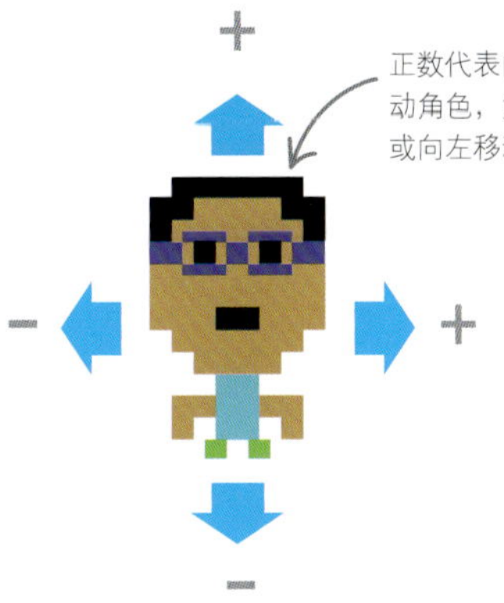


```
当 🏴 被点击
在 (1) 秒内滑行到 x: (150) y: (100)
在 (1) 秒内滑行到 x: (–150) y: (–100)
在 (1) 秒内滑行到 x: (–200) y: (100)
在 (1) 秒内滑行到 x: (0) y: (0)
```

修改坐标，让角色移动到其他位置

△ **用代码控制角色**

你能计算出代码运行时角色行进的路线吗？试试看吧！

```
将 x 坐标增加 (–10)
将 x 坐标设为 (0)
将 y 坐标增加 (125)
将 y 坐标设为 (180)
```

向左移动角色

将角色移动到舞台的水平中心

将角色向上移动到舞台顶部

△ **修改 x 坐标或 y 坐标**

这些积木可以修改 x 坐标或 y 坐标的值。

烈马之旅

尝试这段有趣的代码，以加深对坐标的理解。在角色列表中选择马角色，然后给它添加如下代码。此程序使用“移到 x:0 y:0”积木让马一直随机移动，并且绘制马的轨迹。

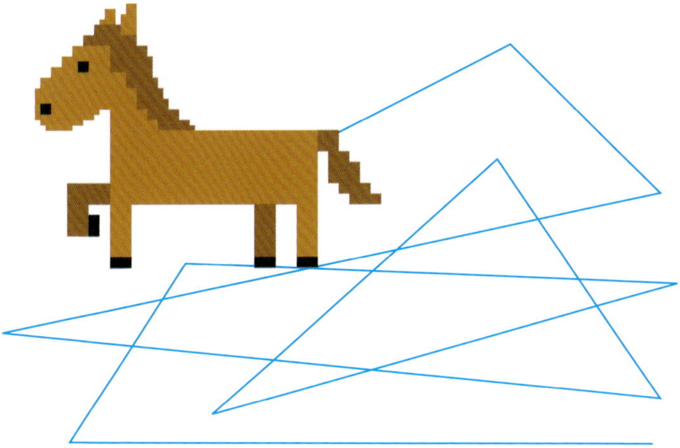

```
当 🏴 被点击
落笔
重复执行
    移到 x: (在 (–240) 到 (240) 之间取随机数) y: (在 (–180) 到 (180) 之间取随机数)
    等待 (0.2) 秒
↺
```

当马移动时，这块积木能够留下马的足迹

这块积木位于运算部分，负责随机选取 x 坐标

随机选取 y 坐标

制造声音

Scratch 不需要保持沉默。使用粉色的声音类积木尝试不同的声效或自创音乐。你可以使用已有的声音文件，也可以使用你为程序录制的全新声音文件。

参见
侦测 66~67
项目 3：猴子骚乱 74~81

给角色添加声音

要播放声音文件，首先必须给角色添加声音文件。每个角色都有自己的声音文件。点击积木面板上方的“声音”标签，管理这些声音文件。

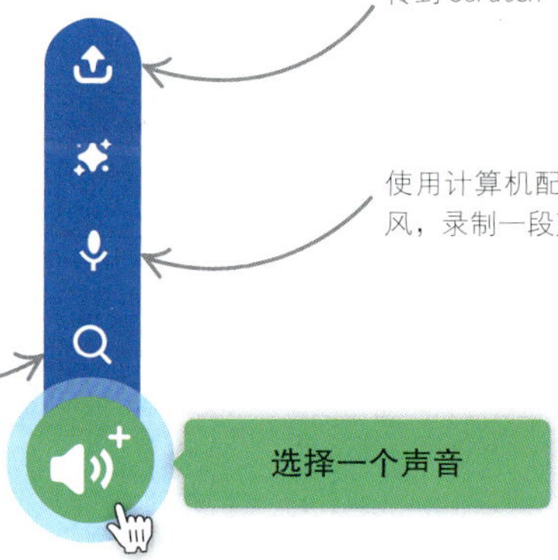

播放声音文件

有两块积木可以播放声音文件，即“播放声音……”和“播放声音……等待播完”。后者需要等到声音文件播放完毕以后，才能继续运行代码。

调节音量

每个角色都能通过设置数字控制自己的音量。是静音，100 是最大音量。

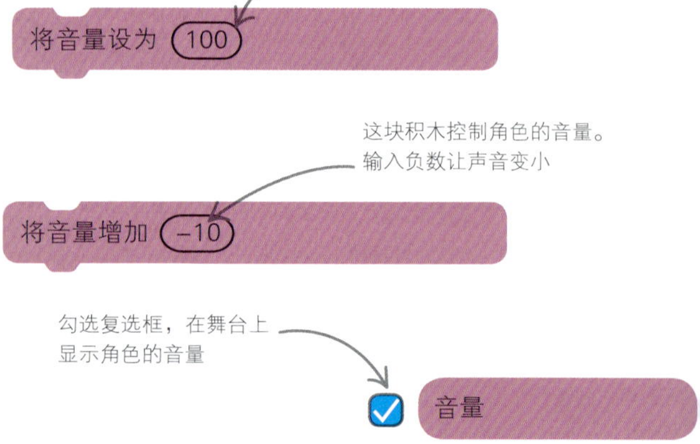

自创音乐

cratch 有一些可以模拟出乐器声音的积木。在 Scratch 中，尔不但拥有一支管弦乐队，还拥有一套架子鼓。通过拍子确定每个音符的长短。要使用音乐类积木，需要点击界面左下角的添加扩展按钮，选择“音乐”。

这个数字决定音高

```
演奏音符 (60) (0.25) 拍
```

数字越大，音符持续的时间就越长。音符持续的时间可以比一拍短，如图所示

```
将乐器设为 ((1) 钢琴 ▼)
```

点击此处，从下拉菜单中选择不同的乐器

```
击打 ((1) 小军鼓 ▼) (0.25) 拍
```

打开下拉菜单，选择不同类型的打击乐器

```
休止 (0.25) 拍
```

这块积木在音乐中添加停顿。数字越大，停顿的时间就越长

播放音乐

音符连在一起形成旋律。创建名为音符的变量（见第 50~51 页），然后给任意角色添加如下代码，创作一段旋律。

```
当 ⚑ 被点击
将变量 [音符 ▼] 设为 (1)
将乐器设为 ((1) 钢琴 ▼)
重复执行
    将变量 [音符 ▼] 增加 (1)
    演奏音符 (音符) (0.5) 拍
```

首先设定变量音符的初始值

选择一种乐器

在下方两块积木外添加“重复执行”积木

从积木面板的变量部分拖动“音符”积木

上行音阶

点击小旗按钮，Scratch 将播放上行音阶。其中每个音符都是二分音符，且都比上一个音符高一度。

专家提示

节奏

音乐的速度称为节奏。节奏决定了在一段乐曲中一拍的长度。Scratch 有 3 块积木控制节奏。

```
将演奏速度设为 (60)
```

以每分钟的节拍数即 bpm 控制节奏。

```
将演奏速度增加 (20)
```

加快节奏让音乐激烈，或者使用负数使音乐舒缓。

```
☑ 演奏速度
```

勾选该复选框，让节奏显示在舞台上。

掷骰子

项目 2：掷骰子

这个简单的程序既实用又有趣。此程序创建了一个可以滚动的骰子。运行程序，看看谁掷的点数最大。在你玩《大富翁》游戏时，可以用它代替真正的骰子。

参见
❮ 40~41 造型
❮ 46~47 简单循环
❮ 50~51 变量
❮ 52~53 数学

怎样创建滚动的骰子

本程序中的骰子共有 6 个造型。每个造型显示骰子的一面，每一面上有不同数量的圆点。

1 将鼠标指针移至角色列表的猫头按钮上，点击画笔按钮，自己绘制一个新角色。

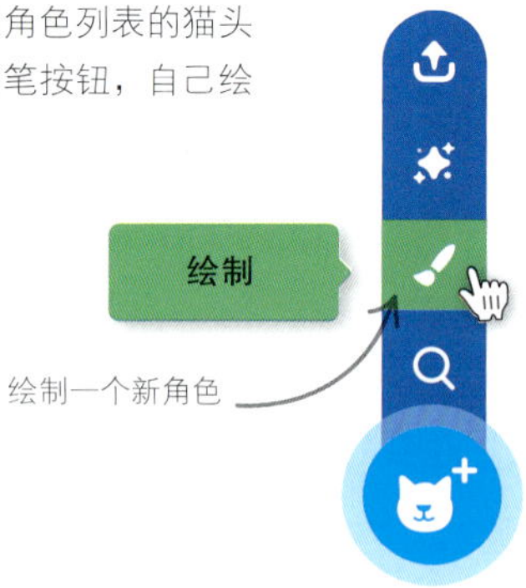

2 点击绘图区左侧的四边形按钮。接下来是给骰子选择颜色，从调色板（见右侧专家提示）上选择一种颜色。将鼠标指针移至绘画区，按住键盘上的“Shift”键，然后按住鼠标左键并拖动鼠标，画出一个正方形。

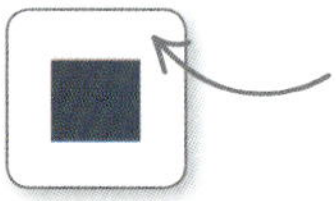

专家提示

改变颜色

绘画区上方是颜色控件。“填充”按钮用于选择四边形内部的颜色，“轮廓”按钮用于选择四边形轮廓的颜色。点击按钮，弹出调色板，就可以为四边形选择颜色了。微调按钮位于“轮廓”按钮的右侧，改变其中的数字，可以改变四边形轮廓的粗细。

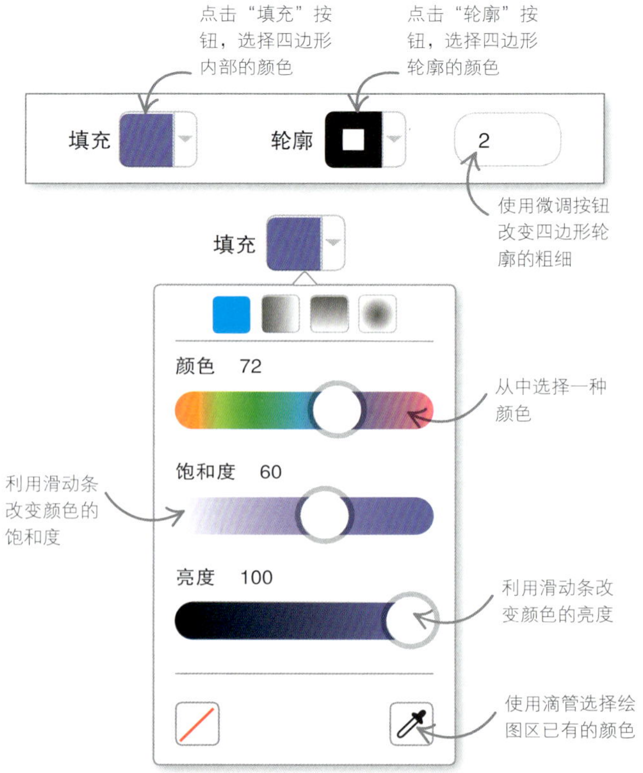

右击绘画区左侧的“造型 1”标签，选择“复制”。重复这一操作，直到有 6 个造型。

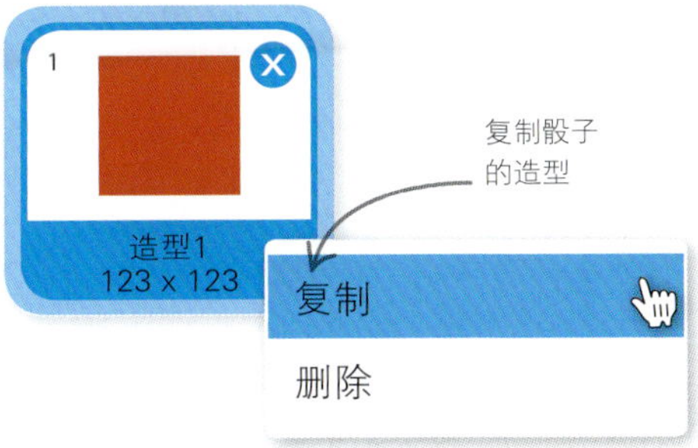

复制骰子的造型

选择其中一个造型。点击绘画区左侧的圆形按钮，然后点击“填充”按钮并在调色板上选择白色。给 6 个造型添加圆点，绘制骰子的 6 个面。

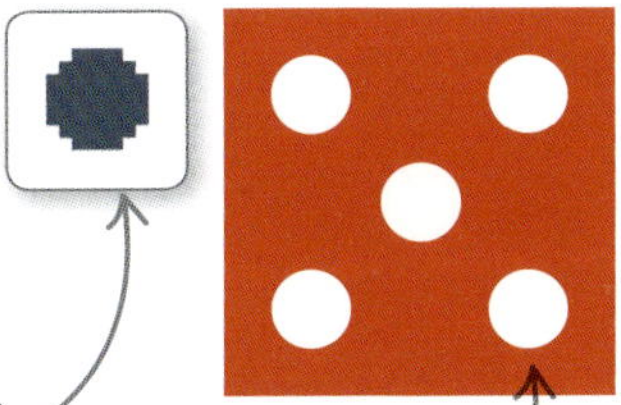

按住“Shift”键，就能画出完美的圆

造型 5 上有 5 个白色圆点

给骰子角色添加如下代码。按下空格键后掷骰子。尝试几次，看看全部造型是否都会出现。

```
当按下 [空格 ▼] 键
换成 (在 (1) 到 (6) 之间取随机数) 造型
```

按下空格键后掷骰子

这块积木负责随机选择一个造型

有时你会连续掷出相同的点数，由于图片没有变化，使得程序看起来像出了问题。此代码让骰子在停下来之前变换 5 次造型。

```
当按下 [空格 ▼] 键
重复执行 (5) 次
    换成 (在 (1) 到 (6) 之间取随机数) 造型
    等待 (0.2) 秒
end
```

每个造型对应不同的点数

短暂停顿，让你可以看到骰子的变化

专家提示

旋转工具

将每个造型都旋转不同的角度，这样在代码运行时骰子看起来就像在滚动一样。点击位于绘图区左下方的“转换为位图”按钮，然后点击选择按钮，用鼠标把绘图区的造型框住，旋转工具就会出现了。

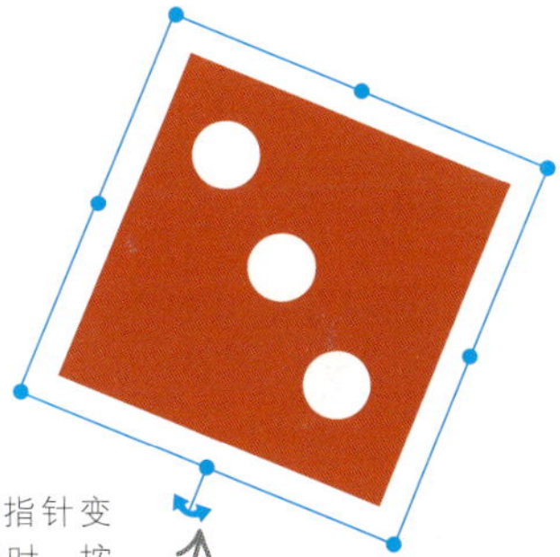

当鼠标指针变成手形时，按住并拖动鼠标，使骰子旋转

不要忘记保存文件

真或假?

计算机通过提问和判断答案是真是假决定下一步该做什么。只有两种可能答案的问题被称为布尔表达式（Boolean expression）。

参见
判断和分支 64~65 ›
判断 118~119 ›

两数比较

你可以使用积木面板上运算部分的“=”积木比较两个数的大小。

◁ **“=”积木**
该积木会给出两种答案之一：如果两个文本框中的数字相等，则为真；如果不等，则为假。

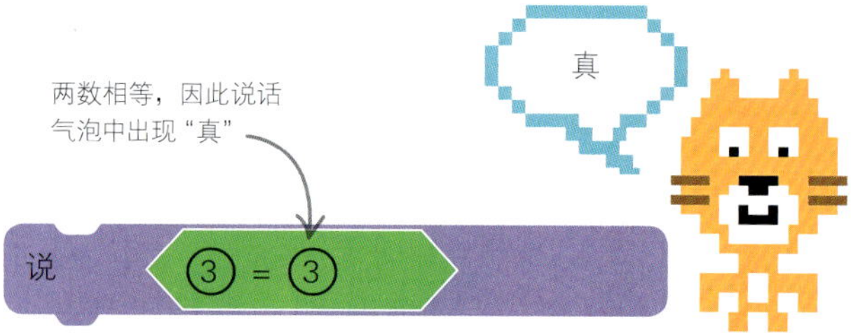

△ **答案为真**
在“说你好！”积木中嵌入“=”积木，“真”或“假”将出现在角色的说话气泡中。

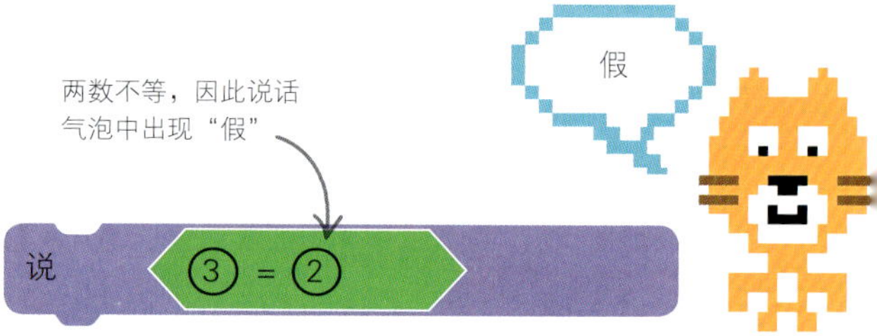

△ **答案为假**
如果积木上的数字不同，角色的说话气泡中就会出现“假”。

变量与数字比较

你可以在比较积木中嵌入变量。比较固定数字的意义不大，因为结果总是相同的，但是变量的值是可以改变的，答案也将随之改变。

△ **建立一个变量**
点击积木面板上的“变量”按钮，创建名为年龄的变量，将其值设为 10（点击“将变量年龄设为 10”积木，确保变量的值已经设置好）。将年龄积木嵌入比较积木。

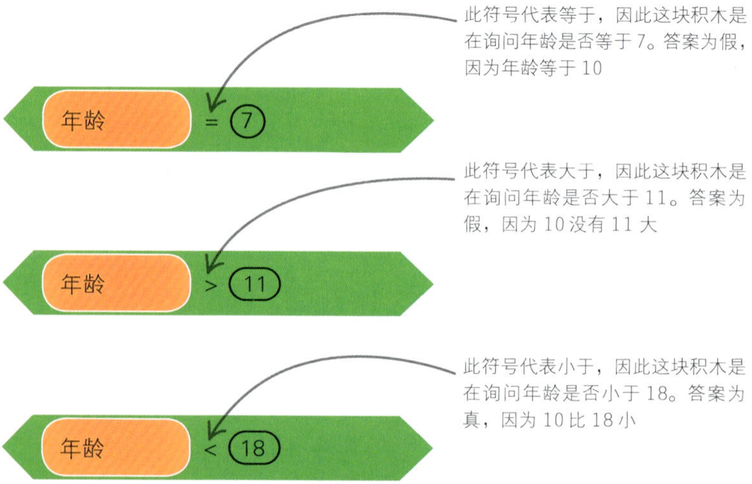

△ **比较变量与数字**
在运算部分找到比较积木。检查两项是否相等的同时，你还可以比较哪一项更大。

专家提示

比较单词

“=”积木不仅可以比较数字，还可以检查两个字符串是否相同。比较字符串时，程序会忽略字母大小写的区别。

△ **新建变量**
尝试比较字符串之前，首先需要创建名为名字的变量，并将其值设为“Lizzie”。

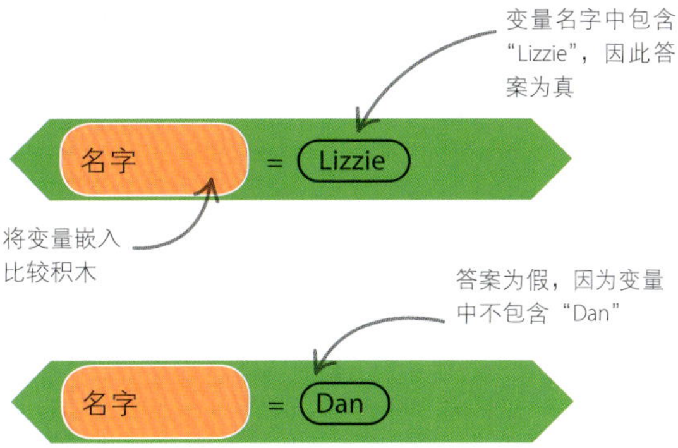

不成立

……不成立”积木通过逆转布尔表达式的答案
简化问题。例如，检查某个人是否是 7 岁，比
检查每个可能的年龄更容易。

◁ **“……不成立”积木**
“……不成立”积木可以改变答案：从真到假，或者从假到真。

没有“……不成立”积木时
处，10 不等于 7，因此答案为假。

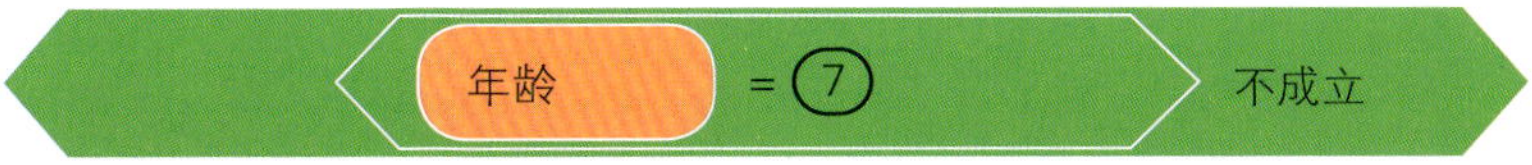

△ **有“……不成立”积木时**
给相同的问题套上“……不成立”积木，答案改变。因为 7 不等于 10，所以答案为真。

合并问题

解决更复杂的问题，你可以同时使用两个比较
木，然后一次提出多个问题。

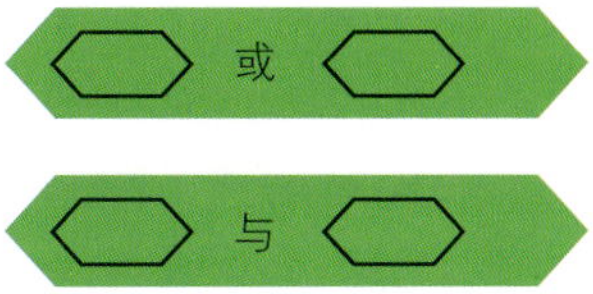

△ **逻辑积木**
“……或……”和“……与……”积木以不同的方式合并布尔表达式。

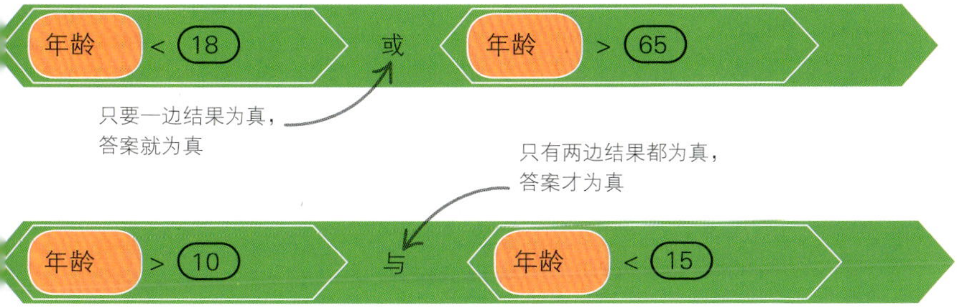

◁ **实践**
上方的积木检查某人是否小于 18 岁或大于 65 岁。下方的积木检查他的年龄是否是 11、12、13 或 14 岁。

判断和分支

计算机通过判断一些内容是真是假，决定下一步该做什么。计算机还会根据答案决定执行哪条指令。

参见
《62~63 真或假?
侦测 66~67》

做决定

假设积木利用布尔表达式决定下一步该做什么。将其他积木放进假设积木的“嘴”里。只有当布尔表达式的答案为真时，假设积木“嘴”里的积木才会运行。

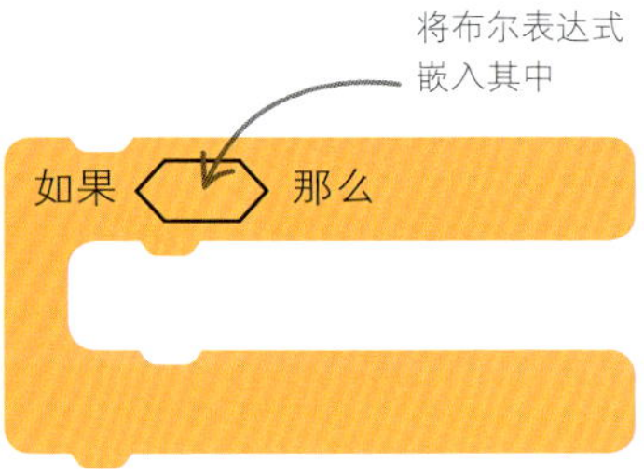

△“如果……那么……”积木
如果布尔表达式的答案为真，那么夹在“如果……那么……”积木里的指令就会执行。

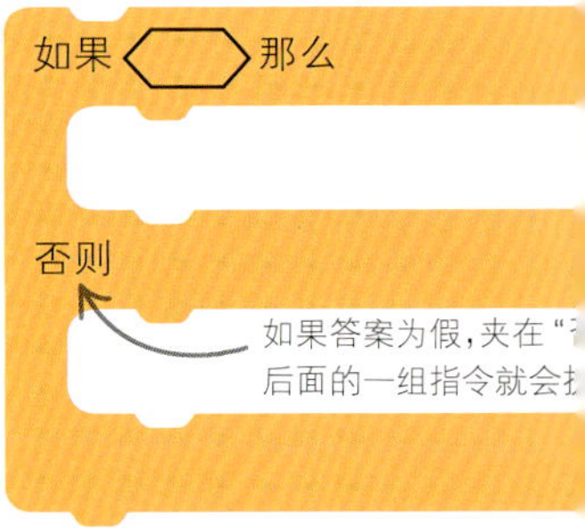

△“如果……那么……否则……”积木
如果布尔表达式的答案为真，夹在“那么
和“否则”中间的指令就会执行；如果为
夹在“否则”后面的一组指令就会执行。

使用“如果……那么……”积木

“如果……那么……”积木让你可以根据布尔表达式的答案选择是否运行某一段代码。给猫角色
加如下代码，运行看一看。

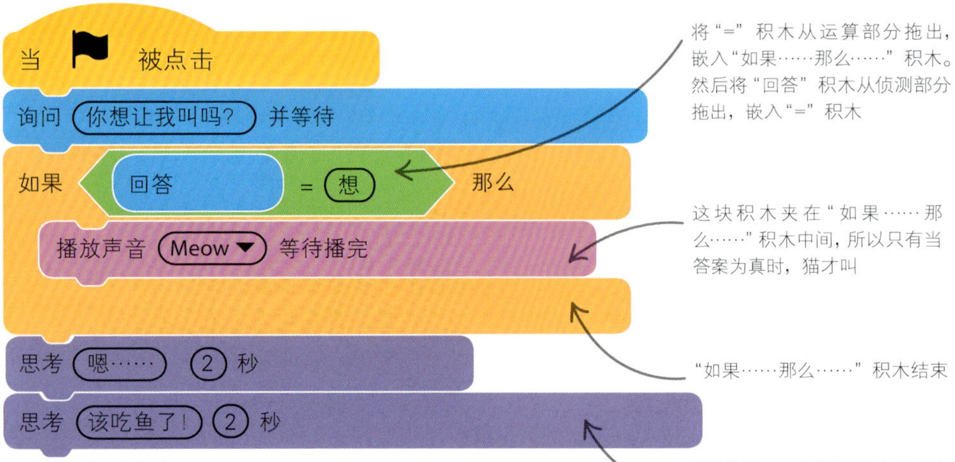

△“喵喵”叫的猫
此程序会检查布尔表达式，只有当答案为真时才会运行夹在“如果……那么……”积木中间的积木。这表明只有当你让猫叫时，它才叫。

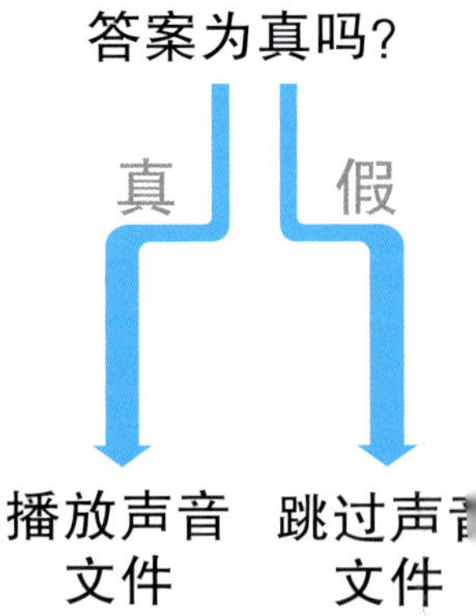

△ 工作原理
程序会检查布尔表达式的答
是否为真。如果答案为真，
序就会执行夹在“如果……
么……”积木中间的指令。

分支指令

有时你可能希望程序在满足某个条件时做一件事情，在不满足这个条件时做另一件事情。“如果……那么……否则……”积木为程序提供了两条备选路径，我们将它们称为分支（branch）。最终只有一个分支会运行，运行哪个分支由布尔表达式的答案决定。

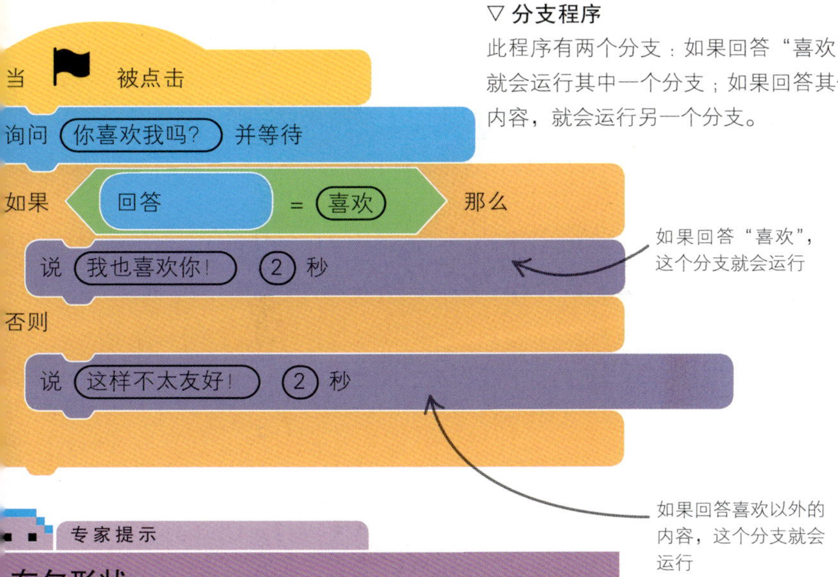

▽ **分支程序**
此程序有两个分支：如果回答“喜欢”，就会运行其中一个分支；如果回答其他内容，就会运行另一个分支。

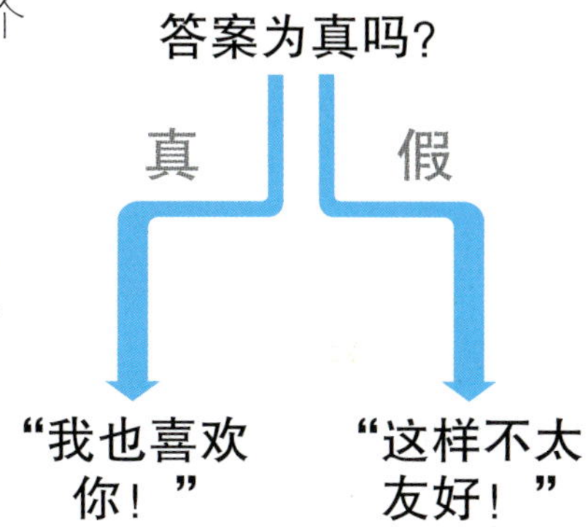

△ **工作原理**
程序会检查你输入的回答是否是“喜欢”。如果输入的是“喜欢”，舞台上会显示左侧的信息；如果输入的是喜欢以外的内容，舞台上就会显示右侧的信息。

专家提示

布尔形状

在 Scratch 中，布尔表达式积木的两端带尖头。不过你也可以将它们嵌入没有尖头的文本框中。

△ **侦测类积木**
这些积木用于检测一个角色是否碰到另一个角色，或者你是否按下某个按键。

△ **控制类积木**
有几个控制类积木上有布尔形状的文本框，你可以在其中嵌入布尔表达式积木。

▷ **分支**
与树枝类似，程序的分支会朝着不同的方向延伸。

侦测

侦测类积木允许程序查看你的计算机正在做什么。它们还能检测键盘按键的情况，并让角色相遇时做出反应。

参见
《40~41 造型
《56~57 坐标

键盘控制

侦测类积木和“如果……那么……”积木让你可以通过键盘控制角色在舞台上移动。“按下空格键？”积木上的下拉菜单里包含了键盘上的大部分按键，因此，你可以设计出让角色响应按键的程序。你还可以将运动指令与点击鼠标关联在一起。

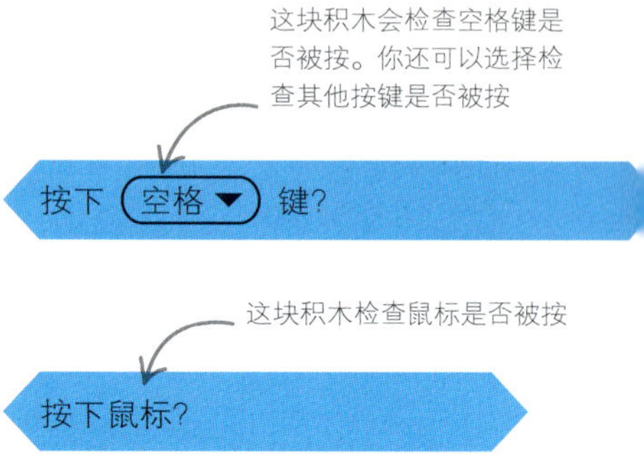

△ 侦测类积木
将这些积木嵌入“如果……那么……”积木，许程序检测鼠标或某个按键是否被按。

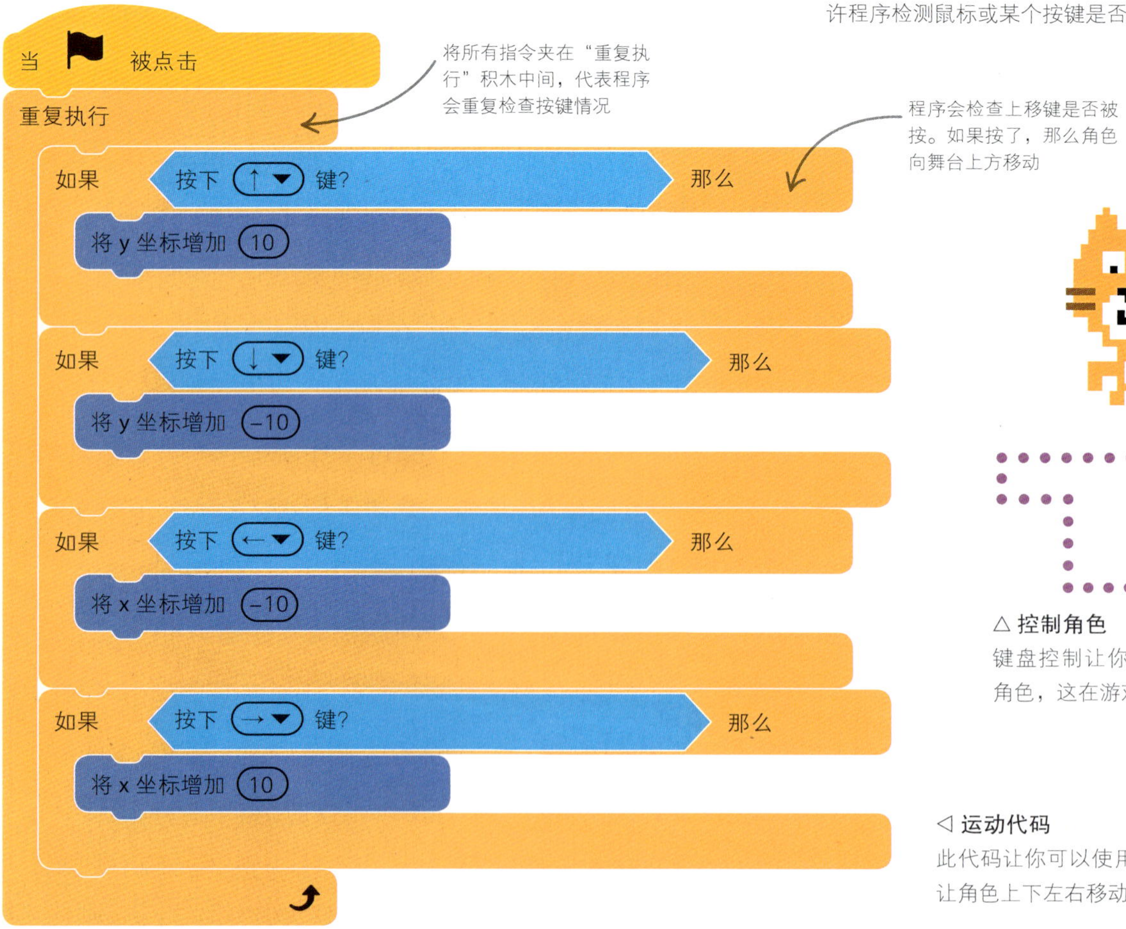

△ 控制角色
键盘控制让你能够精准地控角色，这在游戏里尤其重要。

◁ 运动代码
此代码让你可以使用键盘上的方向让角色上下左右移动。

角色碰撞

口道一个角色何时碰到另一个角色
艮有用，尤其是在游戏里。当角色
皮此相遇或者角色穿过特定颜色的
区域时，侦测类积木都会告诉你。

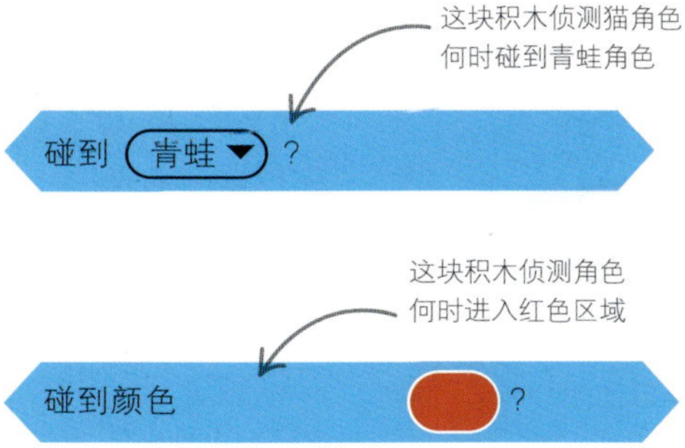

使用侦测类积木

吏用侦测类积木制作游戏。先给猫角色添加上一页
的运动代码，然后添加房间 1 背景和大象角色。选
コ“声音”标签，给大象添加 Trumpet2 声效，再添
口如下代码。

找到大象

1下代码使用侦测类积木侦测猫和大象何时相遇。随着猫的
ɛ近，大象逐渐变大。当猫碰到大象时，大象切换造型并发
j叫声，然后藏到其他地方。

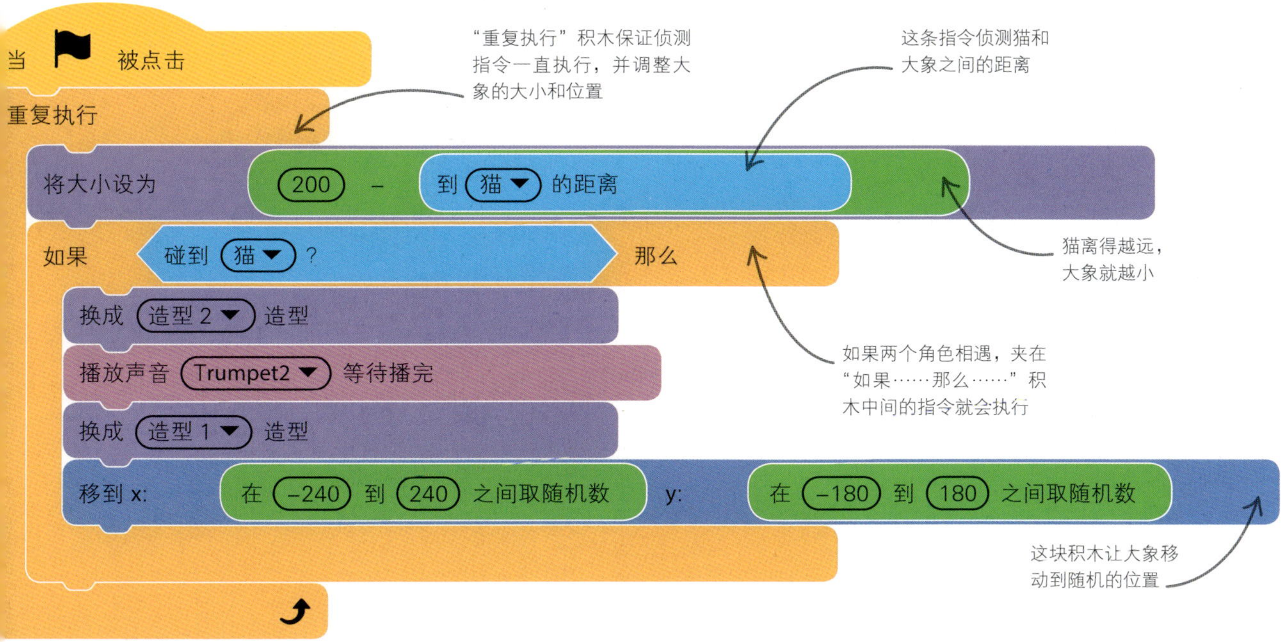

复杂循环

简单循环用于程序的某部分需要无限次重复运行或重复运行一定次数的情况。此外，你还可以用更聪明的循环指令编写程序，这些循环积木能够决定何时开始重复执行指令。

参见
《46~47 简单循环
《62~63 真或假?

在某件事发生之前一直循环

将狗 1 角色添加到项目中，然后给猫角色添加如下代码。当你运行程序时，“重复执行直到……”积木能够确保猫在碰到狗之前保持移动。当猫碰到狗后，猫会停下来并叫道“哎哟！”。

△“重复执行直到……”积木

夹在“重复执行直到……”积木中间的积木会一直运行，直到满足某个条件（比如猫碰到狗）才会停止。

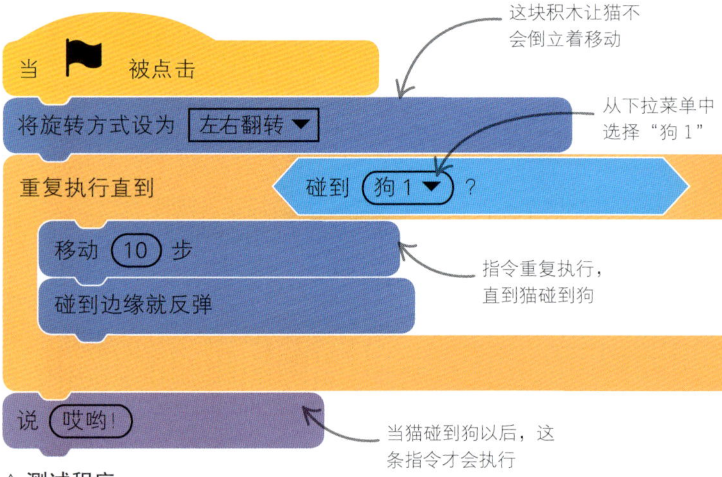

△ 测试程序

将狗移动到猫的行进路线之外，运行程序。再将狗移动到猫的行进路线上，看看会发生什么。

停止！

另一个非常有用的控制类积木是“停止全部脚本”积木，它可以停止运行代码。如果你想在游戏结束时让角色停止移动，可以使用这块积木。

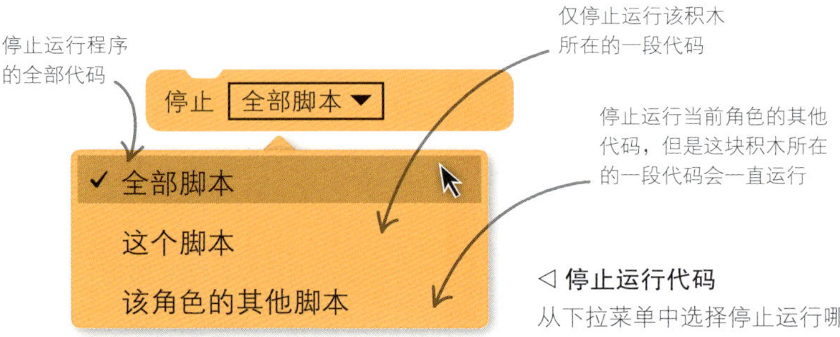

◁ 停止运行代码

从下拉菜单中选择停止运行哪段代码

等待

口果你能让代码暂停运行一会儿，会让游戏更容易玩，或者更容易查看程序的运行情况。一些积木能让代码等待几秒或者当某件事发生以后再运行。

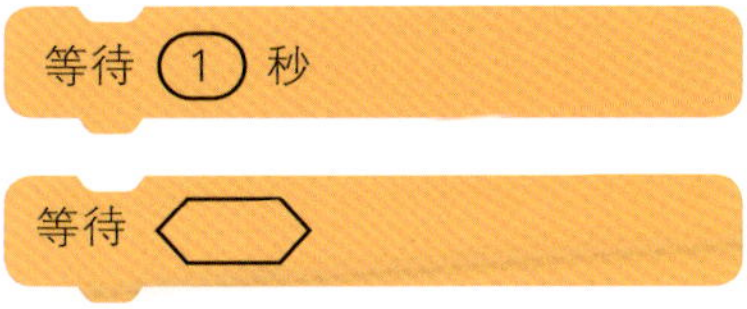

◁ **等待积木**

“等待 1 秒”积木让程序等待指定的时间。“等待……”积木对程序运行时发生的特定事件才有反应。

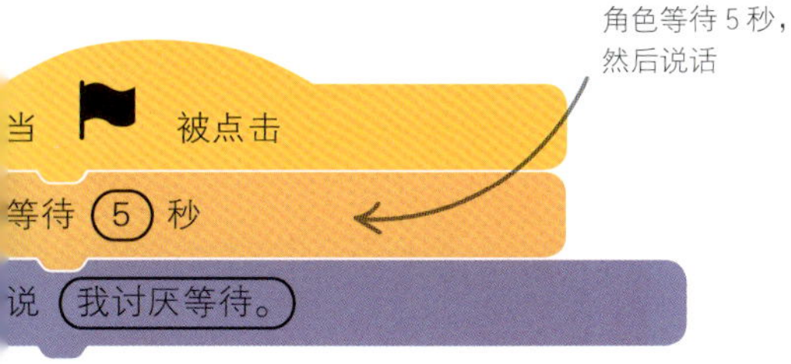

“等待 1 秒”积木

用“等待 1 秒”积木，你可以在文本框中入需要角色等待的秒数。

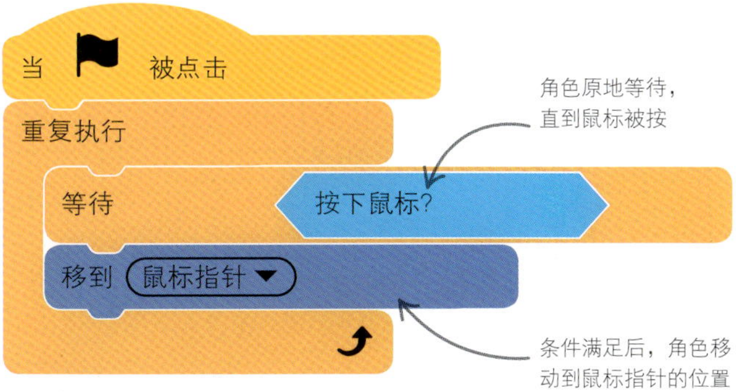

△ **“等待……”积木**

这块积木让程序一直等待运行，直到其上的布尔表达式答案为真，程序才会继续运行。

“极具魅力”的鼠标

昆合使用不同的循环积木制作程序。按下鼠标后，程序才会继续运行。松开鼠标左键以前，角色会一直跟随鼠标指针移动。松开鼠标左键以后，角色原地跳 5 次。整个过程会一直重复，因为以上指令都在“重复执行”积木中。

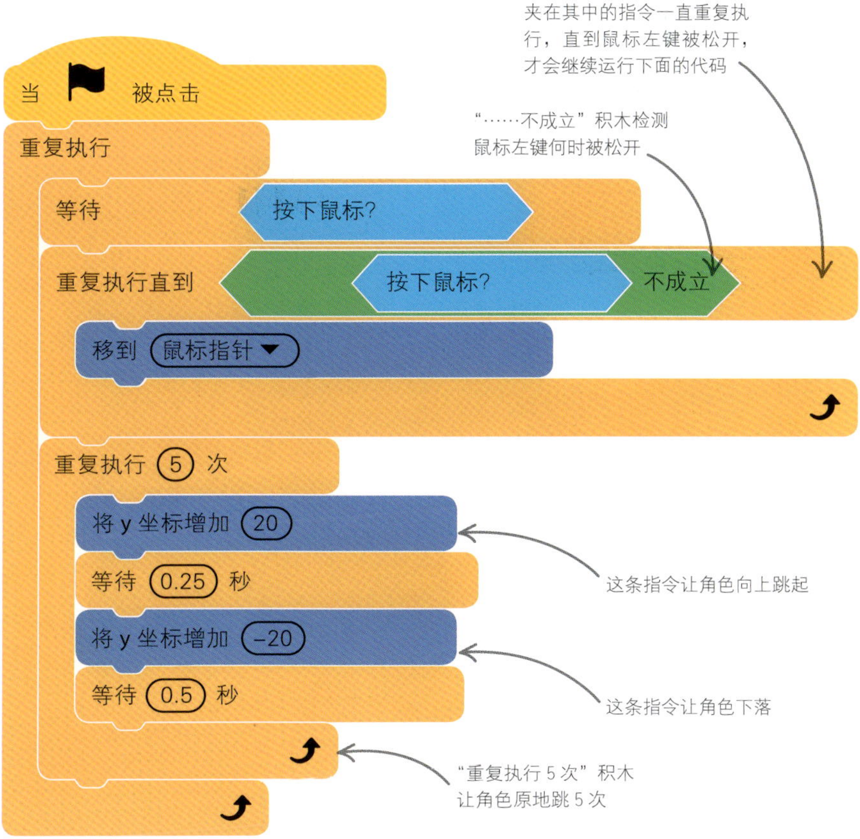

嵌套循环

意循环积木如何嵌套。

收发消息

有时候，角色之间相互沟通也很有用。角色通过发消息告诉其他角色应该做什么。Scratch 还允许你创建角色之间的对话。

参见
❮ 38~39 让角色移动
❮ 40~41 造型
❮ 44~45 事件

广播

事件部分的广播积木让角色能够收发消息。消息不含名称以外的信息。只有被设计成响应消息时，角色才会对消息产生反应，同时它们会忽略其他所有的消息。

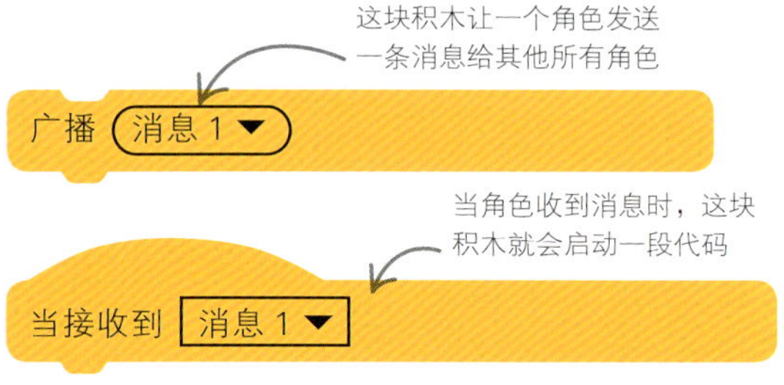

△ 广播积木
第一块广播积木让角色发出消息。第二块广播积木让角色接收消息并产生反应。

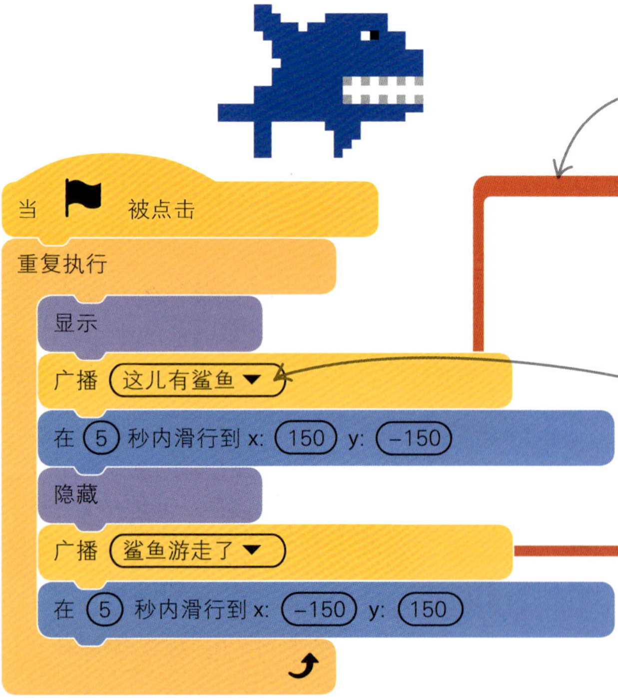

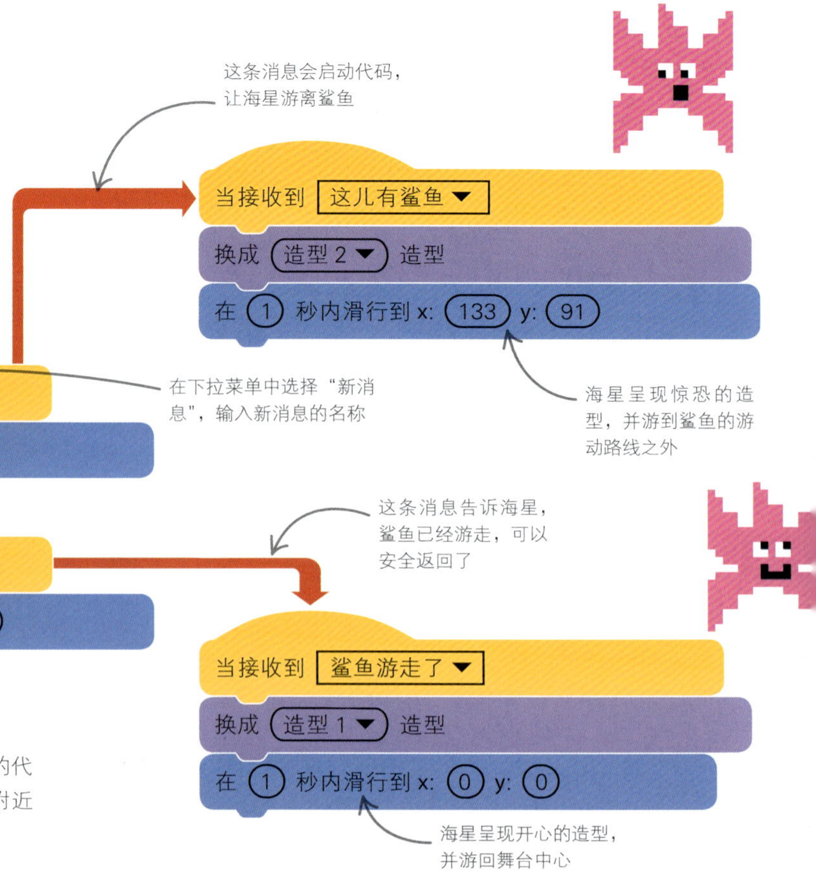

△ 有鲨鱼，危险！
添加两个角色：鲨鱼和海星。给鲨鱼添加正上方的代码，给海星添加右侧两段代码。当鲨鱼游到海星附近时，程序会发出消息让海星游走。

对话

要创建角色之间的对话，需要使用“广播消息 1 并等待”积木和说话积木，后者让角色使用说话气泡交谈。开始一个新项目，添加两个猴子角色。给其中一只猴子添加左侧的代码，给另一只猴子添加右侧的两段代码。

广播 消息 1 并等待

△ **等待积木**

这块积木发送一条消息后，会等待所有响应此消息的代码运行完，再继续执行此积木后面的指令。

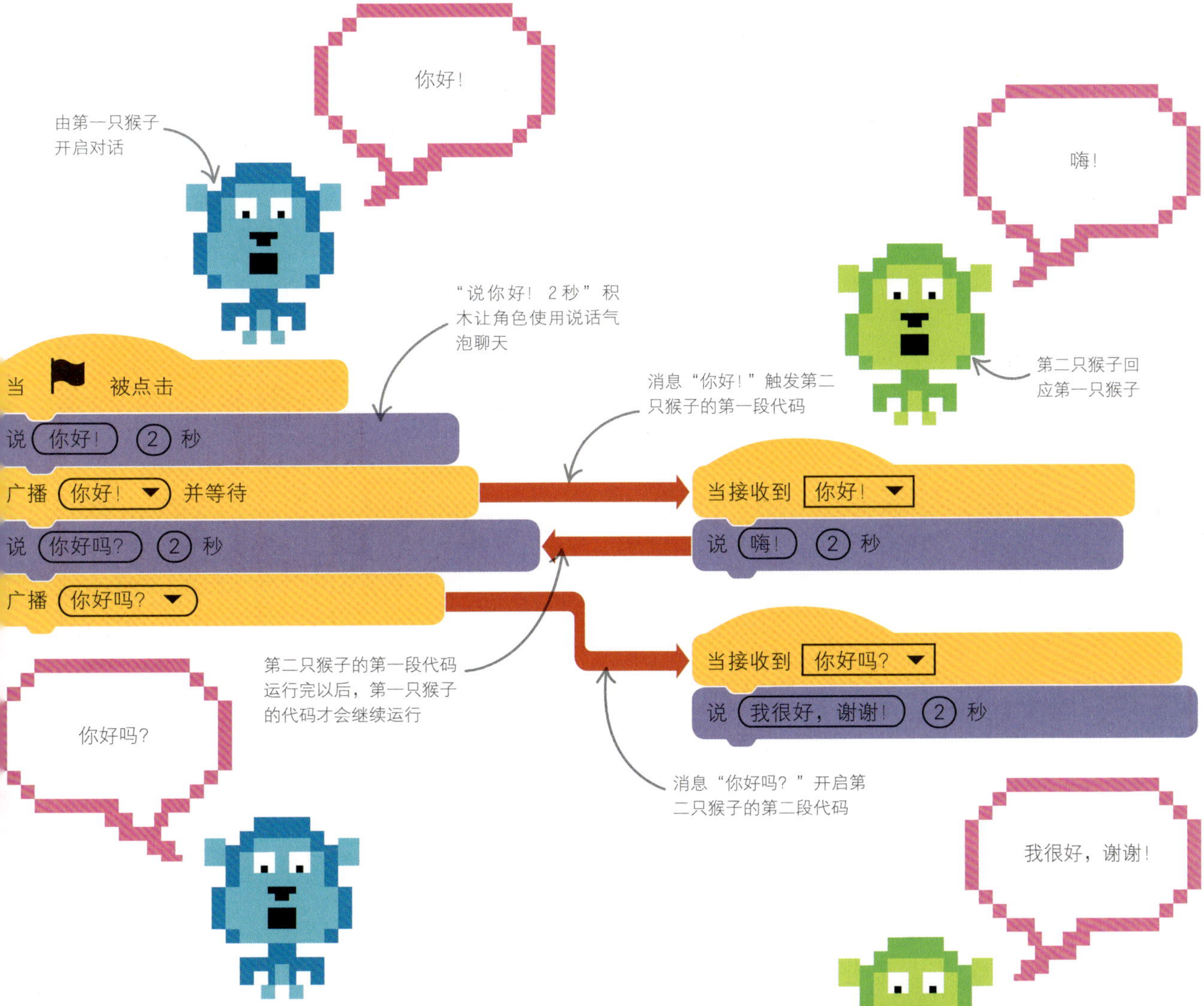

△ **健谈的猴子**

此程序能够正常运行是因为使用了“广播消息 1 并等待”积木。如果使用的是“广播消息 1”积木，两只猴子就会变成自说自话。

自制积木

参见
《50~51 变量
试验时间 82~83》

要避免重复使用相同的积木，可以通过自制积木开辟捷径。每块新积木可以包含许多条不同的指令。

亲自制作积木

你可以亲自制作 Scratch 积木，它们被使用时会运行你设计的代码。试试下面这个例子，看看自制积木是怎样工作的。程序员将这些可以重复使用的代码称为子程序（subprogram）或函数（function）。

1 自制积木

点击“自制积木”按钮，然后点击“制作新的积木”按钮。输入“跳跃”，点击“完成”按钮。

2 新积木出现

新积木“跳跃”出现在积木面板上，“定义跳跃”积木出现在代码区。

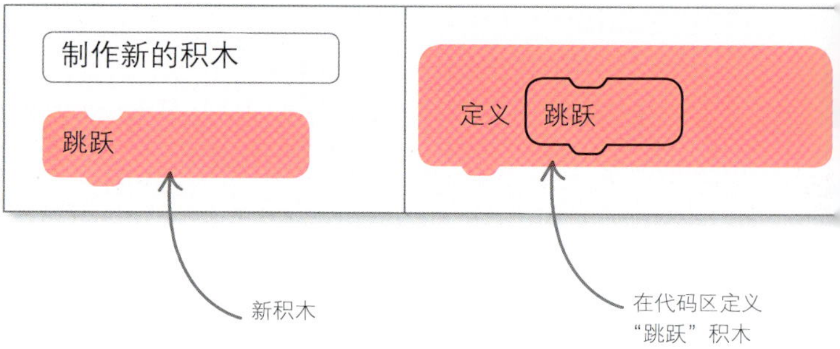

3 自定义积木

“定义跳跃”积木告诉 Scratch 使用“跳跃”积木时需要执行哪些指令。添加如下代码，定义新积木。

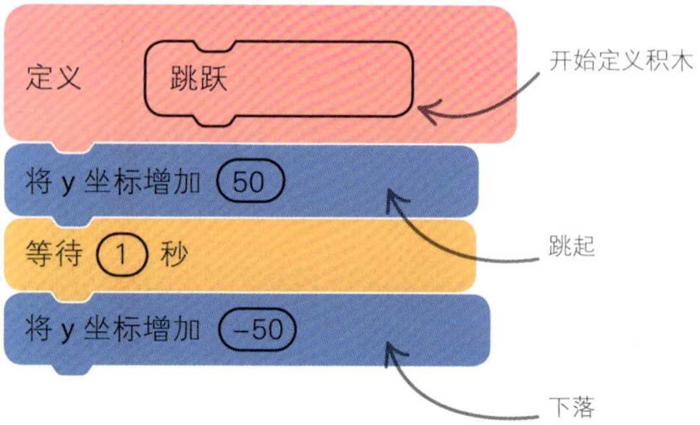

4 在代码中使用自定义积木

现在，可以使用新积木了。使用这块新积木的效果与把那些控制跳跃的积木添加到代码区是一样的。

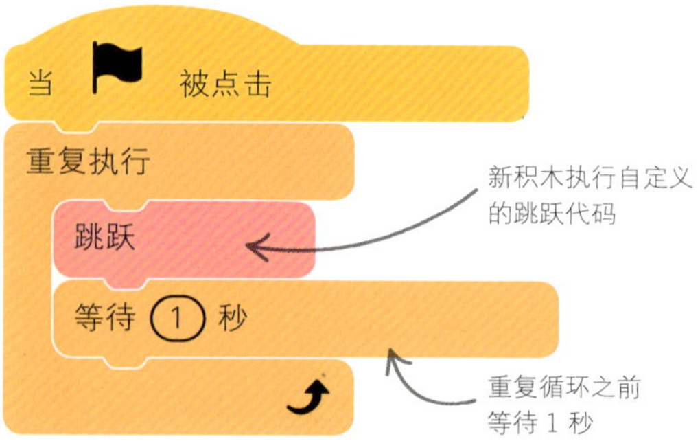

带输入的积木

E自制积木上的文本框中输入需要它处
里的数字和文本。这些文本框可以改变
R木让角色移动的距离。

点击此处，添加数字或文本

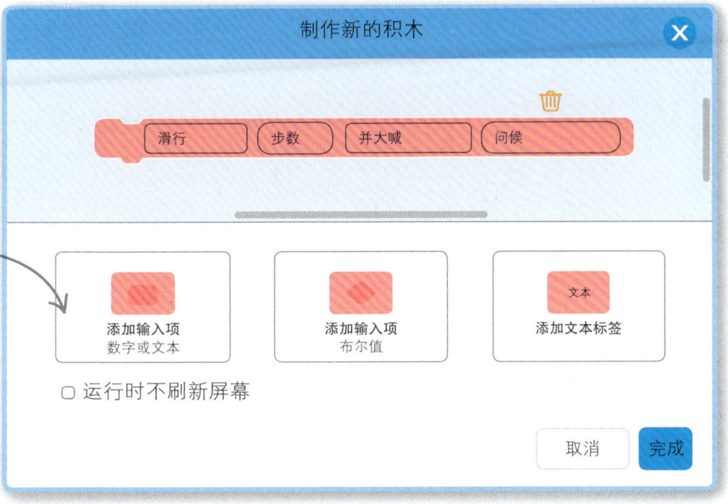

1 制作新积木

制作一块名为滑行的积木。点击“添加输入项
字或文本”按钮，输入“步数”。点击“添加文本标签”
钮，输入“并大喊”。点击“添加输入项数字或文本”
钮，输入“问候”。最后点击“完成”按钮。

2 自定义积木

在“定义滑行步数并大喊
候”积木上嵌入了名为步数和
候的变量。将这些变量从“定
滑行步数并大喊问候”积木上
到代码区中你需要它们出现的
置。给角色添加右侧代码。

变量步数

变量问候

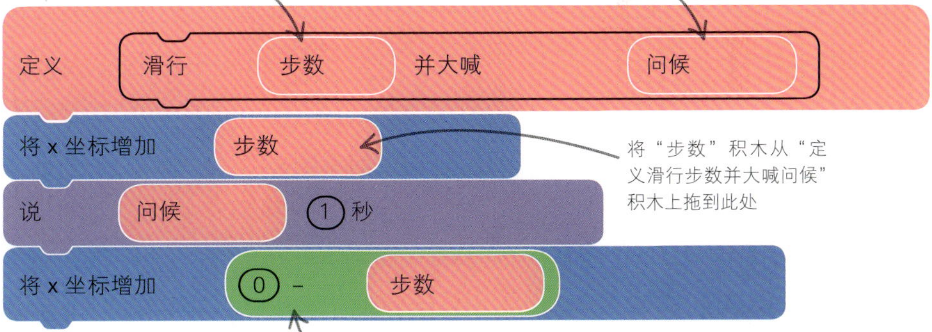

将“步数”积木从“定义滑行步数并大喊问候”积木上拖到此处

这块积木让步数变成相反数

3 使用自制积木

现在给角色添加如下代码。在积木上的
本框中输入不同的步数和问候内容，角色会
不同的表现。

按下空格键后，代码开始运行

角色向右滑行 20 步并大喊“你好！”，然后滑回原位

角色向右滑行 80 步并大喊“怎么样？”，然后滑回原位

项目 3：猴子骚乱

这个令人兴奋的快节奏游戏综合了目前你已经学到的所有 Scratch 编程技巧。按照以下步骤创建你的猴子骚乱游戏，看看你能否用香蕉击中蝙蝠！

参见
《38~39 让角色移动
《40~41 造型
《66~67 侦测

开始

开始一个新项目。此项目不需要猫角色。要删除它，只需在角色列表中右击它，然后在菜单中选择“删除”。现在舞台上一片空白，等待你来创作。

1 从背景库中选择新背景。你可以在角色列表的右侧找到这个按钮。

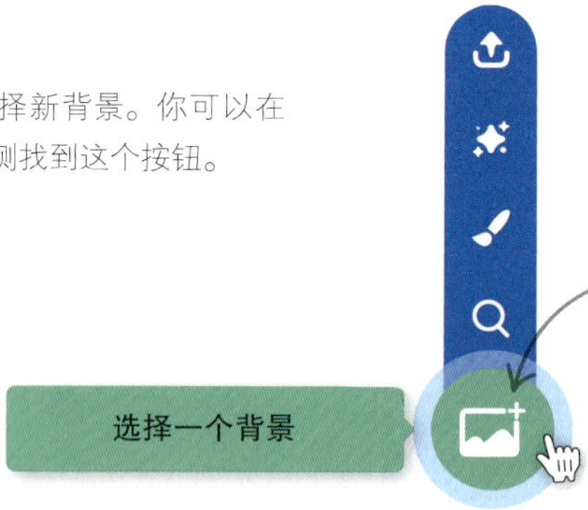

点击此处，从背景库中选择新背景

2 搜索并选择墙 1 背景。这个背景很适合本游戏，不过如果你有其他喜欢的背景，也可以替换。

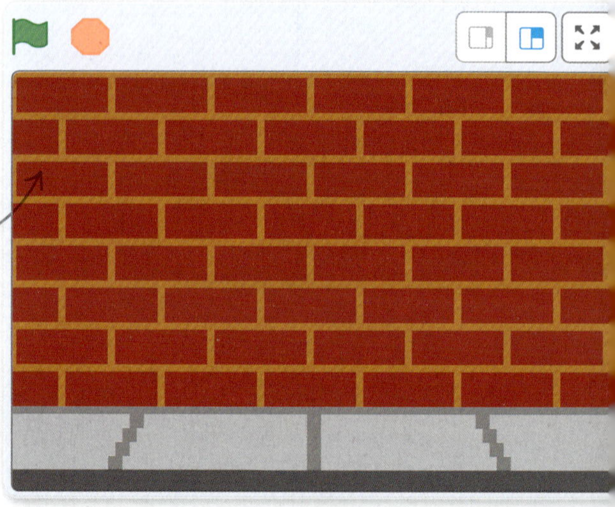

点击背景库中的背景，让它出现在舞台上

专家提示

避免错误

这是目前你尝试过的最大型的 Scratch 项目，因此你可能发现游戏并不总是如你期望的那般运行。以下是一些有助于程序顺利运行的提示：

确保你将代码添加给正确的角色。

仔细遵从指令。在使用变量之前，记得先创建变量。

检查每块积木上的数字是否正确。

前往角色库，将新角色添加到游戏中。在角色库中搜索并选择猴子。用户在游戏中控制此角色。

给猴子角色添加如下代码。记住，这些积木都能在积木面板上找到，它们是按照颜色分类的。在此代码中，侦测类积木能利用键盘上的方向键让猴子在舞台上移动。编写完毕运行程序，检查程序是否正常工作。

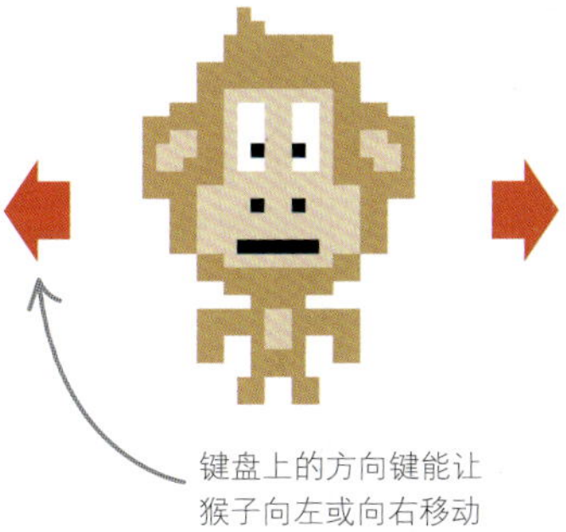

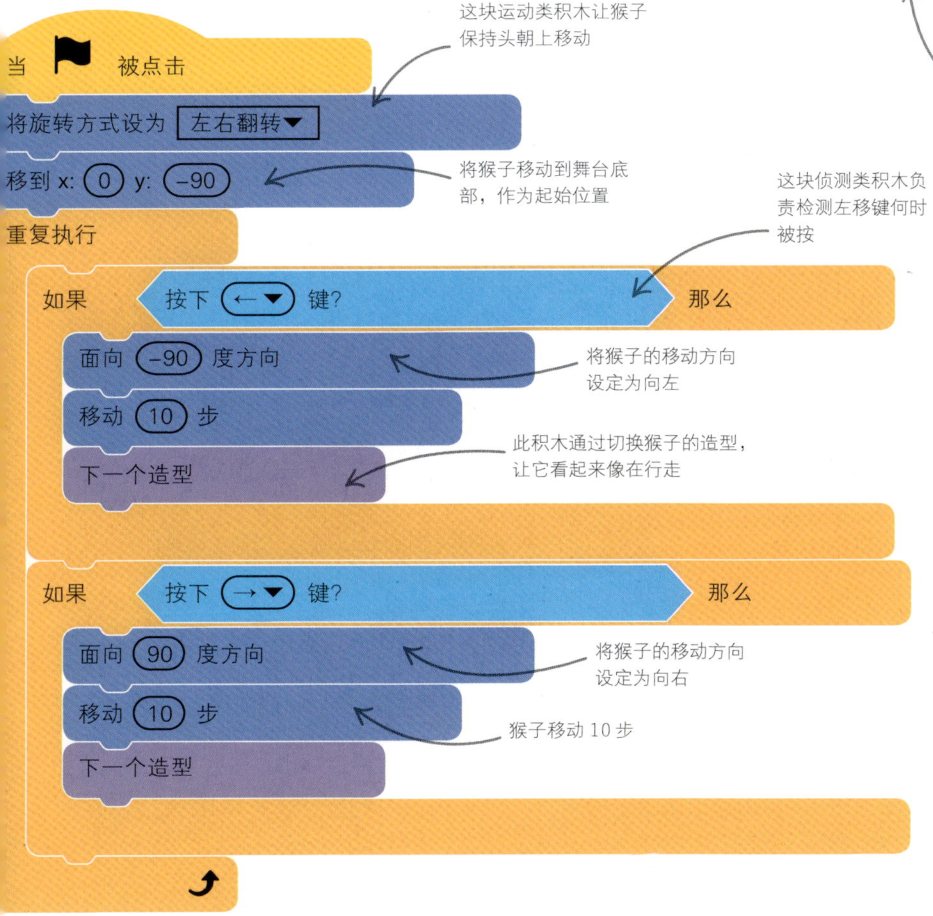

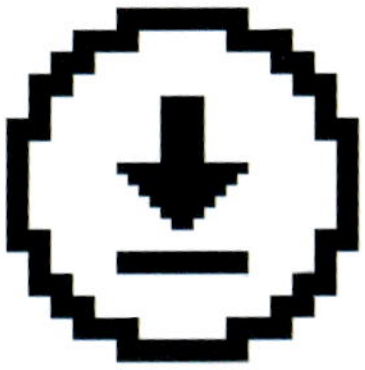

不要忘记保存文件

猴子骚乱

添加更多角色

现在，使用左移键和右移键可以让猴子在舞台上移动。添加更多角色，让游戏变得更有趣。给猴子一把香蕉，再添加一只蝙蝠作为攻击目标！

5 从角色库中选择香蕉，然后给它添加此代码。
戏开始时，猴子是抓着香蕉的。按下空格键后
香蕉被向上抛出。飞到最高处后，香蕉将随
出现在舞台底部的一侧。猴子移动到香蕉的
置，捡起香蕉，准备再次抛出。

```
当 ⚑ 被点击
将旋转方式设为 [左右翻转▼]
面向 (0) 度方向
显示
重复执行
    重复执行直到 <按下 [空格▼] 键?>
        移到 [猴子▼]
    ↩
    重复 (35) 次
        移动 (10) 步
    ↩
    如果 <(在 (1) 到 (2) 之间取随机数) = (1)> 那么
        移到 x: (210) y: (-140)
    否则
        移到 x: (-210) y: (-140)
    显示
    等待 <碰到 [猴子▼] ?>
↩
```

这块积木让香蕉始终保持相同的“姿态”

将香蕉的移动方向设定为向上

这块积木让香蕉在舞台上可见，稍后香蕉将被隐藏

按下空格键前，香蕉一直在到猴子手边

此循环让香蕉移动到舞台上方

“如果……那么……否则……”积木让香蕉随机出现在舞台底部的左侧或右侧

在猴子拾起香蕉前，程序处于等待状态

下一步是添加一只飞翔的蝙蝠，如果它被香蕉击中，就会落到地上。从角色库中选择蝙蝠角色，然后创建名为速度的变量（仅适用于蝙蝠）。要创建新变量，首先点击积木面板上的“变量”按钮，然后点击“建立一个变量”按钮。去掉“速度”积木前面复选框中的对号，舞台上不再显示蝙蝠的速度。

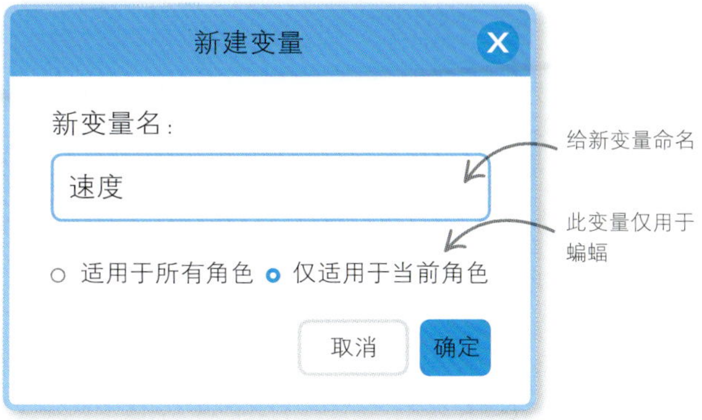

给蝙蝠添加如下代码。蝙蝠的主循环是它先移动到舞台左侧的随机高度，速度也是随机的，在被香蕉击中之前，蝙蝠会一直在舞台上左右飞翔。蝙蝠被香蕉击中后会掉到地上。

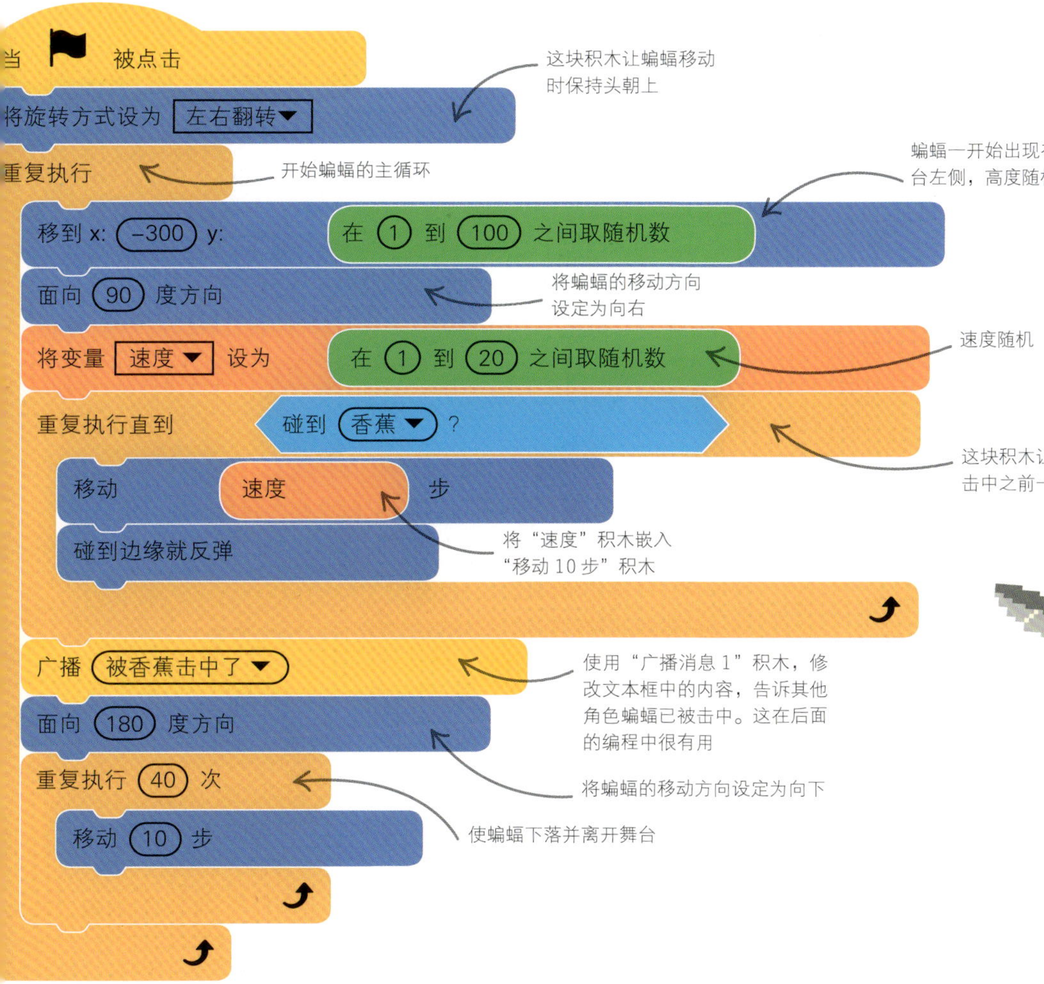

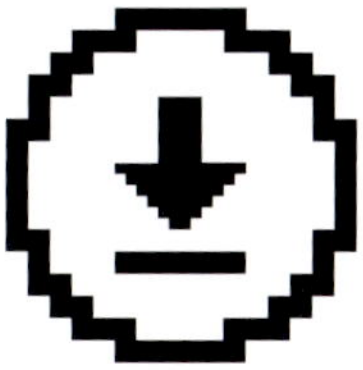
不要忘记保存文件

猴子骚乱

结束碰撞

要让游戏变得更刺激，你还可以添加一个计时器。使用变量记录玩家击中蝙蝠的得分，并添加游戏超时的结束画面。

8 创建名为时间的变量，选择“适用于所有角色”。勾选积木面板上“时间”积木前面的复选框，这样舞台上就会显示游戏时间。

9 点击舞台列表上的背景缩略图，然后点击积木面板上方的“背景”标签。右击已存在的墙 1 背景并选择“复制”。将“GAME OVER”添加到墙 2 背景上。

10 点击“代码”标签，给舞台添加此代码，设置计时器。当计时器开始计时后，程序会启动一个倒计时循环。循环结束时，舞台上会显示“GAME OVER”，游戏结束。

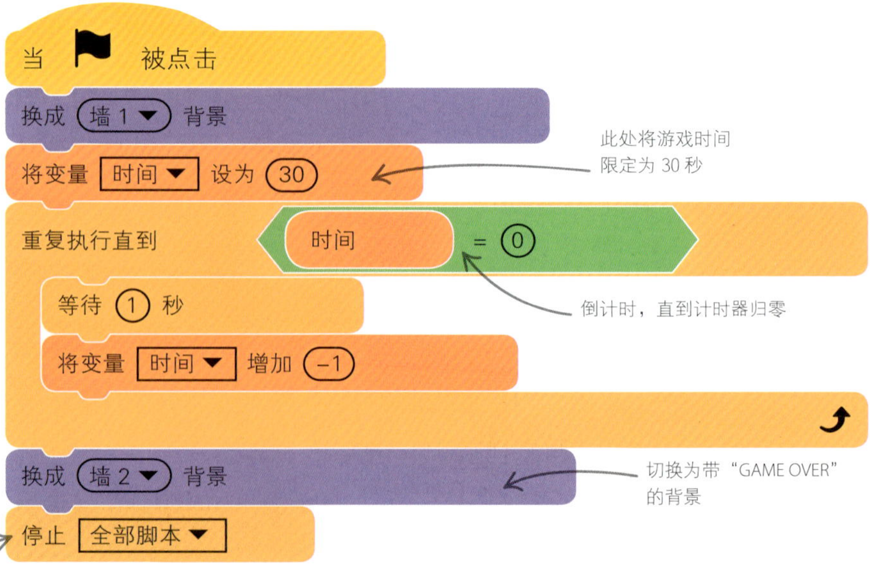

点击角色列表中的香蕉角色。创建名为分数的变量，让它适用于所有角色。

勾选复选框，在舞台上显示分数

```
☑ 分数
```

给香蕉角色添加如下代码。游戏开始时，将分数设为 0。

```
当 🏴 被点击
将变量 [分数 ▼] 设为 (0)
```

每次游戏开始时，都将分数重置为 0

13 继续给香蕉角色添加代码。每当香蕉击中蝙蝠时，程序都会播放名为 Pop 的声音文件，给变量分数加 10，并隐藏香蕉。

```
当接收到 [被香蕉击中了 ▼]
隐藏
播放声音 (Pop ▼)
将变量 [分数 ▼] 增加 (10)
```

让香蕉消失

从声音库中选择名为 Pop 的声音文件，把它添加给香蕉角色

蝙蝠每次被击中后，玩家加 10 分

给游戏来点音乐。点击“舞台”，选择积木面板上方的“声音”标签。从声音库中选择名为 Eggs 的声音文件。

通过“声音”标签加载名为 Eggs 的声音文件

给舞台添加如下代码。程序会循环播放名为 Eggs 的声音文件，但是当“停止全部脚本”积木运行时，游戏结束，音乐也会停止播放。

```
当 🏴 被点击
重复执行
    播放声音 (Eggs ▼) 等待播完
```

循环播放音乐

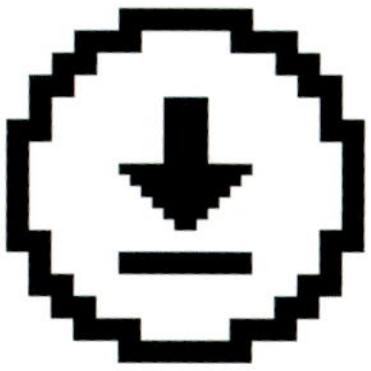

不要忘记保存文件

记住

成就

恭喜！你已经制作了一个完整的 Scratch 游戏。以下是你目前取得的成绩：

让一个角色把某样东西扔向另一个角色。

当角色被击中后，让它下落并离开舞台。

添加时间限制。

添加背景音乐。只要游戏运行，音乐就会循环播放。

添加游戏结束画面，它将出现在游戏结束的时刻。

猴子骚乱

开始玩吧！

现在游戏已经准备就绪。点击小旗按钮启动游戏，看看在时间用光之前，你用香蕉能击中蝙蝠多少次。

△ 控制

利用键盘上的方向键控制猴子在舞台上左右移动。按下空格键，让猴子向上抛香蕉。

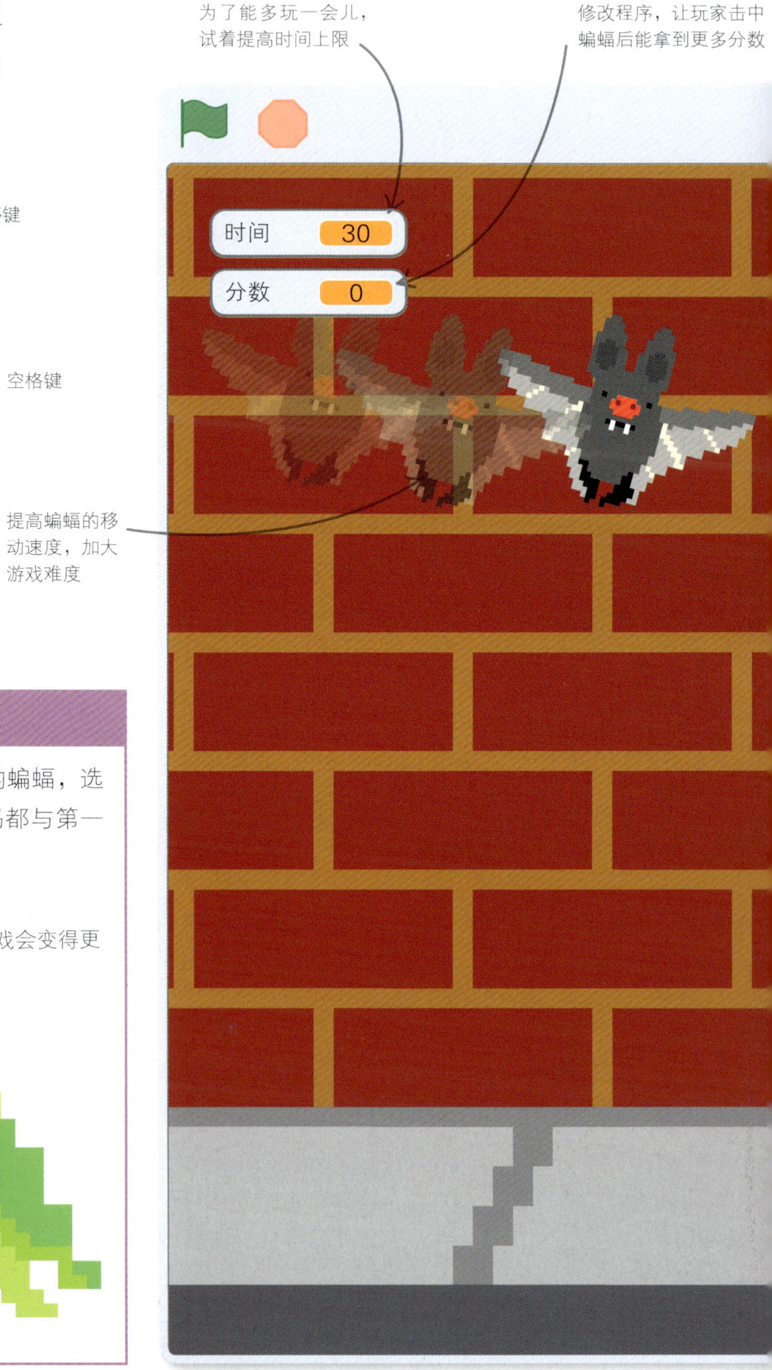

专家提示

添加更多角色

如果想添加更多蝙蝠，可以右击角色列表中的蝙蝠，选择“复制”。新蝙蝠出现之后，它的所有代码都与第一只蝙蝠相同。尝试添加一些其他会飞的角色：

1. **从角色库中选择角色。**如果添加会飞的河马，游戏会变得更精彩。

2. **选中角色列表中的蝙蝠。**

3. **将鼠标指针移到**代码区的第一块积木上，按住鼠标左键。

4. **将蝙蝠的积木拖到**角色列表中的新角色上，松开鼠标左键。

5. **这样，蝙蝠的代码就复制**给了新角色。

◁ **越改越疯狂**

还有很多改变猴子骚乱游戏的方法。通过调整速度、分数、声音和角色，你可以创造一个只属于你的独一无二的游戏。

试验时间

现在你已经掌握了 Scratch 的基础知识，可以尝试一些更高级的功能。实践越多，你的编程实力就越强。

参见
什么是 Python？ 86~87 ❯
简单指令 102~103 ❯

下一步要尝试的事情

不知道接下来该用 Scratch 做什么，以下有一些建议。你如果还不能独立编写完整的程序，可以先修改已有的程序。

◁ **加入编程俱乐部**
你所在的学校或社区是否有编程俱乐部？这些都是你去结识其他 Scratch 用户和分享想法的地方。

Scratch 允许你查看网站上所有项目的代码

△ **查看代码**
查看其他程序的代码是学习编程的方法之一。阅读 Scratch 网站上分享项目的代码。你能从中学到什么？

▷ **改变已有的项目**
你能优化 Scratch 网站上的项目吗？Scratch 网站允许你给已有的项目添加新功能，然后分享你的版本。

背包

背包能够存储代码、角色、声音和造型，并使它们在项目间共享。你在 Scratch 界面的底部可以找到背包。

将已复制的代码或角色拖放到背包里

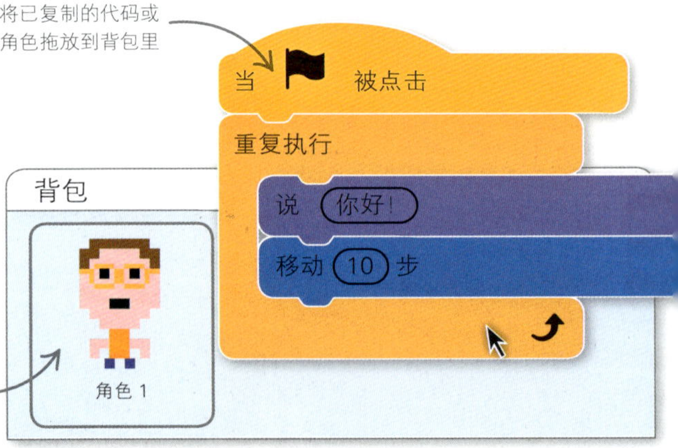

背包中的角色

▷ **拖放**
你可以将角色和代码拖放到背包里，然后将其添加到其他项目中。

教程

cratch 内置教程，让用户可以学习更多的编程基础知识。教程是循序渐进的课程，可以教会用户如何编程。

1 选择主题

点击“教程”图标。浏览主题列表，看看你对哪个主题感兴趣。有很多主题可供选择。

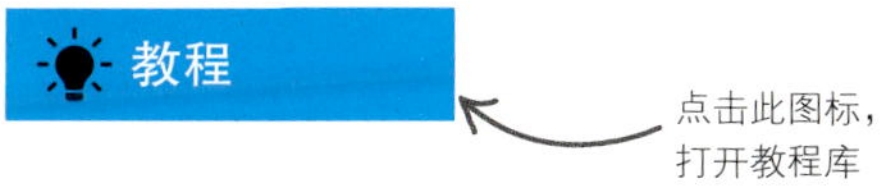

2 开始学习

点击其中一个主题，开始学习。Scratch 会诉你如何编写相关代码。

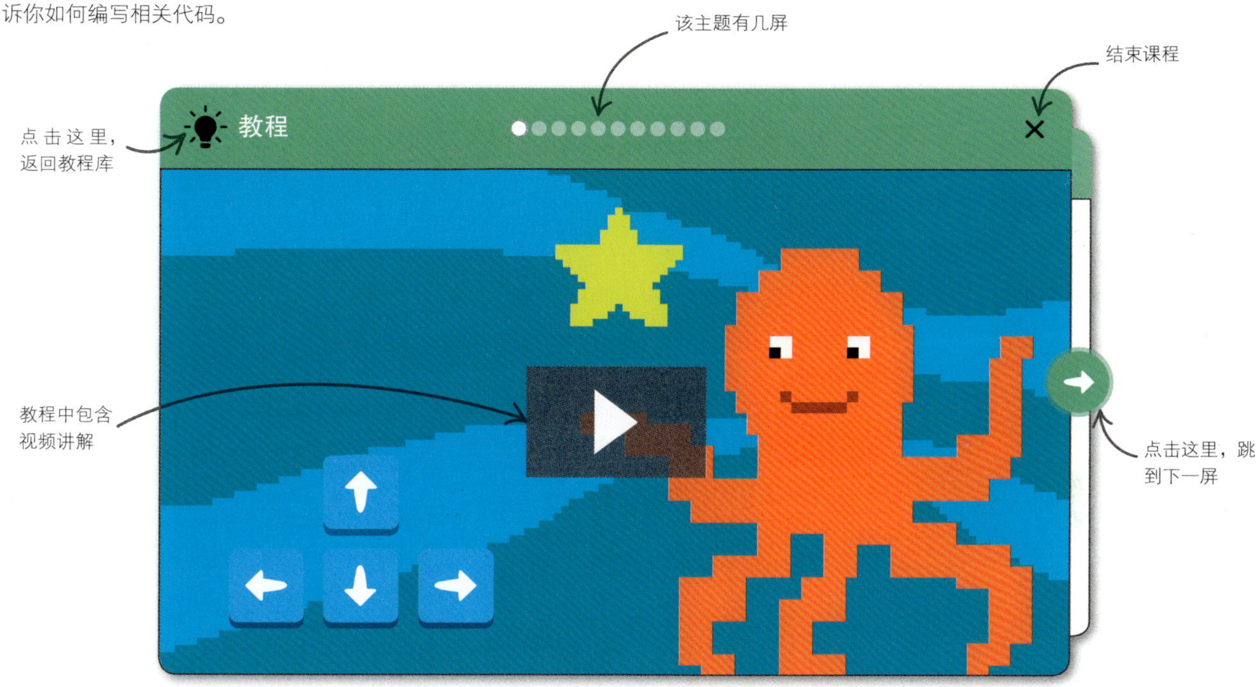

学习另一种语言

在你已经逐渐掌握 Scratch。开始学习其他编程语言吧，这样你就可以编不同类型的程序了。为什么不接着尝试学习 Python 呢？你已经掌握的关 Scratch 的编程知识会帮助你很快学会 Python。

类似 Scratch

thon 也使用循环、变量和分支。集你的 Scratch 编程知识，开始习 Python 吧！

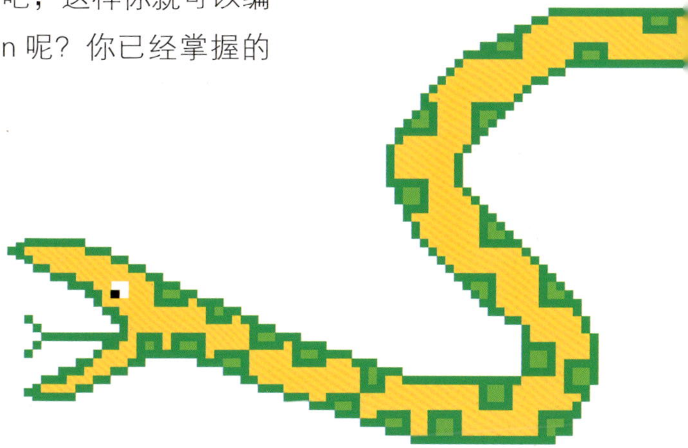

3

玩玩Python

什么是 Python？

Python 是一种基于文本的编程语言。学习 Python 需要的时间比学习 Scratch 略长，而 Python 的功能也更强大。

参见
安装 Python 88~91
简单指令 102~103
复杂指令 104~105

一种十分有用的编程语言

Python 是一种多功能编程语言，可用于编写从文字处理到网页浏览器等许多不同类型的程序。以下是学习 Python 的一些主要原因：

1 易学易用

Python 语法很简单。与其他许多编程语言相比，Python 的代码更易于阅读和编写。

2 包含随时可用的代码

Python 包含预先编写好的代码库，可供你在编程时使用。代码库让程序员能够快速编写复杂的程序。

Python 包含供你构建很多程序的代码库

3 使用广泛

Python 的功能很强大。它可以编写具有实际应用价值的程序，已被谷歌公司、美国国家航空航天局和皮克斯动画工作室等公司和机构广泛使用。

专家提示

入门

在学习使用 Python 编程之前，需要先熟悉它的工作原理。

安装 Python：Python 是免费软件，你可以自行下载并安装（见第 88~91 页）。

使用 Python：设计一个简单的程序，并把它保存在计算机里。

试验：尝试编写一些简单的程序，看看它们是如何运行的。

cratch 和 Python

cratch 和 Python 有很多共用元素，只不过外在形式不同。以下是这两种编程语言的一些相似之处。

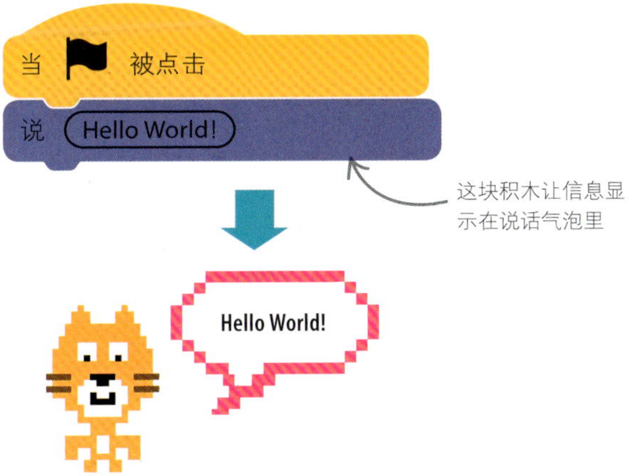

△ Scratch 的打印

在 Scratch 中，“说你好！”积木用于在屏幕上显示内容。

```
print("Hello World!")
```

在双引号之间输入你希望屏幕上显示的信息

信息出现在屏幕上

```
Hello World!
```

△ Python 的打印

在 Python 中，print() 函数让文本显示在屏幕上。

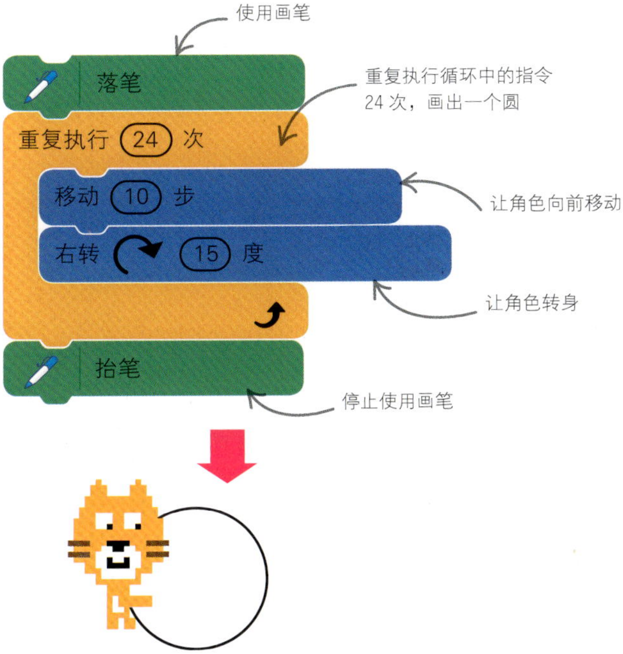

△ Scratch 中的海龟绘图

上方代码使用“落笔”积木让猫角色在移动的同时画一个圆。

```
from turtle import *
pendown()
for n in range(24):
    forward(10)
    right(15)
penup()
```

循环开始

让海龟顺时针转 15°

△ Python 中的海龟绘图

Python 中也有“一只海龟”。使用以上代码也可以画一个圆。

安装 Python

在使用 Python 之前，你需要先将软件下载并安装到计算机里。Python 3 是免费的，安装简便，适用于 Windows、macOS 和 Ubuntu 等操作系统。

什么是 IDLE？

安装 Python 3 时，你还需要安装一个名为 IDLE（集成开发环境）的免费程序。IDLE 专为初学者设计，包含基本的文本编辑环境，供你编写 Python 代码。

专家提示

保存代码

在 Python 中，保存文件时先点击“file”按钮，从菜单中选择“Save As”，然后给文件命名。创建一个文件夹，用来保存所有你用 Python 编写的代码。给文件夹起一个明确的名字，如 Python 代码，当然，事先要获得计算机主人的许可。

WINDOWS

△ Windows 操作系统

下载 Python 之前，你需要先检查计算机使用的是哪种操作系统。如果你使用的是 Windows 操作系统，查一查它是 32 位还是 64 位的版本。点击“开始”菜单，右击“计算机”，点击“属性”。

MACOS

△ macOS 操作系统

如果你使用的是苹果计算机，安装 Python 之前要先查看它的操作系统。点击屏幕左上角的苹果图标，选择“关于本机”。

UBUNTU

△ Ubuntu 操作系统

Ubuntu 是一款免费的操作系统，可以像 Windows 和 macOS 一样工作。要了解如何在 Ubuntu 环境下安装 Python，见第 91 页。

在 Windows 环境下安装 Python 3

安装 Python 3 之前，请确保你已得到计算机主人的许可。在安装过程中，你可能还需要计算机主人提供管理员密码。

1 打开 Python 网站

在网页浏览器中输入如下网址，打开 Python 网站。点击“Downloads”，打开下载页面。

http://www.python.org

这是 Python 网站的网址

2 下载 Python 安装包

点击适用于 Windows 操作系统的 Python 最新版本安装包——以数字 3 开头。你既可以选择在线安装，也可以选择下载安装。

如果你使用的是 32 位版本的 Windows 操作系统，选择此软件安装包

- Python 3.7.0 - 2019-02-15
  - Download Windows x86 web-based installer
  - Download Windows x86-64 web-based installer

不必在意编号的每一个数字，只要第一个数字是 3 即可

如果你使用的是 64 位版本的 Windows 操作系统，选择此软件安装包

3 安装

软件安装包下载好以后，双击图标，安装 Python。选择“install for all users”，为所有用户安装软件，然后在每次出现提示时点击“Next”，遵循默认设置即可。

安装 Python 时，会出现 Windows 安装程序图标

4 运行 IDLE

检查程序是否安装正确。打开 Windows“开始”菜单，点击“所有程序”，再点击“Python”，选择“IDLE”。

点击此图标，运行 IDLE

5 打开 Python 窗口

类似下方的窗口被打开。现在你可以开始编程了，只需在 3 个尖括号（>>>）后输入代码即可。

Python 3.7.0 Shell

IDLE　File　Edit　Shell　Debug　Window　Help

```
Python 3.7.0 (v3.7.0:5fd3365926, Feb 15 2019, 13:38:16) [MSC v.1900 32
bit (Intel)] on win32
Type "copyright", "credits" or "license()" for more information.
>>>
```

在此处输入代码

在 macOS 环境下安装 Python 3

在 macOS 环境下安装 Python 3 之前，确保你已得到计算机主人的许可。在安装过程中，你可能还需要计算机主人提供管理员密码。

1 打开 Python 网站

在网页浏览器中输入如下网址，打开 Python 网站。点击“Downloads”，打开下载页面。

http://www.python.org

2 下载 Python 安装包

查看苹果计算机使用的是哪种操作系统（见第 88 页），并点击 Python 3 对应版本的安装包。系统将提示你保存一个文件扩展名为“.dmg”的文件，将其保存到桌面。

- Python 3.7.0 - 2019-02-15
  - Download macOS 64-bit/32-bit installer

不必在意编号的每一个数字，只要第一个数字是 3 即可

此版本可以在大多数 macOS 环境下运行

3 安装

双击上一步保存在桌面的文件，弹出一个窗口，其中有多个文件，包括 Python 安装程序 Python.pkg。双击安装程序，开始安装。

Python 安装程序

Python.pkg

4 运行 IDLE

在安装过程中，每次弹出提示时都直接点击“Next”，接受默认设置。安装结束后，打开苹果计算机的启动台，然后打开“Python”文件夹（确保你安装的是 Python 3，而不是 Python 2）。双击 IDLE 图标，检查安装是否成功。

IDLE 图标

5 打开 Python 窗口

类似下方的窗口被打开。现在你可以开始编程了，只要在 3 个尖括号后输入代码即可。

Python 3.7.0 Shell

IDLE File Edit Shell Debug Window Help

```
Python 3.7.0 (v3.7.0:1bf9cc5093, Feb 15 2019, 13:38:16)
[Clang 6.0 (clang-600.057)] on darwin
Type "copyright", "credits" or "license()" for more information.
>>>
```

E Ubuntu 环境下安装 Python 3

新版本的 Ubuntu（一种 Linux 操作系统）已经预装了 Python 和 LE。如果你在计算机里没有找到 IDLE，无须使用网页浏览器，只要循如下步骤，就可以下载 IDLE 安装包。如果你使用的是其他版本 Linux，则需要请求计算机主人为你安装 IDLE。

1 前往 Ubuntu 软件中心

在 Dock 或 Dash 中找到 Ubuntu 软件心的图标，双击它。

2 在搜索栏中输入"Terminal"

在窗口右上角有一个搜索栏。在其中输入"Terminal"，按回车键，打开命令行窗口。

这是 Terminal 程序的缩略图

3 安装 IDLE

在命令行窗口中输入如下命令。确保是在"$"之后开始输入代码的。

更新系统，以便安装全新版本的软件

```
$ sudo apt-get update
$ sudo apt-get install idle3
```

安装最新版本的 IDLE

4 运行 IDLE

安装结束后，在搜索栏中输入"IDLE"，然后双击蓝黄相间的 IDLE 图标。

IDLE 图标

5 打开 Python 窗口

类似下方的窗口被打开。现在你可以开始编程了，只要在 3 个括号后输入代码即可。

```
Python 3.7.0 Shell
IDLE    File    Edit    Shell    Debug    Window    Help
Python 3.7.0 (default, Feb 15 2019, 18:25:56)
[Open Watcom] on linux
Type "help", "copyright", "credits" or "license()" for more information.
>>>
```

介绍 IDLE

参见

《88~91 安装 Python

哪个窗口? 106~107》

你可以在 IDLE 中编写 Python 代码，运行程序。下面通过创建一个简单的程序，即在屏幕上写一行代码，查看 Python 是如何运行的。

在 IDLE 中工作

遵循以下步骤，使用 IDLE 制作一个用 Python 代码编写的程序。在此过程中你将学会如何输入、保存、运行程序。

专家提示

不同的窗口

Python 有两种不同的窗口：交互式环境和代码编辑器（见第 106~107 页）。本书使用不同的颜色对它们加以区分。

交互式环境

代码编辑器

1 启动 IDLE

根据计算机操作系统说明（见第 88~91 页），启动 IDLE，交互式环境打开。此窗口显示程序输出（程序生成的所有信息）和所有错误。

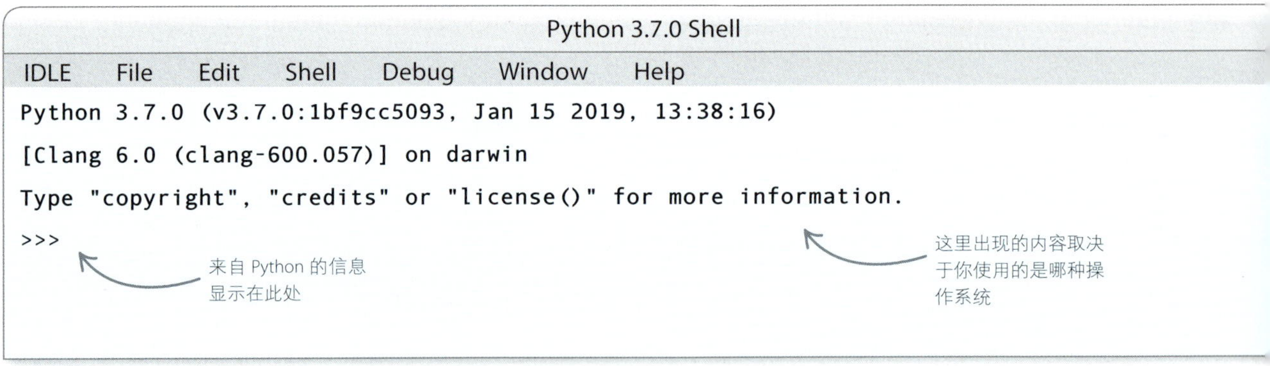

2 打开一个新窗口

点击位于交互式环境顶部的“File”菜单，选择“New File”，打开代码编辑器。

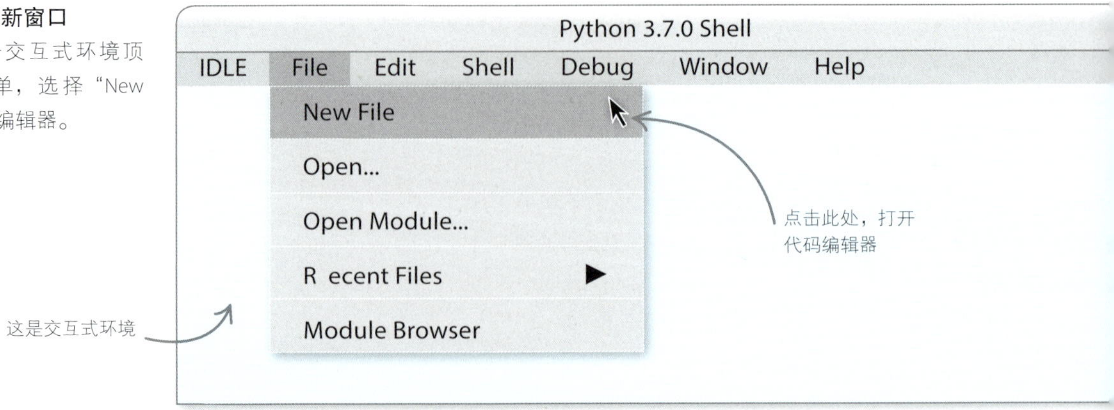

3 输入代码

在代码编辑器中输入右侧代码。这是一打印“Hello World!”的指令。

```
print("Hello World!")
```

使用双引号

4 在代码编辑器中保存文件

点击“File”菜单，选择“Save As...”。入文件名“Hello World”，然后点击“保存”钮。

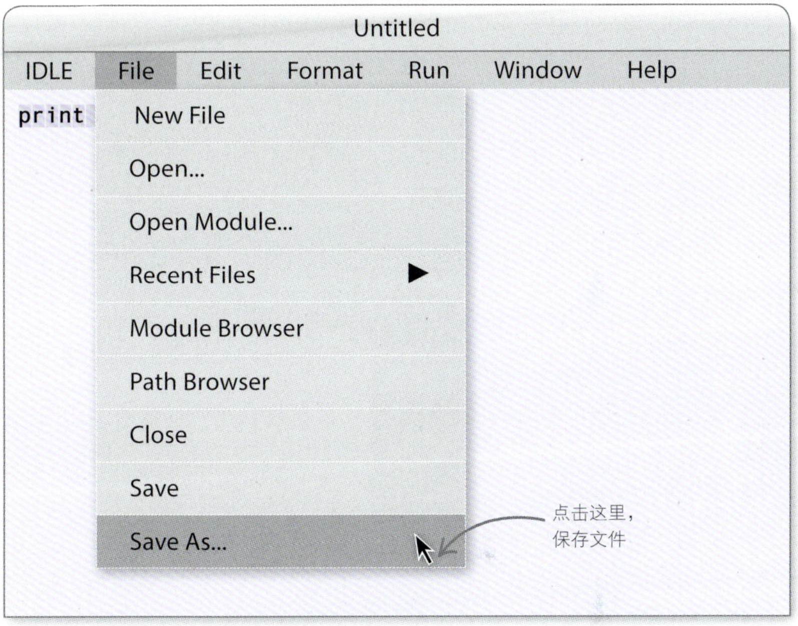

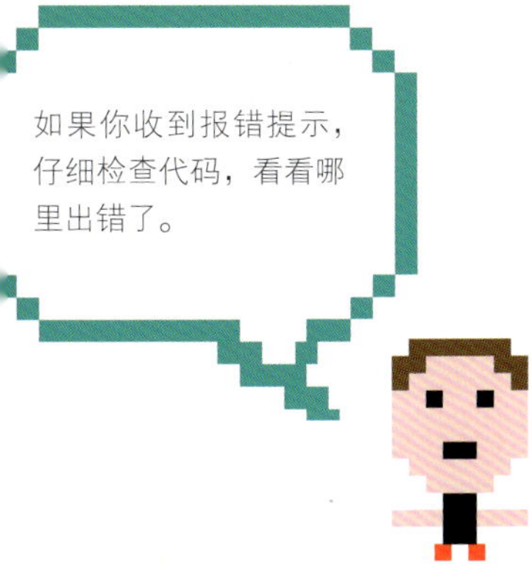

5 运行程序

点击代码编辑器上方的“Run”菜单，择“Run Module”，这样程序就会在交互式境中运行。

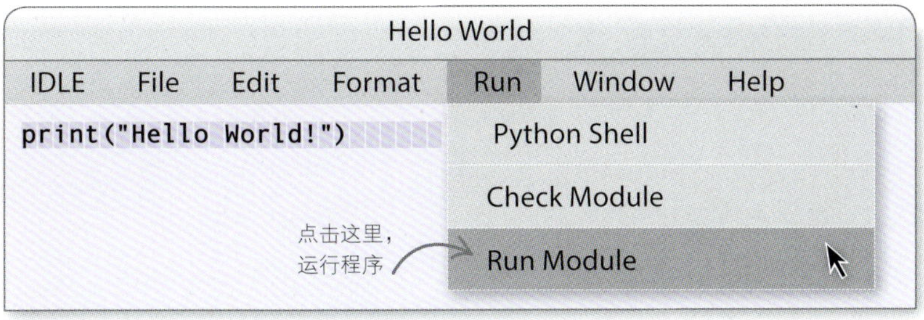

6 在交互式环境中输出

查看交互式环境。程序运行时，那里应会出现信息“Hello World!”。现在，你已经造了你的第一段 Python 代码！

```
>>>
Hello World!
>>>
```

此处显示的信息不加双引号

记住

IDLE 的工作原理

在 IDLE 中，代码编辑器始终遵循三步骤运行，即输入代码、保存文件、运行程序。记住，如果没有保存代码，程序就无法运行。如果你尝试运行程序，系统会给出报错提示。

输入代码 → 保存文件 → 运行程序

错误

有时候，程序一开始不能正常运行，不过它们总能被修复。当代码输入错误时，Python 会给出报错提示，并告诉你代码哪儿有问题。

参见
错误和调试 148~149
下一步做什么？ 176~177

代码编辑器中的错误

当你尝试在代码编辑器中运行程序时，可能会弹出一个窗口，提示出现错误（如 SyntaxError）。这些错误会阻止程序运行，需要及时修复。

1 语法错误

如果弹出窗口中显示“SyntaxError”，则通常意味着代码中存在语法错误。

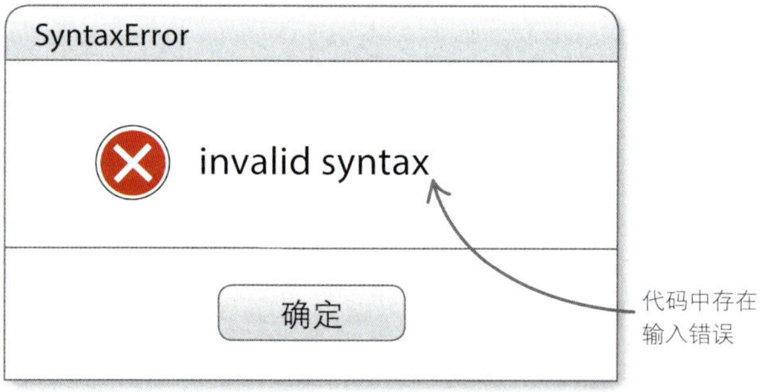

2 高亮提示错误

点击弹出窗口中的“确定”按钮，返回程序。错误或其附近的内容会用红色高亮提示。仔细检查那行代码有无错误。

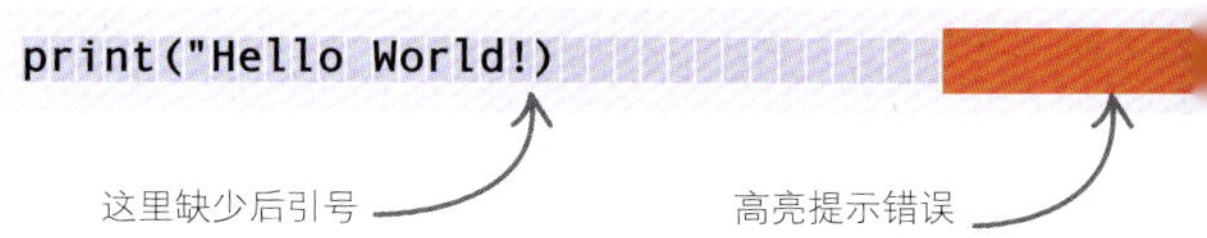

专家提示

典型错误

有些错误特别容易犯，写代码时要多留意：

大写和小写：大小写必须完全一致。如果你输入的是“Print”而非“print”，则 Python 无法理解这条指令。

单引号和双引号：不要混淆单引号和双引号，并且引号总是成对的。

减号和下划线：不要将减号（-）与下划线（_）混淆。

不同的括号：不同形状的括号，如“()”“{}”“[]”，用于不同的情况。正确使用括号，并检查括号是否成对。

交互式环境中的错误

有时候，交互式环境中的报错提示是用红字显示的。报错提示出现后，程序停止运行。

1 名称错误

如果报错提示为“NameError”，则意味着 Python 不能理解你所用的某个单词。如果错误出现在代码编辑器中的代码中，右击交互环境中的报错提示，选择“Go to file/line”。

出现错误的代码行（在代码编辑器中）

```
>>>
Traceback (most recent call last):
  File "C:\PythonCode\errors.py", line 1, in <module>
     pront("Hello World!")
NameError: name "pront" is not defined
```

Python 无法理解这个单词

```
Cut
Copy
Paste
Go to file/line
```

点击此处，在代码编辑器中高亮显示出现错误的代码行

2 修复错误

在代码编辑器中，出错的代码行会用高显示。重新编辑代码，改正错误。此例中，“pront”改为“print”。

```
pront("Hello World!")
```

改为“print”

发现错误

通过报错提示找到出错的代码行，然后点击该行。对照右侧的清单，检查你犯了什么错。

▷ **出现问题时**

你可以通过一些方法更轻松地发现错误。这是一张非常有用的清单。

追击错误

从以下几方面检查代码	✓
你是否正确复制了需要输入的内容？	✓
你拼写的所有单词是否正确？	✓
你要打印的内容前后是否有成对的双引号？	✓
在一行代码的开始有没有多余的空格？空格在 Python 中具有意义。	✓
你是否查看过高亮显示代码行的相邻代码行？有时问题可能出现在那些地方。	✓
你是否请其他人对照书本检查过代码？他们可能发现你遗漏的内容。	✓
确定你使用的是 Python 3 而不是 Python 2。用 Python 3 编写的程序并非全部适用于 Python 2。	✓

幽灵游戏

项目 4：幽灵游戏

这个简单的游戏突出了用 Python 编写程序需要注意的事情。在代码编辑器中输入代码，保存文件，然后运行程序玩游戏。你能成功逃离鬼屋吗?

参见
幽灵游戏解码 98~99 》
程序流程 100~101 》

1 启动 IDLE，点击“File”菜单打开代码编辑器。将游戏保存为“幽灵游戏”。移动窗口，以便你能同时看到交互式环境和代码编辑器，然后将右侧代码输入代码编辑器。

```
# Ghost Game
from random import randint
print("Ghost Game")
feeling_brave = True
score = 0
while feeling_brave:
    ghost_door = randint(1, 3)
    print("Three doors ahead...")
    print("A ghost behind one.")
    print("Which door do you open?")
    door = input("1, 2, or 3?")
    door_num = int(door)
    if door_num == ghost_door:
        print("GHOST!")
        feeling_brave = False
    else:
        print("No ghost!")
        print("You enter the next room.")
        score = score + 1
print("Run away!")
print("Game over! You scored", score)
```

使用双引号

首字母必须大写

确保这里添加了一个冒

这里必须使用下划线，而不是减号

这部分代码每行都要缩进（indent）4 个字符。如果没有自动缩进，应检查“feeling_brave”后面是否添加了冒号

使用两个等号

这行会自动缩进 8 个字符，你应该将缩进减少到 4 个字符

删除这行全部的缩进

这里的“score”不带引号

一旦代码被仔细地输入代码编辑器，点击“Run”菜单，选择“Run Module”。在此之前，你必须先保存文件。

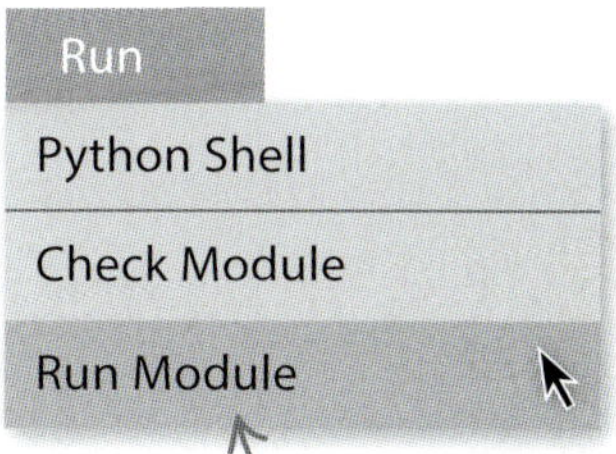

从代码编辑器的“Run”菜单中选择“Run Module”

3 游戏在交互式环境中运行。幽灵隐藏在 3 扇门中其中一扇后面。你会选择哪扇门？输入“1”“2”或“3”，然后按回车键。

```
Ghost Game
Three doors ahead...
A ghost behind one.
Which door do you open?
1, 2, or 3?
```

输入你的选择

游戏目标是选择一扇门后没有幽灵的门。如果选对了，你将移动到下一个房间，游戏继续。

```
Ghost Game
Three doors ahead...
A ghost behind one.
Which door do you open?
1, 2, or 3?3
No ghost!
```

你输入的数字显示在这里

如果你选择的门后没有幽灵，就会出现这句话

5 如果你不幸地选中了门后有幽灵的门，游戏结束。再次运行程序，看看你能否走得更远。

```
Ghost Game
Three doors ahead...
A ghost behind one.
Which door do you open?
1, 2, or 3?2
GHOST!
Run away!
Game over! You scored 0
```

如果幽灵在你选择的门后，就会出现这句话

得分代表你成功打开了几扇门

幽灵游戏解码

幽灵游戏展示了 Python 代码的一些主要特点。你可以通过分解代码，查看程序的结构以及各部分的功能。

参见

《96~97 项目 4：幽灵游戏
程序流程 100~101》

程序的结构

Python 通过在每行代码的开始添加空格来划分指令属于哪一部分。这些空格被称为缩进。例如，“while feeling_brave:” 之后的代码每行缩进 4 个字符，说明它们都属于主循环。

```
# Ghost Game
from random import randint
print("Ghost Game")
feeling_brave = True
score = 0
while feeling_brave:
    ghost_door = randint(1, 3)
    print("Three doors ahead...")
    print("A ghost behind one.")
    print("Which door do you open?")
    door = input("1, 2 or 3?")
    door_num = int(door)
    if door_num == ghost_door:
        print("GHOST!")
        feeling_brave = False
    else:
        print("No ghost!")
        print("You enter the next room.")
        score = score + 1
print("Run away!")
print("Game over! You scored", score)
```

1 游戏设置
2 主循环
3 分支
4 游戏结束

◁ **代码钥**
此图揭示了幽灵游戏的程序结构。下面将详细介绍各个部分。

1 游戏设置

这些指令仅在游戏启动时运行一次。这部分程序包括设置标题、变量，导入 randint() 函数。

```
# Ghost Game
from random import randint
print("Ghost Game")
feeling_brave = True
score = 0
```

这行只是注释，游戏运行时不会显示

此处导入 randint() 函数，用以生成随机整数

程序运行时，print() 函数的作用是显示文本

此处将变量 score 设为 0

专家提示

仔细输入

使用 Python 时，输入代码要格外仔细。如果你漏了冒号、引号或括号，程序将无法运行。你还需要正确使用大写字母和空格。

2 主循环

主循环负责设置情节并接收玩家选择。只要玩家选择的门后没有幽灵，循环就会一直运行。当幽灵出现在玩选择的门后时，变量 feeling_brave 的变为 False，主循环终止。

```
while feeling_brave:
    ghost_door = randint(1, 3)
    print("Three doors ahead...")
    print("A ghost behind one.")
    print("Which door do you open?")
    door = input("1, 2 or 3?")
    door_num = int(door)
    if door_num == ghost_door:
        print("GHOST!")
        feeling_brave = False
    else:
        print("No ghost!")
        print("You enter the next room.")
        score = score + 1
```

在 1 到 3 之间取一个随机整数

print() 函数让文本显示在屏幕上

询问玩家的选择

如果玩家选择的门后有幽灵，此分支运行

如果玩家选择的门后没有幽灵，玩家会看到这条信息

玩家每进入一个没有幽灵的房间，分数加 1

分支

程序是否走上一条不同的路，取于玩家选择的门后是否有幽灵。如有幽灵，变量 feeling_brave 的值变为 se；如果没有幽灵，玩家的分数加 1。

4 游戏结束

在你遇到幽灵后，循环结束。右弋码仅运行一次。Python 知道这段代不属于主循环，因为它们的行首都没宿进。

显示这条信息，告诉玩家赶快逃跑

```
print("Run away!")
print("Game over! You scored", score)
```

score 是一个变量，会随着玩家进入房间的数量变化

■ 记住

戉就

恭喜，你用 Python 编写了自己的第一个游戏程序！稍后，你将从这本书中学到更多 Python 代码，现在来总结一下你的攵获：

俞入代码：你已经在 Python 中输入并保存一个程序。

运行程序：你已经学会运行 Python 程序。

结构化程序：你已经学会使用缩进给程序划分结构。

使用变量：你已经学会使用变量存储分数。

显示文本：你已经学会在窗口中显示信息。

程序流程

在了解更多 Python 编程知识之前，理解程序的工作原理是很重要的。从 Scratch 中学到的编程基础知识可以帮助你尽快掌握 Python。

参见
《 30~31 彩色的积木与代码
简单指令 102~103 》
复杂指令 104~105 》

从输入到输出

程序接收输入（信息进入），处理信息（或修改信息），最后反馈结果（输出信息）。这个过程有点像厨师选取食材做成蛋糕，最后给你吃。

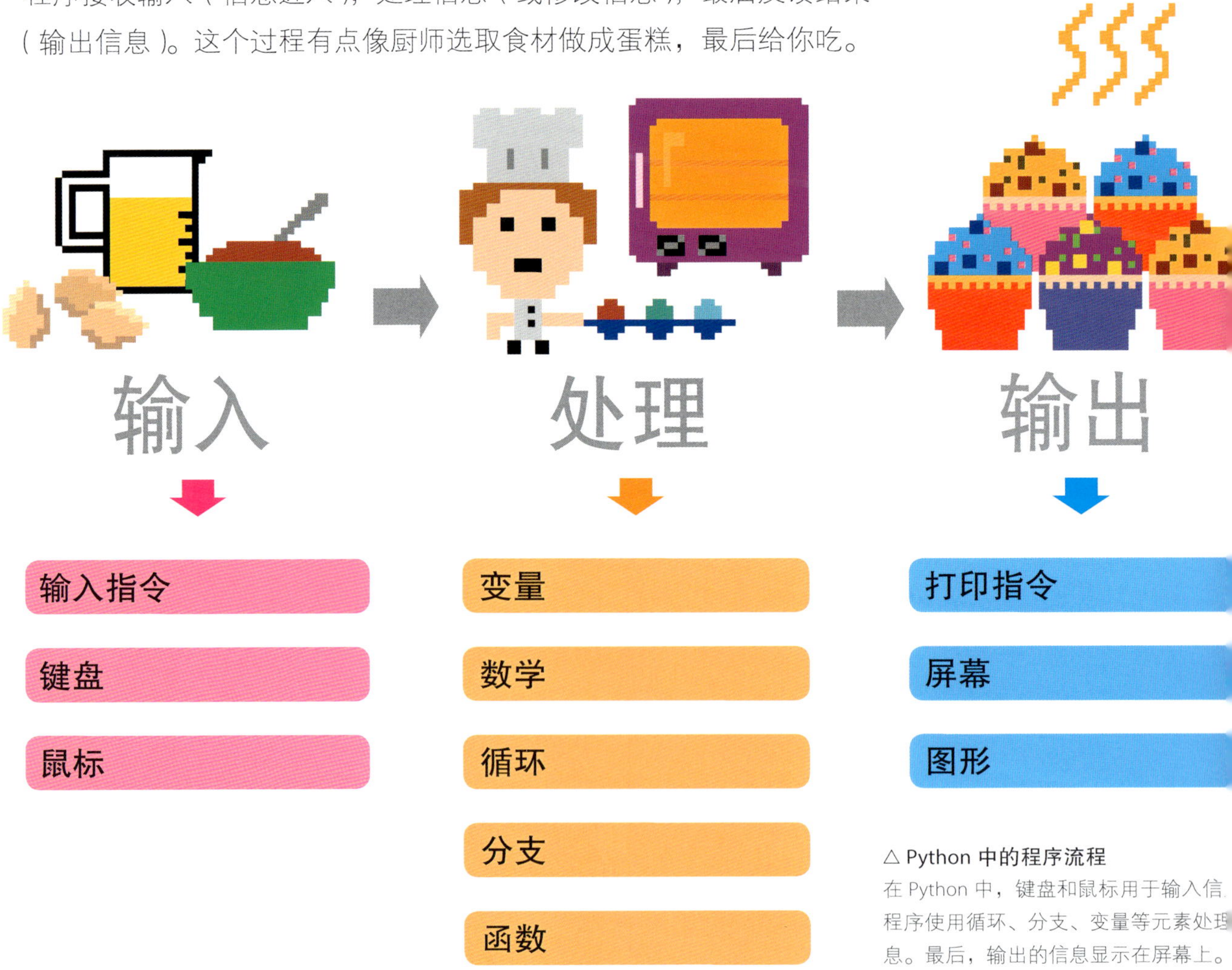

△ Python 中的程序流程
在 Python 中，键盘和鼠标用于输入信
程序使用循环、分支、变量等元素处理
息。最后，输出的信息显示在屏幕上。

透过 Scratch 眼镜看幽灵游戏

:多数编程语言的程序流程都是相同的。下例是在
⁄thon 中幽灵游戏的输入、处理和输出以及它们在
:ratch 中是什么样的形式。

专家提示

一次一段代码

Scratch 和 Python 有一个重要的区别。在 Scratch 中，多段代码可以同时运行。但是在 Python 中，程序只能按顺序运行代码。

1 输入

在 Python 中，input() 函数从键盘获取信息。类似于 Scratch 的“询问……并等待”积木。

```
loor = input("1, 2 or 3?")
```

双引号中的问题显示在屏幕上

将问题输入 Scratch 积木的文本框中

询问 (1, 2 or 3?) 并等待

Scratch 的“询问……并等待”积木

2 处理

在 Python 中，用变量存储分数，randint() 函用于随机选择一扇门。在 Scratch 中，有不同的木用于处理这些问题。

```
core = 0
```

将变量 score 设为 0

这块 Scratch 积木将变量 score 设为 0

将变量 [score ▾] 设为 [0]

Scratch 的“将变量 score 设为 0”积木

```
host_door = randint(1, 3)
```

在 1 到 3 之间随机取一个整数

在 (1) 到 (3) 之间取随机数

Scratch 的随机选数积木

这块 Scratch 积木将在 1 到 3 之间随机取一个整数

3 输出

在 Python 中，print() 函数用于输出信息，而说你好！”积木在 Scratch 中具有同样的功能。

在屏幕上显示“Ghost game”

```
rint("Ghost game")
```

“Ghost game”显示在说话气泡中

说 (Ghost game)

Scratch 的“说你好！”积木

简单指令

参见

《86~87 什么是 Python？

复杂指令 104~105》

乍一看 Python 代码感觉很吓人，尤其是与 Scratch 积木相比。然而实际上，这两种编程语言的差别并不像看起来那么大。以下是 Python 和 Scratch 中基本指令的比较。

指令	Python 3	Scratch 3.0
运行程序	点击“Run”菜单，选择“Run Module”或按“F5”（在代码编辑器中）	
停止程序	同时按“Ctrl”和“C”键（在交互式环境中）	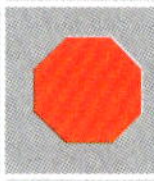
在屏幕上打印文本	`print("Hello!")`	说 (Hello!)
给变量赋值，值为数字	`magic_number = 42`	将变量 [magic_number ▼] 设为 (42)
给变量赋值，值为字符串	`word = "dragon"`	将变量 [word ▼] 设为 (dragon)
从键盘读取文本，并将其存储在变量中	`age = input("age?")` `print("I am " + age)`	询问 (age?) 并等待 说 (连接 (I am) 和 (回答))

改变变量的值	`cats = cats + 1`
	或
	`cats += 1`
		将变量 [cats ▼] 增加 (1)

加	`a + 2`	(a) + (2)
减	`a - 2`	(a) - (2)
乘	`a * 2`	(a) * (2)
除	`a / 2`	(a) / (2)

指令	Python 3	Scratch 3.0
无限循环	`while True:` `    jump()`	重复执行 jump
循环 10 次	`for i in range (10):` `    jump()`	重复执行 (10) 次 jump
等于?	`a == 2`	a = 2
小于?	`a < 2`	a < 2
大于?	`a > 2`	a > 2
逻辑非	`not`	⟨ ⟩ 不成立
逻辑或	`or`	⟨ ⟩ 或 ⟨ ⟩
逻辑与	`and`	⟨ ⟩ 与 ⟨ ⟩
如果…… 那么……	`if a == 2:` `    print("Hello!")`	如果 a = 2 那么 说 Hello!

如果……
那么……
否则……
	`if a == 2:`
	`    print("Hello!")`
	`else:`
	`    print("Goodbye!")`
		如果 a = 2 那么
		说 Hello!
		否则
		说 Goodbye!

复杂指令

Python 还可以执行 Scratch 中更复杂的指令，如创建条件循环，使用字符串、列表、海龟绘图等。

参见
❮ 86~87 什么是 Python？
❮ 102~103 简单指令

指令	Python 3	Scratch 3.0
条件循环	`while roll != 6:` `    jump()`	重复执行直到 roll = 6 jump
等待	`from time import sleep` `sleep(2)`	等待 2 秒
将变量设为随机整数	`from random import randint` `roll = randint(1, 6)`	将变量 roll 设为 在 1 到 6 之间取随机数
自定义函数或子程序	`def jump():` `    print("Jump!")`	定义 jump 思考 Jump!
调用函数或子程序	`jump()`	jump
自定义带输入的函数或子程序	`def greet(who):` `    print("Hello " + who)`	定义 问候 who 说 连接 Hello 和 who
调用函数或子程序	`greet("chicken")`	问候 chicken

旨令	Python 3	Scratch 3.0

每龟绘图	`from turtle import *`
	`clear()`
	`pendown()`
	`forward(100)`
	`right(90)`
	`penup()`
		全部擦除
		落笔
		移动 (100) 步
		右转 ↻ (90) 度
		抬笔

合并字符串	`print(greeting + name)`	说 (连接 (greeting) 和 (name))
庆得字符串中 的某个字符	`name[0]`	(name) 的第 (1) 个字符
字符串的长度	`len(name)`	(name) 的字符数
创建列表	`menu = list()`	建立一个列表
各某一项添加 到列表末尾	`menu.append(thing)`	将 (thing) 加入 [menu ▼]
列表中有多少 页	`len(menu)`	[menu ▼] 的项目数
显示列表第 5 页	`menu[4]`	说 ([menu ▼] 的第 (5) 项)
删除列表第 2 页	`del menu[1]`	删除 [menu ▼] 的第 (2) 项
金测列表中是 否有某一项	`if "olives" in menu:` `    print("Oh no!")`	如果 ⟨[menu ▼] 包含 (olives) ?⟩ 那么 说 (Oh no!)

哪个窗口？

IDLE 有两种不同的窗口供你选择。在代码编辑器中编写和保存程序，在交互式环境中运行 Python 指令。

参见

《92~93 介绍 IDLE

《96~97 项目 4：幽灵游戏

代码编辑器

到目前为止，我们都是在代码编辑器中编写程序。遵循输入代码、保存文件、运行程序的流程，输出显示在交互式环境中。

▽ **运行程序**
以下是 Python 程序的流程。行程序之前，必须先保存文

输入代码 → 保存文件 → 运行程序 → 输出

1 在代码编辑器中输入代码
在代码编辑器中输入以下代码并保存，然后点击“Run”菜单上的“Run Module”，运行程序。

```
a = 10
b = 4
print(a + b)
print(a - b)
```

给 a 赋值

给 b 赋值

print() 函数负责显示运算结果

2 在交互式环境中输出
程序运行时，输出（运算结果）显示在交互式环境中。

```
>>>
14
6
```

运算结果显示在交互式环境中

交互式环境

Python 还可以读取在交互式环境中输入的指令。指令输入后即刻运行，并显示结果。

```
>>> a = 10
>>> b = 4
>>> a + b
14
>>> a - b
6
```

前两条指令没有输出，因为它们是给 a 和 b 赋值

输出立即显示

◁ **代码和输出在一起**
交互式环境可以同时显示代码和输出。在交互式环境中输入指令，更容易区分答案属于哪个算式。

△ **验证你的想法**
交互式环境提供即时响应，这使其更适合测试指令、探索功能。

ython 游乐场

交互式环境中可以尝试所有类型的 Python 指令，包括绘
。在交互式环境中使用海龟绘图，与 Scratch 的画笔类积
用法相似。

加载控制海龟的所有函数

```
>>> from turtle import *
>>> forward(100)
>>> right(120)
>>> forward(100)
```

让海龟向前移动

◁ 输入代码

在交互式环境中输入这些指令。每条指令被输入后就会立刻运行。当海龟移动时，程序就会绘制线条。

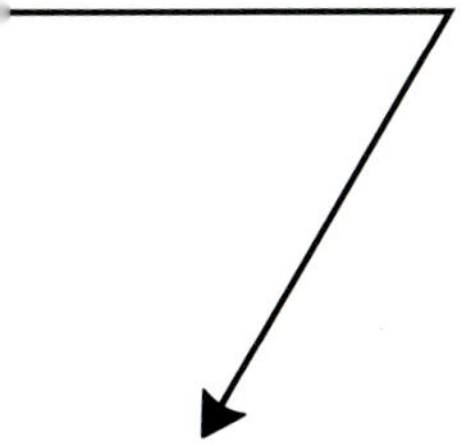

◁ 海龟绘图

你能画出其他形状（如正方形或五边形）吗？要重新开始，需要先在交互式环境中输入“clear()”。

尔要使用哪个窗口？

用代码编辑器还是交互式环境？这取决于你所编写的
序是什么类型以及程序是否包含循环。

专家提示

代码的颜色

IDLE 会给代码添加不同的颜色。这些颜色为你提供了一些关于 Python 是如何辨别指令的线索。

◁ 内置函数

Python 以紫色显示函数，如“print”。

◁ 双引号中的字符串

字符串是绿色的。如果括号也是绿色的，说明缺少后引号。

◁ 大多数符号和名称

大多数代码以黑色显示。

◁ 输出

交互式环境中的输出以蓝色显示。

◁ 关键词

关键词是橙色的，如“if”“else”。Python 不允许你把关键词当作变量名称。

◁ 错误

Python 用红色警告你交互式环境中出现了错误。

代码编辑器：交互式环境

代码编辑器

码编辑器适合输入大段大段的代，因为用户可以在此编辑和保存码。如果你需要重复相同的指令尝试类似的操作，在代码编辑器不需要重新输入指令，不过需要存文件后再运行程序。

◁ 交互式环境

交互式环境非常适用于快速试验，如检查指令的输出结果。它也是一个便利的计算器。但是如果你正在尝试一些可能需要重复执行的指令，则应改用代码编辑器。

Python 中的变量

变量用于记录程序中的信息，类似于标记和存储数据的箱子。

参见
数据类型 110~111
Python 中的数学 112~113
Python 中的字符串 114~115
输入和输出 116~117
函数 130~131

新建变量

将一个数字或字符串放入变量，这一过程叫给变量赋值。此类操作需要使用等号。在交互式环境中尝试此代码。

变量名　　给变量赋值

```
>>> bones = 3
```

△ **变量的值为数字**

输入变量名、一个等号和一个数字。

变量名　　变量的值为字符串

```
>>> dogs_name = "Bruno"
```

△ **变量的值为字符串**

输入变量名、一个等号和用双引号括住的字符串。

记住

Scratch 中的变量

Python 给变量赋值的指令与下面这块 Scratch 积木的功能相同。但是，在 Python 中你不需要点击按钮创建变量。在你给变量赋值的同时，Python 就会立刻创建变量。

Scratch 中给变量赋值的积木

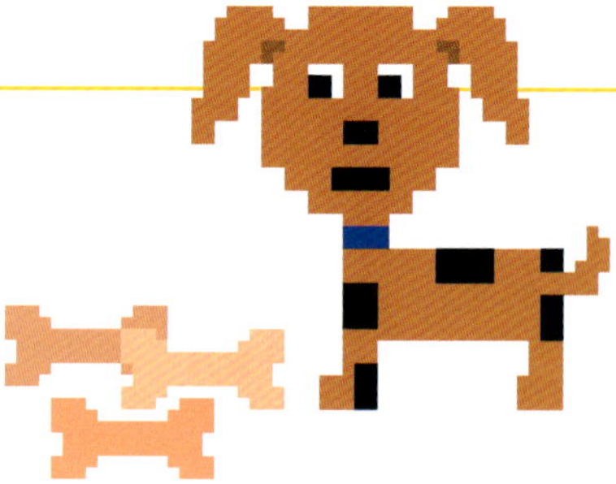

打印变量

print() 函数用于在窗口中显示内容。它与打印机无关。你可以通过它显示变量的值。

```
>>> print(bones)
3
```

变量名

△ **数字输出**

变量 bones 中存储了数字 3。这就是在交互式环境中打印的内容。

```
>>> print(dogs_name)
Bruno
```

没有双引号

△ **字符串输出**

变量 dogs_name 中存储了一个字符串。打印字符串时，没有双引号。

攵变变量的值

改变变量的值，只需重新给变量
值。此例中，变量 gifts 的初值为
，被重新赋值后，它的值变为 3。

```
>>> gifts = 2
>>> print(gifts)
2
>>> gifts = 3
>>> print(gifts)
3
```

改变变量的值

吏用变量

用等号可以将一个变量的值赋予另一个变量。例如，如
变量 rabbits 存储了兔子的数量，我们可以利用它给变
hats 赋予相同的值，这样每只兔子都有一顶帽子。

1 给变量赋值

此代码将变量 rabbits 设为 5。然后，将变
hats 设定为相同的值。

名

给变量赋值

```
>>> rabbits = 5
>>> hats = rabbits
```

现在，变量 hats 与
rabbits 的值相同

2 打印变量

要打印两个变量，只需将它们放到 print() 函数的圆括
里，并用逗号隔开。hats 和 rabbits 的值都为 5。

```
>>> print(rabbits, hats)
5 5
```

在逗号后面留一个空格

3 改变 rabbits 的值

如果你改变了 rabbits 的值，并不会影响 hats 的值。只有当你重新给 hats 赋值时，hats 的值才会改变。

重新给 rabbits 赋值

```
>>> rabbits = 10
>>> print(rabbits, hats)
10 5
```

hats 的值不变

专家提示

给变量命名

在给变量命名时，你需要遵循如下规则：

所有的字母和数字都可以用。

不能以数字开始。

一些符号不能用，如 “-” “/” “#” “@”。

不能用空格。

可以用下划线替代空格。

区分大小写字母。Python 把 “Dogs” 和 “dogs” 当成两个不同的变量。

不能用 Python 中作为函数名和关键词的单词，如 “print”。

数据类型

Python 有几种不同类型的数据。大多数时候，Python 都能自动识别代码的数据类型。有时候，你需要将数据从一种类型转换为另一种类型。

参见
Python 中的数学 112~113 》
Python 中的字符串 114~115 》
判断 118~119 》
列表 128~129 》

数字

Python 中有两种数字：整数（没有小数点并且不是分数的数）和浮点数（带小数点的数）。整数用来给事物（如绵羊）计数；浮点数用来度量事物，如重量。

```
>>> sheep = 1
>>> print(sheep)
1
```

整数

△ **整数**
整数是没有小数点并且不是分数的数，如变量 sheep 的值为 1。

```
>>> sheep = 1.5
>>> print(sheep)
1.5
```

浮点数

△ **浮点数**
浮点数是带小数点的数，如 1.5。通常，它们不能用于给不可分割的物体计数。

字符串

与 Scratch 类似，Python 中的一段文本也被称为字符串。字符串可以包含字母、数字和符号，如句号、逗号、空格等。字符串通常在双引号中间。

▷ **使用字符串**
要将变量设为一个字符串，需要将文本放在双引号中间。

```
>>> a = "Coding is fun!"
>>> print(a)
Coding is fun!
```

变量 a 的值被打印出来

双引号中间的字符串

5尔值

Python 中，布尔值不是 True 就是 False。在下两例中，输出的单词首字母总是大写的。

True
一个变量的值被设定True 时，它就成了布变量。

```
>>> a = True
>>> print(a)
True
```

没有双引号

布尔值被打印

False
一个变量的值被设定False 时，它也成了尔变量。

```
>>> a = False
>>> print(a)
False
```

布尔值被打印

专家提示

确定数据类型

Python 有多种数据类型。要弄清楚一段内容是什么类型的数据，你可以使用 type() 函数。

type() 函数

```
>>> type(24)
<class "int">
>>> type(24.3)
<class "float">
>>> type("24")
<class "str">
```

24 是整数

24.3 是浮点数

24 是字符串，因为它夹在双引号中间

专换数据类型

量可以存储任何类型的数据。但是如果你将不同类型的据混在一起，就可能出问题。这时你必须转换数据类型，则程序就会提示出错。

混合类型
ut() 函数总是伴随着字符即使输入的是数字。此例因为 apple 的值是一个字串，所以输入第 2 条指令后，字才会给出报错提示。

变量名

双引号之间的字符串显示在屏幕上

```
>>> apple = input("Enter number of apples ")
Enter number of apples 2
>>> print(apple + 1)
TypeError
```

输入 “2”

尝试将变量 apple 加 1

程序给出报错提示，因为 Python 不知道如何让数字与字符串相加

转换数据类型
将字符串转换为数字，可以用 int() 函数。此例中，它能字符串转换为整数。

```
>>> print(int(apple) + 1)
3
```

程序现在可以正常运行了，结果显示在屏幕上

变量的值从字符串转换为整数后，两个数就可以相加了

Python 中的数学

Python 可以解决各种类型的数学问题，包括加减乘除。变量也可以用于数学运算。

参见
❮ 52~53 数学
❮ 108~109 Python 中的变量

四则运算

在 Python 中，可以通过在交互式环境中输入算式进行四则运算。不需要使用 print() 函数，Python 会直接给出答案。在交互式环境中尝试这些代码。

除数不能为零，因此如果你将除数写为零，程序一定会报错。

```
>>> 12 + 4
16
```

在交互式环境中能够立刻获得答案

△ 加法

使用加号让两数相加。

```
>>> 12 - 4
8
```

在你按下回车键后，答案就会出现

△ 减法

使用减号，用第一个数减第二个数。

计算机使用“*”而不是“×”进行乘法运算

```
>>> 12 * 4
48
```

△ 乘法

使用符号“*”让两数相乘。

```
>>> 12 / 4
3.0
```

Python 中的商是浮点数

△ 除法

使用符号“/”让第一个数除以第二个数。

使用圆括号

圆括号在算式中的作用是提示 Python 先计算算式的哪部分。在计算算式的其余部分之前，Python 总是先计算出圆括号内的结果。

先计算 6+5=11，再用 11 乘 3

```
>>> (6 + 5) * 3
33
```

△ 先相加

在这个算式中，圆括号的作用是提示 Python 先进行加法运算。

先计算 5*3=15，再用 15 加 6

```
>>> 6 + (5 * 3)
21
```

不同的答

△ 先相乘

此例中，圆括号的作用是提示 Python 先进行乘法运算，以得到正确答案。

将答案存入变量

如果变量的值是数字，你就可以在运算中使用它们。如果将变量的值设为表达式，答案存入变量。

1 做简单的加法

将变量 ants 和 spiders 相加，并将变量 bugs 的值设为前两个变量之和。

```
>>> ants = 22
>>> spiders = 35
>>> bugs = ants + spiders
>>> print(bugs)
57
```

将两个变量相加

打印变量 bugs 的值

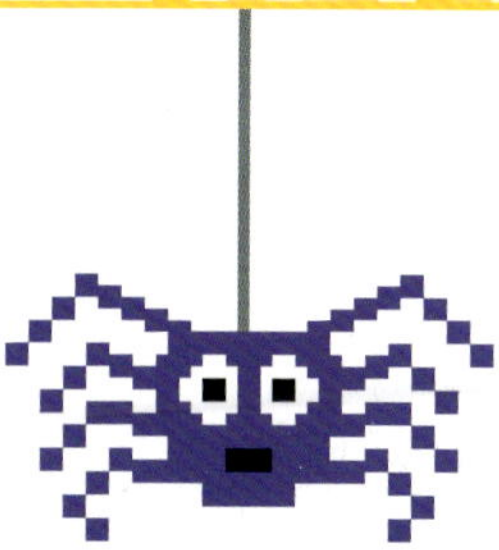

2 更改变量的值

更改变量 spiders 的值。再次将变量相加，将变量 bugs 的值设为前两个变量之和。

```
>>> ants = 22
>>> spiders = 18
>>> bugs = ants + spiders
>>> print(bugs)
40
```

更改变量 spiders 的值

再次将变量相加

答案发生变化

3 跳过赋值步骤

如果没有重新将变量 bugs 的值设为变量之和，即使变量 ants 和 spiders 的值更改，变量 bugs 的值也不变。

```
>>> ants = 11
>>> spiders = 17
>>> print(bugs)
40
```

打印变量 bugs 的值

变量 bugs 的值不变（仍然是上一步 18 与 22 的和）

随机整数

随机取一个整数，首先你应该导入 randint() 函数，就需要用到 import 语句。导入 randint() 函数后，就以随机选数了。

导入 randint() 函数

在 1 到 6 之间随机取一个整数

```
>> from random import randint
>> randint(1, 6)
```

随机整数是 3

掷骰子

randint() 函数会在指定范围内随机取一个整数。在这个程序 randint(1, 6) 是在 1 到 6 之间随机取一个整数。

> **记住**
>
> **取随机数积木**
>
> randint() 函数的功能与 Scratch 中“在 1 到 10 之间取随机数”积木的功能类似。Scratch 需要在积木上的文本框中输入取值范围的最小值和最大值；Python 只需在圆括号中输入最小值和最大值，并用逗号隔开。
>
> 在 (1) 到 (6) 之间取随机数
>
> **△ 整数**
>
> Python 的 randint() 函数和 Scratch 积木都用于随机取一个整数，而不是浮点数。

Python 中的字符串

Python 非常适合在程序中使用语句。你可以连接不同的字符串，也可以选择并读取其中的一部分内容。

参见

《54~55 字符串和列表

《110~111 数据类型

编写一个字符串

字符串可能包含字母、数字和符号，可以存储在变量中。

▷ 变量中的字符串

变量可以存储字符串。将两个字符串分别存储在变量 a 和 b 中。

```
>>> a = "Run! "
>>> b = "Aliens are coming."
```

使用双引号代表变量的值是字符串

字符串相加

两数相加将产生一个新数。两个字符串相加就是把一个字符串连到另一个字符串后面。

```
>>> c = a + b
>>> print(c)
Run! Aliens are coming.
```

变量 a 和 b 合并，成为变量 c

△ 字符串相加

加号将两个字符串连在一起，输出就是变量 c 的值。

```
>>> c = b + " Watch out! " + a
>>> print(c)
Aliens are coming. Watch out! Run!
```

一个新字符串被添加到变量 c 中

新字符串出现在输出中

△ 在变量中添加另一个字符串

你还可以在两个字符串中间加入新字符串。尝试上例。

专家提示

字符串的长度

len() 函数用于查询字符串的长度。Python 会统计字符串中所有的字符，包括空格，给出字符总数。

```
>>> len(a)
5
>>> len(b)
18
```

计算变量 a 中字符串（Run! ）的长度

变量 b 中的字符串（Aliens are coming.）有 18 个字符

符编号

thon 根据字符串中每个字符的位置为其编号。过字符编号可以从字符串中查找字符或者将字移出字符串。

编号从 0 开始

Python 从 0 开始编号，第 2 个字符的编号，第 3 个字符的编号为 2，以此类推。

```
>> a = "FLAMINGO"
```

F L A M I N G O

0 1 2 3 4 5 6 7

第 6 个字符“N”的编号为 5

第 1 个字符“F”的编号为 0

最后一个字符“O”的编号为 7

2 字符编号

字符编号被称为索引（index）。索引可用于读取字符串中特定的字符。

```
>>> a[3]
"M"
```

索引要用方括号括起来

这个字符在变量 a 中的编号为 3

切分

使用两个索引读取字符串的一部分或对其“切分”，但它不包含第 2 个索引对应的字符。

```
>> a[1:7]
.AMING"
```

冒号划定字符范围

这是变量 a 中从索引 1 到索引 6 之间的部分

4 从索引 0 开始或到末尾结束

如果你漏掉了开始或结束索引，Python 会自动划定为从字符串的第一个字符开始或者到最后一个字符结束。

```
>>> a[:3]
"FLA"
>>> a[3:]
"MINGO"
```

从索引 0 开始

到索引 7 结束

号

际上，单引号和双引号都能引用字符串。过，字符串应该以相同类型的引号开始和束。本书统一使用双引号。不过如果你用引号引用字符串，又在字符串中使用撇号，发生什么呢？

```
>>> print('It\'s a cloudy day.')
It's a cloudy day.
```

撇号包含在字符串中

△ 撇号转义

在撇号之前加反斜杠，Python 就不会把撇号作为字符串结束的标志。这称为转义（escape）。

输入和输出

程序通过输入和输出实现与用户的交互（interact）。使用键盘将信息输入程序。输出为屏幕上打印的信息。

参见

输入

input() 函数用于接收从键盘输入的内容。程序会等到用户打完字并按下回车键后再继续运行。

1 使用 input() 函数

程序可以提示用户该输入什么内容。将提示放在 input() 函数的圆括号中。

在冒号后面加一个空格，让输出的格式更整齐

```
name = input("Enter your name: ")
print("Hello", name)
```

程序的输出取决于用户输入的名字

2 交互式环境的输出

程序运行时，交互式环境中会显示信息“Enter your name: ”。在你输入名字并按下回车键后，你的名字将出现在第二行。

```
Enter your name: Jina
Hello Jina
```

程序的输出

用户输入自己的名字

输出

print() 函数用于在交互式环境中显示信息。它可以显示文本和变量的组合。

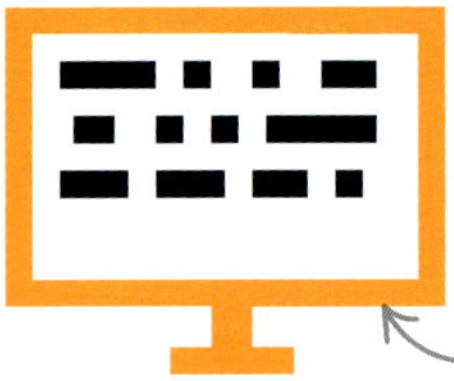

1 新建几个变量

为这个简单的试验创建 3 个变量。其中两个的值为字符串，第 3 个的值为整数。

```
>>> a = "Dave"
>>> b = "is"
>>> c = 12
```

带双引号说明这些是字符串

因为这是数字，所以不需要双引号

2 使用 print() 函数

你可以在 print() 函数的圆括号中加入多个项，还可以组合不同类型的变量，甚至组合字符串和变量。

```
>>> print(a, b, c)
Dave is 12
>>> print("Goodbye", a)
Goodbye Dave
```

用逗号隔开各项

·隔字符串的另外两种方式

目前为止，输出都在同一行，并且项与项之间用
格隔开。这里有另外两种分隔字符串的方式。

```
>> print(a, b, c, sep="-")
ave-is-12
```

输出各项之间的符号

连接输出
卬变量时，可以在项与项之间加连字符，
可以使用其他字符，如加号或星号。

分隔符

```
>>> print(a, b, c, sep="\n")
Dave
is
12
```

每个变量另起一行打印

△ 另起一行输出
输出各项之间的字符称为分隔符（separator）。使用“\n”，让每一项都另起一行打印。

吉束输出的 3 种方式

注 print() 函数输出结束的方式有 3 种。

```
>> print(a, ".")
ave .
```

句号以字符串的形式添加

句号作为结束字符

```
>> print(a, end=".")
ave.
```

添加句号
号可以作为另一个要打印的字符串添加到 print() 函数
 但是打印的时候它的前面有一个空格。要避免这种
象，可以改用“end”关键词。

专家提示

结尾的选项

“end”和“sep”关键词告诉 Python，下一项可以不是另一个字符串。记得使用它们，否则程序无法正常工作。

重复打印 3 次

空格作为结束字符

```
>> for n in range(3):
       print("Hurray!", end=" ")
urray! Hurray! Hurray!
```

输出全部打印在同一行

在同一行输出
常，每次执行 print() 函数都会另起一行输
。要让输出全部位于同一行，可以使用空
乍为结束字符。

```
>>> print(a, end="\n\n\n\n")
Dave




>>>
```

每组“\n”代表另起一行

提示前的空白

△ 结尾空行
使用“\n”另起一行。也可以连用这组符号，在程序结尾处增加更多空行。

判断

程序通过布尔表达式比较变量、数字和字符串，判断下一步该做什么。布尔表达式的答案为 True 或 False。

参见

❮ 62~63 真或假?

❮ 108~109 Python 中的变量

逻辑运算

逻辑运算用于将变量与数字、字符串甚至其他变量进行比较。答案为 True 或 False。

- `==` 等于
- `!=` 不等于
- `<` 小于
- `>` 大于
- `<=` 小于或等于
- `>=` 大于或等于

△ **比较运算**

有 6 种比较运算。当两个事物完全相同时，Python 使用两个等号。一个等号用于给变量赋值。

```
>>> toys = 10
>>> toys == 1
False
>>> toys > 1
True
>>> toys < 1
False
>>> toys != 1
True
>>> toys <= 10
True
>>> not toys == 1
True
>>> toys == 9 or toys == 10
True
>>> toys == 9 and toys == 10
False
```

- `toys == 1`：检查 toys 是否等于 1
- `toys > 1`：检查 toys 是否大于 1
- `toys < 1`：检查 toys 是否小于 1
- `toys != 1`：检查 toys 是否不等于 1
- `toys <= 10`：检查 toys 是否小于或等于 1
- `not`：逻辑运算 not 将答案取反（此例为 False 变 True）
- `or`：逻辑运算 or 检查 toys 是否等于 9 或 10
- `and`：逻辑运算 and 检查 toys 是否同时等于 9 和 10。这永远不可能成立，因此答案是 False

▷ **在交互式环境中检查**

逻辑运算还可以在交互式环境中进行。本例试验了多个逻辑运算，包括 not（逻辑非）、or（逻辑或）和 and（逻辑与）。

今天是埃拉的生日吗?

埃拉的生日是 7 月 28 日。此程序使用变量 day 和 month 存储埃拉的生日信息，并利用逻辑运算检查今天是否是埃拉的生日。

1 核对日期

创建变量 day 和 month。使用逻辑运算 and 检查今天是否是 7 月 28 日。

```
>>> day = 28
>>> month = 7
>>> day == 28 and month == 7
True
```

使用两个等号

今天是埃拉的生日

逻辑运算 and 检查两个条件的答案是否都为 True

2 非生日检测器

你可以使用逻辑运算 not 将答案取反。除埃拉生日那天以外，其余每天你得到的答案均为 True。

```
>>> day = 28
>>> month = 7
>>> not (day == 28 and \
        month== 7)
False
```

代码太长需要换行时使用此符号

今天是埃拉的生日，因此答案为 False

3 生日或元旦?

使用逻辑运算 or 检查今天是否是埃拉的生日或元旦。使用圆括号将两个日期括起来。

```
>>> day = 28
>>> month = 7
>>> (day == 28 and month == 7) \
        or (day == 1 and month == 1)
True
```

检查今天是否是 7 月 28 日

无论今天是埃拉的生日还是元旦，答案都为 True

字符串

使用比较运算符“==”或“!=”比较两个字符串。字符串必须完全一致，程序才会输出“True”。

```
>>> dog = "Woof woof"
>>> dog == "Woof woof"
True
>>> dog == "woof woof"
False
>>> dog == "Woof woof "
False
```

两个字符串完全一致，所以答案为 True

字符串不一致，因为第一个“w”不是大写

字符串不一致，因为后双引号的前面多了空格

完全相同

字符串中的字符必须完全一致，字符串才是相同的。这意味着字符串必须使用完全相同的大小写字母、数字和符号。

专家提示

字符串操作符

in 语句可以确定一个字符串是否包含在另一个字符串中。它的作用是检查字符串中是否包含一个特殊的字符或一组特殊的字符。

```
>>> "a" in "abc"
True
>>> "d" in "abc"
False
```

检查“abc”中是否包含“a”

“abc”中不包含“d”，因此答案为 False

分支

布尔表达式能够帮助程序确定路径，这取决于条件是 True 还是 False。不同的路径被称为分支。

参见

《64~65 判断和分支

《118~119 判断

做或不做

使用 if 语句，意味着如果条件为 True，程序将执行一段指令；如果条件不为 True，则会跳过这段指令。if 语句之后的指令每行缩进 4 个字符。

1 if 条件

该代码询问用户今天是否是他的生日。程序会检查答案是否是 “y”。如果是，就会打印生日祝福。

```
ans = input("Is it your birthday? (y/n)")
if ans == "y":
    print("Happy Birthday!")
```

提示用户该输入什么

仅当用户输入 “y” 时，这行代码才会运行

缩进 4 个字符

2 条件为 True 时的输出

运行程序并输入 “y”。打印生日祝福。如果未输入任何内容，则无输出。

输入“y”

```
Is it your birthday? (y/n)y
Happy Birthday!
```

生日祝福出现

执行这个还是那个

if 语句可以与 else 语句连用。这个组合意味着如果条件为 True，就会发生某件事情；如果不为 True，就会发生其他事情。

1 if-else 条件

如果输入的是 “y”，程序将打印新年祝福；如果输入的是其他内容，则打印不同的信息。

```
ans = input("Is it New Year? (y/n)")
if ans == "y":
    print("Happy New Year!")
    print("Time for Fireworks.")
else:
    print("Not yet!")
```

记得使用冒号

当用户输入 “y” 时，才会出现这条信息

记得此处也要使用冒号

当用户输入的不是 “y” 时，这条指令就会运行

2 条件为 True 时的输出

运行程序并输入“y”。程序将向你发出新年祝福。

```
Is it New Year? (y/n)y
Happy New Year!
Time for Fireworks.
```

输入“y”

3 else 的输出

输入“n”或者除了“n”和“y”以外的其他字符，程序都不会发出新年祝福。作为替代，屏幕上会出现“Not yet!”。

```
Is it New Year? (y/n)n
Not yet!
```

输入“n”

显示不同的信息

执行以下指令之一

elif 是 else-if 的缩写。这意味着如果条件为 True，就会执行相应的指令，否则程序会检查其他条件是否为 True，哪个条件为 True，就执行哪条指令。下面这个计算器程序就使用了 elif 语句。

1 if-elif-else 条件

程序会检查输入的内容。如果输入的是“add”（加）、“sub”（减）、“mul”（乘）或“div”（除），就会显示各自的计算结果。

请用户输入一个数字

记得添加双引号和圆括号

```
a = int(input("a = "))
b = int(input("b = "))
op = input("add/sub/mul/div:")
if op == "add":
    c = a + b
elif op == "sub":
    c = a - b
elif op == "mul":
    c = a * b
elif op == "div":
    c = a / b
else:
    c = "Error"
print("Answer =",c)
```

输入“add”，将变量相加

输入“div”，将变量相除

如果输入了其他内容，则提示出错

显示答案或提示出错

2 条件为 True 时的输出

测试程序。输入两个数字并输入“sub”。答案是第一个数和第二个数的差。

```
a = 7
b = 5
add/sub/mul/div:sub
Answer = 2
```

输入两个数字

输入“sub”，用 7 减 5

用变量 a 减变量 b，得出答案

3 else 的输出

如果输入的是除“add”“sub”“mul”“div”以外的内容，就会执行 else 后的指令，即提示出错。

```
a = 7
b = 5
add/sub/mul/div:try
Answer = Error
```

输入的内容

提示出错

Python 中的循环

程序如果包含许多行重复的代码，不但编程很耗时，代码也不易理解。这时可以使用一种更简洁的编程方式，即循环指令。最简单的循环是重复一定次数的循环，如 for 循环。

参见

《48~49 画笔和海龟

while 循环 124~125》

逃离循环 126~127》

重复某事

无须重复输入代码，for 循环就可以实现重复执行指令。它可以让某事重复一定次数。例如，打印一个班 30 名学生的姓名。

1 用海龟编程

for 循环可以缩短代码。通过此程序，用户不但可以控制海龟在屏幕上爬行，还能通过海龟的爬行路线画图。用户通过指挥海龟爬行，在屏幕上绘图，如三角形。

```
from turtle import *
forward(100)
right(120)
forward(100)
right(120)
forward(100)
right(120)
```

导入控制海龟的所有函数

这条指令让海龟向前移动

这条指令让海龟向右旋转 120°

2 用海龟绘制三角形

程序告诉海龟三角形的 3 个边长及外角，这样海龟就能画出三角形。当你运行程序时，海龟出现在单独的窗口中。

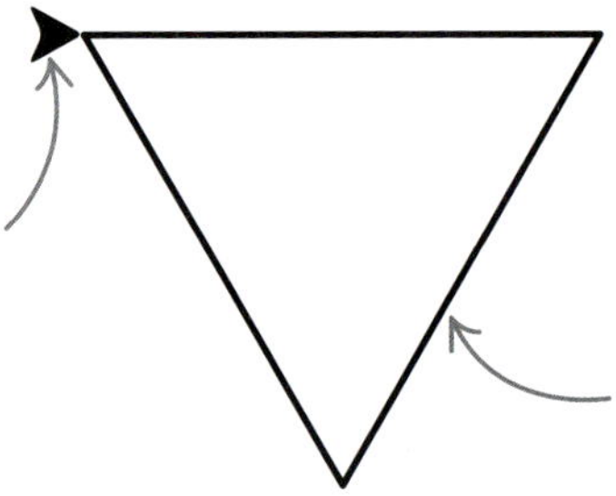

3 使用 for 循环

上方程序向海龟发出 3 次相同的指令—— "forward(100)" "right(120)"，每一次对应了三角形的一条边和一个外角。另一种程序方式是将这两条指令加入 for 循环。尝试使用如下代码画一个角形。

```
for i in range(3):
    forward(100)
    right(120)
```

for 循环让程序重复执行下方指令 3 次

循环中的指令每行缩进 4 个字符

循环中的变量

变量的值由初值、终值和步长决定。变量的值以初值为起始，以步长为计数单位，但不包含终值。

变量　循环 10 次

```
for i in range(10):
    print(i, end=" ")
```

循环到 10 之前的最后一个数结束

```
>>> 0 1 2 3 4 5 6 7 8 9
```

△ 简单的循环变量

此例中并未规定初值和步长。因此，变量默认从 0 开始，这与字符串的字符编号方式相同，步长默认为 1。

告诉程序步长为 2

```
for i in range(2, 11, 2):
    print(i, end=" ")
```

```
>>> 2 4 6 8 10
```

输出中相邻两数相差 2

步长为 2

循环的 range() 函数中有 3 个数字，分别代表变量的初值 2，终值为 11，步长为 2，输出的数字到 10 结束。

告诉程序是倒数

```
for i in range(10, 0, -1):
    print(i, end=" ")
```

```
>>> 10 9 8 7 6 5 4 3 2 1
```

△ 倒数

这一次程序从 10 开始倒数，就像火箭发射倒计时一样。变量从 10 开始，步长为 -1，到 1 结束。

嵌套循环

嵌套循环中，外循环要等到内循环全部完成一次之后再开始执行第 2 次。

要让循环重复 n 次，range() 函数中的第二个数必须是 n+1

```
n = 3
for a in range(1, n + 1):
    for b in range(1, n + 1):
        print(a, "x", b, "=", a * b)
```

外循环　内循环　这个算式共打印 9 次

循环中的循环

例中，外循环每执行一次，内循环都要执行 3 次。所以，外循环共执行 3 次，内循环共执行 9 次。

```
>>>
1 x 1 = 1
1 x 2 = 2
1 x 3 = 3
2 x 1 = 2
2 x 2 = 4
2 x 3 = 6
3 x 1 = 3
3 x 2 = 6
3 x 3 = 9
```

b 的值　a 的值　第 1 次外循环（内循环执行 3 次）　第 2 次外循环　第 3 次外循环

△ 发生了什么

嵌套循环打印的前 3 行是九九乘法表中第一竖排的前 3 行。内循环结束，a 的值才会变化。

while 循环

当你已知一项任务需要重复的次数时，应该使用 for 循环。但是有时候，你需要在特定情况发生之前，让循环一直执行，这时就应该使用 while 循环。

参见
❮ 118~119 判断
❮ 122~123 Python 中的循环
逃离循环 126~127 ❯

while 循环

只要满足条件，while 循环就会一直执行。这个条件被称为循环条件。

▷ 工作原理

while 循环会检查是否满足循环条件。如果满足，程序会再次启动循环；如果不满足，程序会跳过循环。

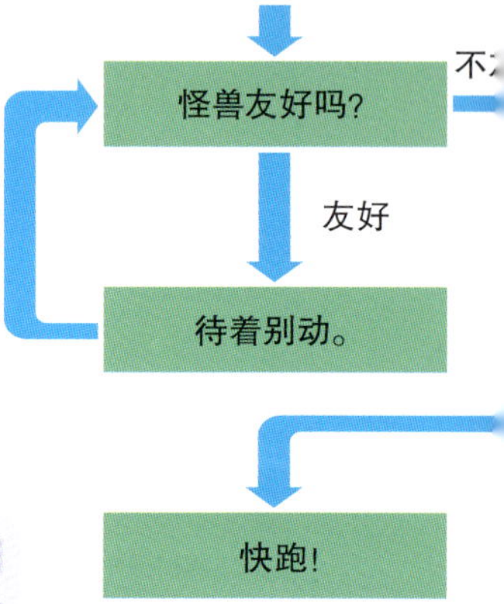

1 创建 while 循环

先设置循环条件中变量 answer 的初值。只有满足循环条件时，循环才会开始，否则程序中的循环永远不会执行。

将变量 answer 的值设为 y

```
answer = "y"
while answer == "y":
    print("Stay very still")
    answer = input("Is the monster friendly? (y/n)")
print("Run away!")
```

满足条件时，while 循环才会执行

循环中的每行代码前必须缩进 4 个字符

如果不满足条件，循环后未缩进的代码就会运行，显示不同的信息

2 程序怎样运行

输入的值存储在变量 answer 中。循环条件为 “answer==‘y’”。如果你输入的是 “y”，循环会一直进行；如果你输入了 “n”，循环就会停止。

```
>>>
Stay very still
Is the monster friendly? (y/n)y
Stay very still
Is the monster friendly? (y/n)y
Stay very still
Is the monster friendly? (y/n)n
Run away!
```

回答 “y”，循环继续

回答 “n”，循环终止，并显示新信息

记住

“重复执行直到……” 积木

Python 的 while 循环与 Scratch 的 “重复执行直到……” 积木类似。在情况改变以前，循环一直执行。

重复运行夹在其中的积木，直到情况改变

△ 无限循环
条件永远为 True 的循环称为无限循环。如果某个事物是无限的，它就永远不会结束。

无限循环

一些循环会一直进行。如果你将 while 循环的条件设为 True，则条件永远不变，循环也永远不会停止。这可能很有用，也可能带来麻烦。

1 创建无限循环

此例的循环条件被设为 True。任何事情都不会让循环条件改变，因此循环会一直进行。

循环条件永远是 True，因此循环永远不会结束

```
while True:
    answer = input("Type a word and press enter: ")
    print("Please do not type \"" + answer + "\" again.")
```

输入的单词存储在变量 answer 中

2 程序怎样运行

在上一页中，怪兽程序需要检查用户的回答是什么。如果回答的不是“y”,循环就会终止。上方的循环无须检查用户的回答，因此用户无法让它停止。

```
>>>
Type a word and press enter: tree
Please do not type "tree" again.
Type a word and press enter: hippo
Please do not type "hippo" again.
Type a word and press enter: water
Please do not type "water" again.
Type a word and press enter:
```

无论输入什么，这个循环都会一直进行下去

专家提示

停止循环

即使陷入无限循环，你也可以停止循环。点击 Python 的交互式环境，按住“Ctrl”键，同时按“C”键，让 IDLE 终止程序。你可能需要多按几次这两个键。这类似于点击 Scratch 的红色停止按钮。

记住

“重复执行”积木

还记得 Scratch 的“重复执行”积木吗？它会重复运行夹在中间的积木，直到按下红色停止按钮。while True 循环的功能与它基本相同，用于让程序一直做某事，比如提问或打印。

“重复执行”积木让角色一直在“动”

逃离循环

程序可能陷入循环，但是有一些方法可以逃离循环。使用 break 语句可以退出循环（包括无限循环），使用 continue 语句可以跳到下一次循环的开始位置。

参见

❮ 122~123 Python 中的循环

❮ 124~125 while 循环

插入 break 语句

即使满足循环条件，在循环中插入“break”，也可以让程序立刻跳出循环。程序会忽略 break 后全部的循环指令。

1 编写一个简单的程序

此程序为求 7 的倍数。在回答完全部 12 个问题之前，程序会一直循环。在代码编辑器中输入代码，之后你还要编辑它。

```
table = 7
for i in range(1, 13):
    print("What's", i, "x", table, "?")
    guess = input()
    ans = i * table
    if int(guess) == ans:
        print("Correct!")
    else:
        print("No, it's", ans)
print("Finished")
```

变量的值从 1 到 12

i 是循环变量

2 插入“break”

插入“break”，以便逃离循环。如果用户在交互式环境中输入“stop”，程序就会退出循环。

```
table = 7
for i in range(1, 13):
    print("What's", i, "x", table, "?")
    guess = input()
    if guess == "stop":
        break
    ans = i * table
    if int(guess) == ans:
        print("Correct!")
    else:
        print("No, it's", ans)
print("Finished")
```

如果变量 guess 的值为 stop，程序会跳过循环的其余部分，直接打印“Finished”

变量 ans 中存储正确答案

```
>>
hat's 1 x 7 ?

o, it's 7
hat's 2 x 7 ?
4
orrect!
hat's 3 x 7 ?
top
inished
```

第 1 次循环时，i 等于 1

第 2 次循环时，i 等于 2

输入“stop”，程序将退出循环

3 工作原理

如果用户在第 3 个问题出现后不想再答题，输入“stop”，程序就会退出循环。

跳过

ntinue 语句用于跳过一个问题但不退出循环。它告诉程序忽略本次循环的其余代码，直接跳到下一次循环的开始位置。

```
able = 7
or i in range(1, 13):
    print("What's", i, "x", table, "?")
    guess = input()
    if guess == “stop”:
        break
    if guess == "skip":
        print("Skipping")
        continue
    ans = i * table
    if int(guess) == ans:
        print("Correct!")
    else:
        print("No, it's", ans)
rint("Finished")
```

第一次循环时，问题为“What's 1 × 7 ?”

直接跳到下一次循环

4 插入“continue”

在循环中加入 if 语句，看看用户回答“skip”后程序会怎样。如果回答了“skip”，程序将打印“Skipping”，然后跳到下一次循环。

5 发生了什么

用户如果不想回答当前的问题，可以输入“skip”，然后回答下一个问题。

```
>>>
What's 1 x 7 ?
skip
Skipping
What's 2 x 7 ?
14
Correct!
What's 3 x 7 ?
```

输入“skip”，跳到下一个问题

回答正确，循环继续进行

列表

如果你需要在一个位置保存大量数据，可以使用列表。列表中可以包含数字、字符串、其他列表和以上所有元素的组合。

参见
《 54~55 字符串和列表
项目 5：造句 132~133 》

什么是列表？

列表是 Python 的一种结构，其中各项都是按顺序排列的。列表中的每一项都会被分配编号，你可以通过编号找到相应的项，还可以修改、删除或添加项。

▽ 列表详解
列表中的项与项之间用逗号隔开。个列表用一对方括号括起来。

列表存储在 mylist 中

```
>>> mylist = ["apple", "milk", "cheese", "icecream", "lemonade", "tea"]
```

列表中的各项位于一对方括号中

用逗号分隔各项

▷ 工作原理
你可以将列表看作厨房里的一排货架。每层货架上存放列表中的一项。要改变其中一项，首先必须找到它在哪一层。

吏用列表

旦创建了列表，你就可以通过编写程序操控其中的数据，可以将多个列表合并为一个新列表。

术语

可变对象

Python 中的列表是可变的，即列表中的项是可以改变的。你可以添加、删除或修改项。Python 中也有不可变的数据，如元组（见第 134~135 页）。一旦创建，元组就不能更改。

列表存储在 names 中

循环的主体必须缩进 4 个字符

```
>>> names = ["Simon", "Kate", "Vanya"]
>>> for item in names:
        print("Hello", item)

Hello Simon
Hello Kate
Hello Vanya
```

程序运行时，Hello 后面跟着列表中的名字

◁ 循环中的列表

你可以使用循环处理列表中的每一项。此程序对一系列名字说"Hello"，一个接一个。

记住，列表使用方括号

列表组合

个列表可以组合在一。新列表包含两个旧表中所有的项。

```
>>> x = [1, 2, 3, 4]
>>> y = [5, 6, 7, 8]
>>> z = x + y
>>> print(z)
z = [1, 2, 3, 4, 5, 6, 7, 8]
```

将列表组合在一起

新列表包含列表 x 中所有的项，后面跟着列表 y 中所有的项

刂表中的列表

表中的项也可以是列表。列表 suitcase 包含两个7列表，就像由两个人共用的行李箱，每个人可E行李箱里装 3 样东西。

这个列表在单独的方括号里，是列表 suitcase 中的一项——suitcase[0]

suitcase[1]

```
>> suitcase = [["hat", "tie", "sock"], ["bag", "shoe", "shirt"]]
>> print(suitcase)
["hat", "tie", "sock"], ["bag", "shoe", "shirt"]]
>> print(suitcase[1])
'bag", "shoe", "shirt"]
>> print(suitcase[1][2])
irt
```

这条指令将打印整个 suitcase 列表

这条指令将打印 suitcase[1] 中的所有项

这条指令将打印 suitcase[1] 中索引为 2 的项。记住，Python 从 0 开始编号

函数

函数是执行特定任务的一段代码。它包含一段固定的代码，有自己的名称，可以随时调用。函数避免了多次输入相同代码的情况。

参见
项目 5：造句 132~133 ❯
变量和函数 138~139 ❯

有用的函数

Python 包含很多有用的函数，用于执行特定任务。当函数被调用时，Python 会检索该函数的代码然后运行。函数运行结束以后，程序将返回调用函数的位置，并运行下一行代码。

print()

△ print() 函数

此函数通过在屏幕上打印指令或结果，将输出发送给用户。

input()

△ input() 函数

此函数的功能与 print() 函数的功能相反。它通过键盘获得输入，让用户为程序提供指令或数据。

randint()

△ randint() 函数

此函数给出一个随机整数（就像掷骰子一样），为程序添加机会元素。

自定义并调用新函数

Python 不仅可以调用自带的函数，还可以调用自定义的函数。要自定义一个新函数，你应该把需要用到的代码收集到一个特殊的包装器（wrapper）里，并给新函数命名，这样程序就可以随时调用新函数了。

1 自定义新函数

自定义新函数需要使用关键词“def”，新函数的名称应该位于代码的起始位置。

```
def greeting():
    print("Hello!")
```

冒号既标志着函数名称的结束，也标志着它所包含的指令即将开始

这行是函数包含的指令

2 调用新函数

在交互式环境中输入新函数，调用新函数，出显示在下一行。

```
>>> greeting()
Hello!
```

调用 greeting() 函数，这行为输出

圆括号说明调用的是函数，而不是变量

将数据传递给函数

你必须告诉函数需要处理哪些数据。例如，在 print(a, b, c) 中，a、b、c 的值被传递给了 print() 函数。在 height(1, 45) 中，数字 1 和 45 被传递给了 height() 函数。

1 在函数中添加参数

传递给函数的数据称为参数。参数位于函数的圆括号里。

```
def height(m, cm):
    total = (100 * m) + cm
    print(total, "cm tall")
```

m 和 cm 是参数

打印 total 的值，后面跟着“cm tall”

要以 cm（厘米）为单位计算总高度，m（米）的值需要乘 100（因为 1 米 =100 厘米）

2 输入参数的值

函数使用传递给它的值。

```
>>> height(1, 45)
145 cm tall
```

当 m=1、cm=45 时，调用函数得出答案

1 米 45 厘米等于 145 厘米

获得函数返回值

能够将数据返回程序的函数非常有用。函数返回的数据称为返回值。在函数中，使用 return 语句可以将数据返回调用函数的代码行。

1 定义带返回值的函数

即使输入的是数字，Python 的 input() 函数返回的也总是字符串。如下新函数则会返回数值。

```
def num_input(prompt):
    typed = input(prompt)
    num = int(typed)
    return num

a = num_input("Enter a ")
b = num_input("Enter b ")
print("a + b =", a + b)
```

数字作为字符串存储在变量 typed 中

这行代码将字符串转换为数值，并将其存储在变量 num 中

返回变量中存储的是数值

2 数值输出

如果程序只使用 input() 函数，“a+b”的输出是将 10 和 7 作为字符串连在一起，即 107。

```
Enter a 10
Enter b 7
a + b = 17
```

输入一个数字

此处“a+b”的输出为 17，是因为 num_input() 函数返回的是数值，而不是字符串

造句

项目 5：造句

循环、函数和列表可以单独用于很多不同的任务。它们还可以组合使用，以便设计出有趣且能够完成更复杂任务的程序。

参见
《 124~125 while 循环
《 128~129 列表
《 130~131 函数

设计造句程序

此程序将使用 3 个列表中的单词造句。从每个列表中随机选一个单词，将它们拼在一起组成句子。

1 如下所示，在代码编辑器中输入 3 个列表，即定义了用来造句的 3 个列表。

```
name = ["Neha", "Lee", "Sam"]
verb = ["buys", "rides", "kicks"]
noun = ["lion", "bicycle", "plane"]
```

双引号说明列表中的每一项都是字符串

方括号说明这是列表

2 每个句子都是由从你创建的列表中随机选取的单词组成的。自定义一个函数完成这些操作，这个函数会被程序调用数次。

这行代码负责导入 randint() 函数，以便随机选数

```
from random import randint
def pick(words):
    num_words = len(words)
    num_picked = randint(0, num_words - 1)
    word_picked = words[num_picked]
    return word_picked
```

看看列表中有多少个单词（此函数适用于所有列表）

随机选数对应的是列表索引

在变量 word_picked 中存储随机选中的单词

3 个列表各运行一次 pick() 函数，输出一个随机组合的句子。使用 print() 函数让句子显示在屏幕上。

这条指令在输出的句末添加一个句号，"\n" 负责另起一行

```
print(pick(name), pick(verb), "a", pick(noun), end=".\n")
```

添加 "a"，让句子更通顺

保存并运行程序。name、verb 和 noun 列表中的单词组成了一个句子。

```
Neha kicks a bicycle.
```

程序每次运行时，都会随机从列表中选出一个单词

不停造句

造句程序中添加无限循环，让程序一直运行，直到户同时按 "Ctrl" 和 "C" 键才能逃离循环。

专家提示

可读代码

编写程序的代码应该易于理解，这很重要。这让程序在未来更易修改，因为要解决程序问题不需要从头开始读取代码。

如果在 print() 函数的前面添加 "while True:"，程序就会不停造句。

将打印指令放入无限循环中

```
while True:
    print(pick(name), pick(verb), "a", pick(noun), end=".")
    input()
```

每次按下回车键都会打印一个新句子

在打印下一句之前，input() 函数使得循环在用户按下回车键后才会继续。如果没有 input() 函数，句子会因打印得太快，让人难以阅读。

程序持续随机生成句子

```
Sam rides a lion.
Neha kicks a plane.
Lee buys a bicycle.
```

元组和字典

参见
《110~111 数据类型
《128~129 列表

Python 使用列表让数据按顺序保存。Python 还有其他可以存储信息的数据类型，如元组（tuple）和字典（dictionary）。类似这样的数据类型称为容器（container）。

元组

元组有点类似列表，但是其中的项不能改变。元组一旦创建，内容就不能更改了。

元组用圆括号把项括起来

```
>>> dragonA = ("Sam", 15, 1.70)
>>> dragonB = ("Fiona", 16, 1.68)
```

用逗号隔开各项

◁ 什么是元组？
元组中的项用圆括号括起来，项与项之间用逗隔开。元组多用于采集少量的数据（如龙的名称年龄和身高）。

▷ 从元组中提取一项
要从元组中提取一项，需要使用其在元组中的位置（索引）。元组从 0 开始计算位置，这与列表和字符串一样。

```
>>> dragonB[2]
1.68
```

提取索引为 2 的项

```
>>> name, age, height = dragonA
>>> print(name, age, height)
Sam 15 1.7
```

组成元组 dragonA 的各项分开显示

◁ 将元组拆分成多个变量
将 3 个变量分配给元组，即将变量 name、age height 分配给 dragonA。Python 将元组中的 3 项别存储在 3 个变量中。

▷ 将元组放入列表
元组可以被放入列表，因为容器之间可以相互容纳。使用此代码创建包含元组的列表。

创建名为 dragons 的列表

用方括号将列表中的各项括起来

```
>>> dragons = [dragonA, dragonB]
>>> print(dragons)
[("Sam", 15, 1.7), ("Fiona", 16, 1.68)]
```

在列表的方括号中，又有元组的圆括号

Python 并非只显示列表中各元组的名称，而是显示元组的每一项

字典

字典与列表类似，但是字典有标签。这些标签称为键（key），可以替代索引识别各项。字典中的每一项都有一个键和一个值。字典中的各项不仅不需要保持特定的顺序，内容也可以更改。

创建字典

个程序创建了名为 age 字典。每一项的键是一人的名字，值是这个人年龄。

字典使用花括号

使用逗号隔开字典中的各项

键和值之间用冒号隔开

```
>>> age = {"Mary": 10, "Sanjay": 8}
```

键的作用与索引一样

字典中存储的值（总是在冒号之后）

字典的名称

```
>>> print(age)
{"Sanjay": 8, "Mary": 10}
```

此项的键是“Sanjay”

键“Mary”关联的值是 10

◁ 打印字典

项的顺序可以更改，因为在字典中项的位置不是固定的。

添加新项

用新键将关联的新值加入典。

字典的名称

新键

```
>>> age["Owen"] = 11
>>> print(age)
{"Owen": 11, "Sanjay": 8, "Mary": 10}
```

将新项加入字典

现在新值出现在字典里

原有的值仍然在字典里

将新值分配给键为“Owen”的项

```
>>> age["Owen"] = 12
>>> print(age)
{"Owen": 12, "Sanjay": 8, "Mary": 10}
```

键“Owen”关联的值变了

◁ 更改值

将新值分配给字典中已有的键，以更改该项的值。

删除项

字典里删除一项不会影响字典里其他项，因为项通过键识别，与其在字典的位置无关。

删除键为“Owen”的项

```
>>> del age["Owen"]
>>> print(age)
{"Sanjay": 8, "Mary": 10}
```

键为“Owen”的项不再出现在字典里

变量中的列表

有关 Python 怎样在变量中存储列表的内容一开始可能有些难以理解。但是看看“幕后”的故事，一切都变得浅显易懂了。

参见
《 108~109 Python 中的变量
《 128~129 列表

还记得变量是怎样存储数字的吗?

变量类似于保存了一个数字的箱子。一个变量中的数字可以复制并存储到另一个变量中。这类似于把箱子 a 中的纸复印一份，并将复印件放入箱子 b 中。

△ **变量的工作原理**
每个变量都像一个装了一张纸的箱子，用户可以在纸上写数字。

1 给变量赋值
将变量 a 的值设为 2，然后将 a 的值分配给变量 b。变量 b 中复制并存储数字 2。

```
>>> a = 2
>>> b = a
>>> print("a =", a, "b =", b)
a = 2 b = 2
```

将 a 中存储的内容复制给 b

打印变量名及其值

现在 a 和 b 均存储数字 2

2 更改其中一个变量的值
如果你更改其中一个变量中存储的数字，并不会影响存储在另一个变量中的数字，就像你修改箱子 a 中纸上的内容不会影响箱子 b 中纸上的内容一样。

将 a 的值改为 100

```
>>> a = 100
>>> print("a =", a, "b =", b)
a = 100 b = 2
```

现在 a 为 100，b 仍然为 2

3 更改另一个变量的值
将 b 的值改为 22。变量 a 仍然为 100。即使一开始 b 的值是复制 a 的值，但是现在它们是相互独立的，所以更改 b 的值不会影响 a 的值。

```
>>> b = 22
>>> print("a =", a, "b =", b)
a = 100 b = 22
```

b 为 22，a 仍然为 100

如果将列表存储在变量中，会发生什么呢？

变量中存储的是数字时，复制变量可以创建数据的独立副本。如果变量中存储的是其他类型的数据呢？如果变量中存储的是列表，情况则有些不同。

1 复制列表

将列表 [1, 2, 3] 存储在名为 A 的变量中。然后将 listA 的值复给名为 listB 的变量。现在两个变中均存储了 [1, 2, 3]。

使用方括号创建列表

打印变量名及其值，看看变量里存储的是什么

```
>>> listA = [1, 2, 3]
>>> listB = listA
>>> print("listA =", listA, "listB =", listB)
listA = [1, 2, 3] listB = [1, 2, 3]
```

listA 和 listB 的值相同

2 更改 listA

将 listA[1] 的值改为 1000。B[1] 的值也变成了 1000。更改原列表，列表副本的值也会变。

此处修改了 listA 的第 2 项（列表从 0 开始编号）

```
>>> listA[1] = 1000
>>> print("listA =", listA, "listB =", listB)
listA = [1, 1000, 3] listB = [1, 1000, 3]
```

listA 和 listB 的第 2 项都变了

3 更改 listB

将 listB[2] 的值改为 75。listA[2] 值也变成了 75。更改列表副本，始列表的值也会变。

这是 listB 的第 3 项

```
>>> listB[2] = 75
>>> print("listA =", listA, "listB =", listB)
listA = [1, 1000, 75] listB = [1, 1000, 75]
```

listA 和 listB 的第 3 项都变了

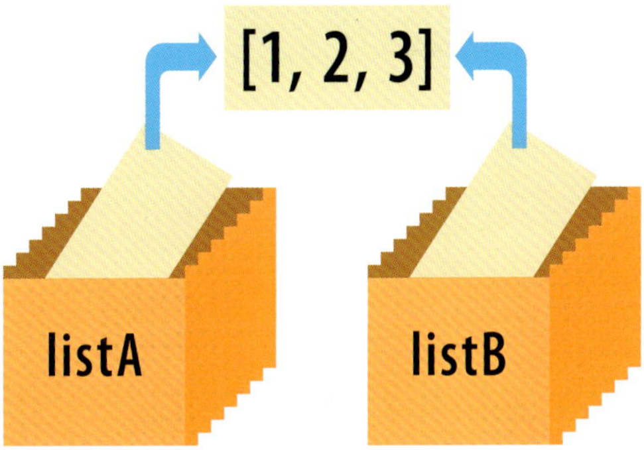

发生了什么？

储了列表的变量并非存储了列表本身，而是存储了指向列表的接，即复制 listA 只是复制了列表的链接。因此，listA 和 listB 都是存储了指向同一个列表的链接。

专家提示

复制列表

要复制列表的独立副本，可以使用 copy() 函数。listC 包含指向全新列表的链接，而这个全新的列表复制了 listA 中的内容。更改 listC 不会改变 listA，更改 listA 也不会改变 listC。

```
>>> listC = listA.copy()
```

变量和函数

在函数中创建的变量是局部变量（local variable），在主程序中创建的变量是全局变量（global variable）。

参见
《130~131 函数
绘图 158~159》

局部变量

局部变量仅存在于某个函数中，因此主程序和其他函数无法调用它。如果你尝试在该函数以外使用局部变量，就会出现报错提示。

局部变量就像坐在轿车里的电影明星，他们在轿车（函数）里，车外的人却看不到他们

1 函数中的变量

在 func1() 函数中创建一个名为 a 的局部变量。通过在主程序调用 func1() 函数，打印 a 的值。

```
>>> def func1():
        a = 10
        print(a)
>>> func1()
10
```

调用 func1() 函数，打印 a 的值

2 函数外的变量

如果你在主程序直接打印 a 的值，系统就会提示出错，因为 a 仅存在于 func1() 函数中。

```
>>> print(a)
Traceback (most recent call last):
  File "<pyshell#3>", line 1, in <module>
    print(a)
NameError: name "a" is not defined
```

主程序不知道 a 是什么，因此它会提示出错

全局变量

所有函数都可以读取全局变量，但不能更改它的值。

全局变量就像走在街上的人，所有人能看见他们

1 函数外的变量

在主程序创建一个名为 b 的全局变量。func2() 函数可以读取 b 的值并把它打印出来。

```
>>> b = 1000
>>> def func2():
        print(b)
>>> func2()
1000
```

func2() 函数可以调用 b 的值，因为 b 是全局变量

调用 func2() 函数，打印的是 b 的值

2 相同的全局变量

我们也可以直接在主程序打印 b。在程序的任何地方都可以使用 b，因为它不是在某个函数中创建的。

```
>>> print(b)
1000
```

在程序的任意位置都可以使用全局变量 b

全局变量作为函数的数据项

全局变量作为函数的数据项时，其值就被复制给了局部变量。在函数中改变局部变量的值不会改变全局变量的值。

1 更改局部变量的值

func3() 的数据项 y 是局部变量。打印 y 的值，然后将 bread 存储在 y 中并打印。

```
>>> def func3(y):
        print(y)
        y = "bread"
        print(y)
>>> z = "butter"
>>> func3(z)
butter
bread
```

func3() 函数被调用时，y 的值传递给函数

此处的 y 的值为 bread

此处创建名为 z 的全局变量

func3() 函数被调用时，y 中存储的是 z 传递给它的值

2 打印全局变量

调用 func3() 函数之后再打印 z，z 的值不变。因为调用 func3() 函数时，是将 z 的值（butter）复制给局部变量 y，并不影响 z。

```
>>> print(z)
butter
```

func3() 函数运行后，打印全局变量 z

func3() 函数中的局部变量 y 一开始复制了 z 的值。y 的值后来又变成了 bread，全局变量 z 的值不受影响，仍然是 butter

掩盖全局变量

函数无法改变全局变量。看起来改变了全局变量的函数实际上只是创建了一个同名的局部变量，然后利用局部变量掩盖全局变量。

1 "更改"全局变量

将全局变量 c 的值设为 12345。func4() 函数将 555 分配给局部变量 c 并打印。这样全局变量 c 似乎被更改了。

```
>>> c = 12345
>>> def func4():
        c = 555
        print(c)
>>> func4()
555
```

全局变量 c 的值

打印 func4() 函数中 c 的值

2 打印全局变量

我们如果在函数外部打印 c 的值，就会发现 c 的值根本没变。func4() 函数打印的只是名称也为 c 的局部变量的值。

```
>>> print(c)
12345
```

全局变量 c 的值没变

专家提示

调用函数

有两种调用函数的方式。

函数名 (a)

在 Python 中，数据项被称为对象。一种方法是通过向函数传递对象（a）调用函数。

a. 函数名 ()

另一种方法是通过在对象（a）末尾的句号后添加函数名和一对圆括号调用函数。

绘图机

项目 6：绘图机

参见
《 122~123 Python 中的循环
库 152~153 》

是时候尝试更复杂的项目了。这个绘图机程序可以将一系列简单指令转换为海龟指令，以绘制不同的图形。设计此程序所涉及的技巧，对于任何程序员来说都是必须掌握的。

选择一个测试图形

编写能够绘制任何图形的程序之前，应该先选择要绘制的测试图形。使用这个房子图形作为示例，测试程序。当项目完成时，看看这个程序有没有可能只用很少的代码，即包含多个简短绘图指令（如 F100）的字符串，绘制房子。

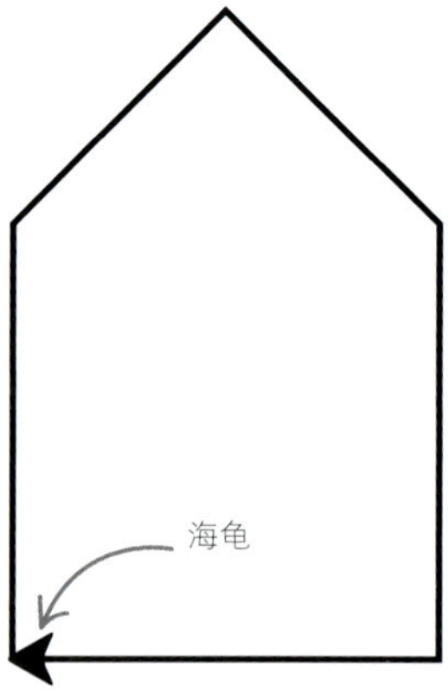

▷ **用海龟绘制一个房子**
箭头显示海龟的最终方向和位置。从左下角开始，让它沿顺时针方向画出这个房子。

```
from turtle import *
reset()
left(90)
forward(100)
right(45)
forward(70)
right(90)
forward(70)
right(45)
forward(100)
right(90)
forward(100)
```

导入控制海龟的所有函数

重置海龟的位置，落笔准备绘图

让海龟向前移动 70 步

让海龟向右旋转 90°

△ **绘制房子的程序**
以上代码可以让海龟绘制一个房子。尽管这个程序有很多行代码，但实际上，它只是一个非常简单的程序。

程序的三部分

绘图机是一个大型程序。要设计这个程序，可以先将它分为三部分，每部分负责完成不同的任务。

函数 1

△ turtle_controller()
这个函数负责接收来自用户的简单指令，并将其转换为海龟指令。用户指令的形式通常是一个字母和数字的组合。

函数 2

△ string_artist()
用户输入一个字符串作为指令。此函数负责将字符串分解为更小的单元，然后发送给 turtle_controller() 函数。

主程序

△ **用户界面**
string_artist() 函数需要从
个位置获得输入。用户在
户界面输入一串指令，这
指令被传递给 string_arti
函数。

流程图

序员一般先在纸上设计程序，这样有利于他们在计算机一次就写出错误更少且更简洁的代码。其中一种方法是流程图，即展示程序需要遵循的步骤和判断的方法。

此流程图是为了设计函数 turtle_controller()。函数读取一个字母（输入 do）和数字（输入 val），并将其转换为一条海龟指令。例如，将“F100”转换为指令“forward(100)”。函数如果无法识别输入的字母，就会向用户报错。

专家提示

长方形和菱形

流程图由长方形和菱形组成。长方形包含程序执行的动作。菱形是需要做出判断的点。

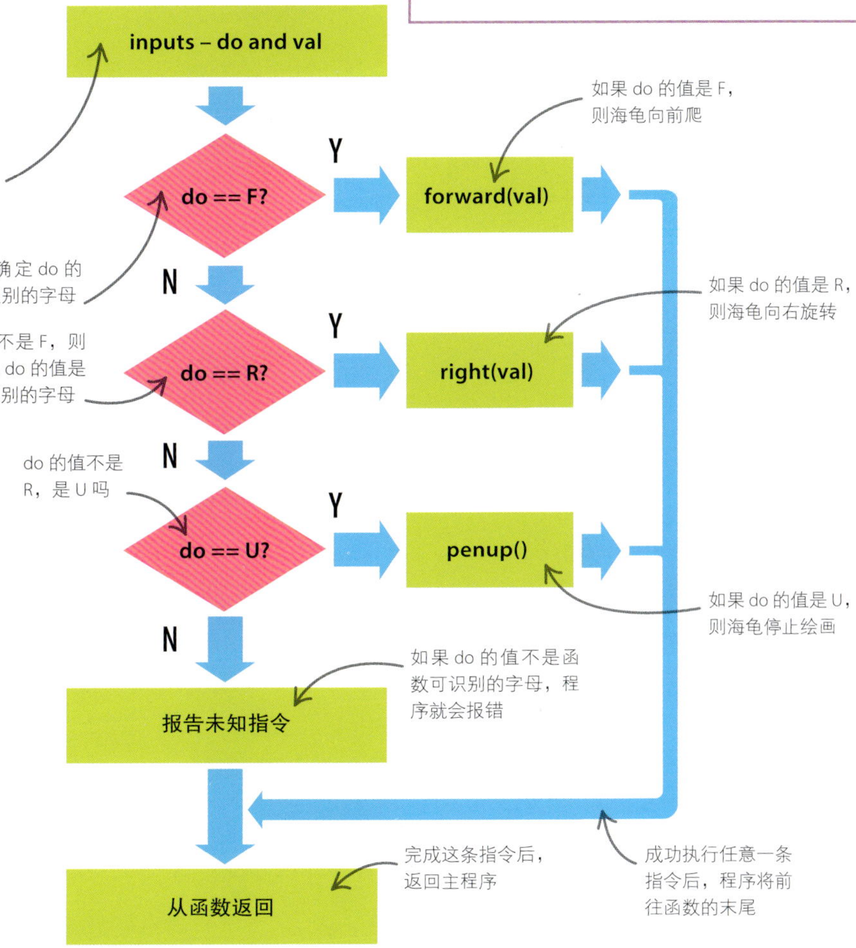

专家提示

字母指令

turtle_controller() 函数使用这些字母代表不同的海龟指令：

N：新建图（重置）
U：抬笔
D：落笔
F：向前
B：向后
R：向右旋转
L：向左旋转

绘图机

创建 turtle_controller() 函数

程序的第一部分是定义移动海龟的函数。以下是根据上一页流程图编写的代码。这段代码使海龟能够将 do 和 val 的值转换为移动海龟的指令。

2 这段代码创建了 turtle_controller() 函数。它将 do 的值转换为海龟的前进方向或其他动作指令，将 val 的值转换为前进距离或旋转角度。

```
from turtle import *
def turtle_controller(do, val):
    do = do.upper()
    if do == "F":
        forward(val)
    elif do == "B":
        backward(val)
    elif do == "R":
        right(val)
    elif do == "L":
        left(val)
    elif do == "U":
        penup()
    elif do == "D":
        pendown()
    elif do == "N":
        reset()
    else:
        print("Unrecognized command")
```

导入控制海龟的所有函数

将 do 和 val 定义为函数的对象

此指令将存储在 do 中的所有字母都转换为大写字母

告诉函数将 do 的值 F 转换为海龟指令 forward

如流程图所示，函数会把 do 中的字母与所有能够识别的字母一一对照

此指令指示海龟开始绘画

此指令指示海龟停止在页面上绘画

此指令将海龟重置到屏幕中心

如果 do 的值是函数无法识别的字母，就会出现这条信息

3 这里是关于使用 turtle_controller() 函数的一些示例。每次使用它时，它都会读取 do 和 val 的值，并将其转换为海龟可以识别的代码。

```
>>> turtle_controller("F", 100)
>>> turtle_controller("R", 90)
>>> turtle_controller("F", 50)
```

输入函数名，调用函数

do 和 val 的值告诉海龟向前移动 100 步

这条指令让海龟向右旋转 90°

扁写伪代码

一种设计程序的方法是用伪代码（pseudocode）编写程
。伪代码无法运行程序。它是一种粗略的代码，让你可
用自己的风格将想法写出来。

是时候设计 string_artist() 函数了。这个函数会读取包含多个 do 和 val 的字符串，并将其拆分为由一个字母和一个数字组成的字符对，然后将这些字符对一次性传递给 turtle_controller() 函数。

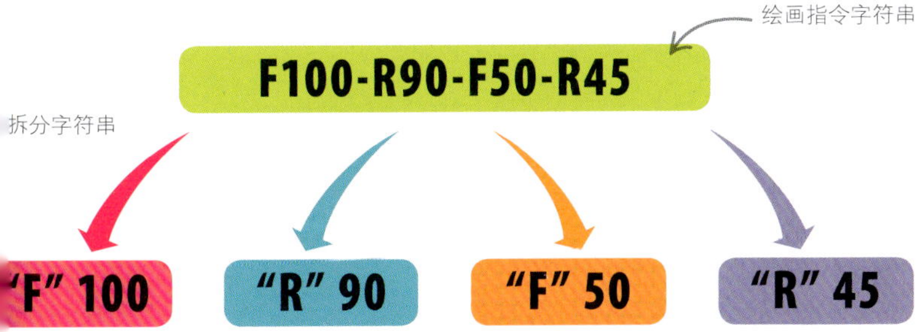

以下是用伪代码编写的 string_artist() 函数。在此过程中，你可以先组织一下代码的设计思路和结构，无须考虑细节。

```
unction string_artist(input – the program as a string):
    split program string into list of commands
    for each command in list:
        check it's not blank
            – if it is go on to next item in list
        command type is the first letter
        if followed by more characters
            – turn them into a number
        call turtle_controller(command type, number)
```

函数读取用户输入的字符串指令（如 F100–R90）

将字符串拆分为由字符对指令组成的列表

空指令不用执行，因此函数会跳过它

将第一个字母识别为 do 的值

将字母后面的字符转换为数值，然后识别为 val 的值

将这条简单的指令传递给 turtle_controller() 函数

专家提示

清晰的代码

你的代码应该不仅能让计算机读取，其他人阅读代码时也应感觉思路清晰。因此，让你的代码尽可能容易理解非常重要。

使用函数将字符串拆分成更小的部分。每个函数应该在程序中只执行单一的任务。

给变量和函数命名时，要让名称能够提示变量和函数的作用，比如“age_in_years”就比“aiy”更有意义。

使用大量注释（用“#”）解释程序设计过程。这样用户更容易追溯代码。

不要使用容易与其他字符混淆的字符，如大写字母 O 看起来像零，L 的小写字母看起来像 i 的大写字母或数字 1。

绘图机

创建 string_artist() 函数

上一页的伪代码设计了一个名为 string_artist() 的函数，它可以将字符串拆分成一个个单独的简单指令，再发送给 turtle_controller() 函数。接下来，使用 split() 函数将伪代码转换为真正的 Python 代码。

6 split() 函数将一个字符串拆分成更小的字符串，并存储在列表中。每个断点都标有特殊字符（此程序用的是连字符）。

这个字符串即创建示例中房子形状的指令

```
>>> program = "N-L90-F100-R45-F70-R90-F70-R45-F100-R90-F100"
>>> cmd_list = program.split("-")
>>> cmd_list
["N", "L90", "F100", "R45", "F70", ‘R90’, "F70", "R45", "F100", "R90", "F100"]
```

split() 函数将字符串拆分成包含一个个简单指令的列表

7 现在，使用真正的 Python 代码编写 string_artist() 函数。先用 split() 函数将用户输入的字符串拆分为海龟指令。

```
def string_artist(program):
    cmd_list = program.split("-")
    for command in cmd_list:
        cmd_len = len(command)
        if cmd_len == 0:
            continue
        cmd_type = command[0]
        num = 0
        if cmd_len > 1:
            num_string = command[1:]
            num = int(num_string)
        print(command, ":", cmd_type, num)
        turtle_controller(cmd_type, num)
```

程序遇到连字符时，就会拆分字符串

这条指令让程序依照字符串列表循环，列表中的每一项都是对海龟发出的一条指令

识别指令的长度

如果指令的长度为 0（即指令为空），函数会跳过这条指令，读取下一条指令

读取指令的第一个字符（字符串从 0 开始编号），并将其设置为指令类型（如 F、U 等）

检查指令之后是否还有字符，即数字

切除第一个字符，让程序只读取指令中剩余的所有字符

将指令中剩余的字符转换为数值

在屏幕上打印指令，这样你就可以看到代码在做什么了

将指令传递给海龟

当绘制房子图形的字符串指令传递给 string_artist() 函数时，在交互式环境中输出以下内容。

```
>> string_artist("N-L90-F100-R45-F70-R90-F70-R45-F100-R90-F100")
 : N 0
90 : L 90
100 : F 100
45 : R 45
70 : F 70
90 : R 90
70 : F 70
45 : R 45
100 : F 100
90 : R 90
100 : F 100
```

海龟指令全部用连字符连接

重置屏幕，将海龟放回屏幕中心

F100 的指令类型是 F，数值是 100

这条指令让海龟在绘制屋顶之前向右旋转 45°

这条指令让海龟绘制屋顶的右半部分

海龟向右旋转 90°，准备绘制房子的底部

传递给 string_artist() 函数的字符串中的每条指令都会被程序提取、识别和执行。在海龟绘图窗口绘制房子。

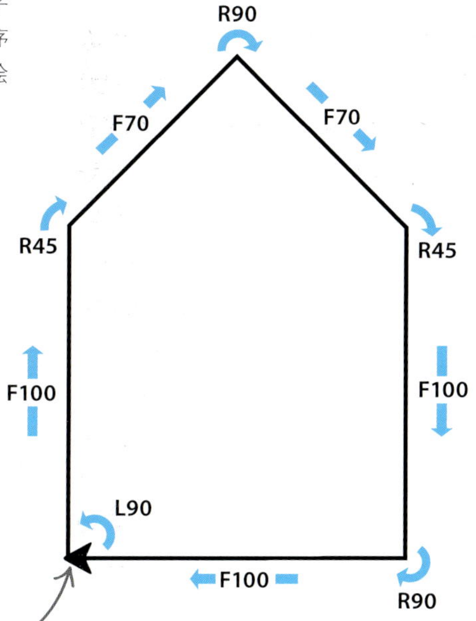

程序让海龟绘制一个房子

记住

指令

此处是这套程序的注意事项。一些指令只包含一个字母，另一些指令还包含前进距离或旋转角度的数值。每次激活 string_artist() 函数后，画面会越来越丰富，直到用 N 清空屏幕。

N：新建图

U：抬笔

D：落笔

F100：向前 100 步

B50：后退 50 步

R90：向右旋转 90°

L45：向左旋转 45°

绘图机

利用用户界面完成代码

绘图机需要一个界面，让用户只要通过键盘输入一个字符串就能告诉绘图机要画什么。

10 如下代码创建了一个可供用户输入指令的弹出窗口。“while True”循环让用户可以一直输入新字符串。

3 个前单引号告诉 Python 直到与之配对的 3 个后单引号出现以前，所有内容都属于同一个字符串，包括换行符

```
instructions = '''Enter a program for the turtle:
eg F100-R45-U-F100-L45-D-F100-R90-B50
N = New drawing
U/D = Pen Up/Down
F100 = Forward 100
B50 = Backwards 50
R90 = Right turn 90 deg
L45 = Left turn 45 deg'''
screen = getscreen()
while True:
    t_program = screen.textinput("Drawing Machine", instructions)
    print(t_program)
    if t_program == None or t_program.upper() == "END":
        break
    string_artist(t_program)
```

告诉用户不同的海龟指令需要使用哪个字母

字符串结束

创建弹出窗口

这行代码告诉弹出窗口中应显示什么内容

如果用户输入“END”或按下“Cancel”按钮，程序就会终止

将字符串传递给 string_artist() 函数

11 在海龟绘图窗口之上弹出此窗口，供用户输入绘图字符串。

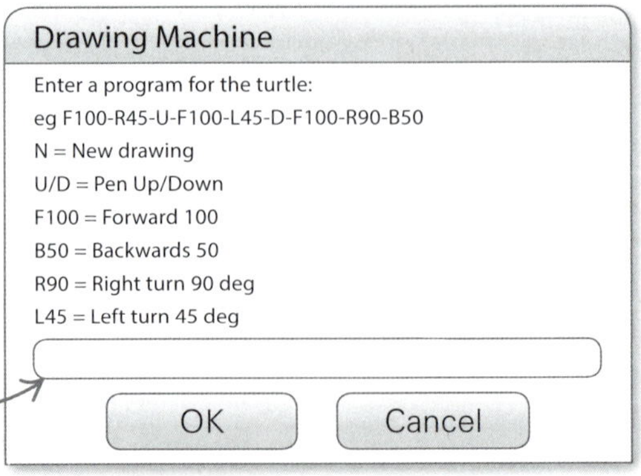

在这里输入字符串，然后点击“OK”按钮，运行程序

△ 控制海龟

使用此程序更容易控制海
并且你不用重新启动程序就
绘制另一张图。

绘图机还能画出轮廓之外的内容。抬起画笔，将画笔移动到新位置再落笔，就可以完成内部细节了。运行程序，输入如下字符串。

抬起画笔，这样海龟移动时就不会留下痕迹

```
-L90-F100-R45-F70-R90-F70-R45-F100-R90-F100-B10-U-R90-F10-D-
30-R90-F30-R90-F30-R90-F30
```

落笔，准备画一个窗户

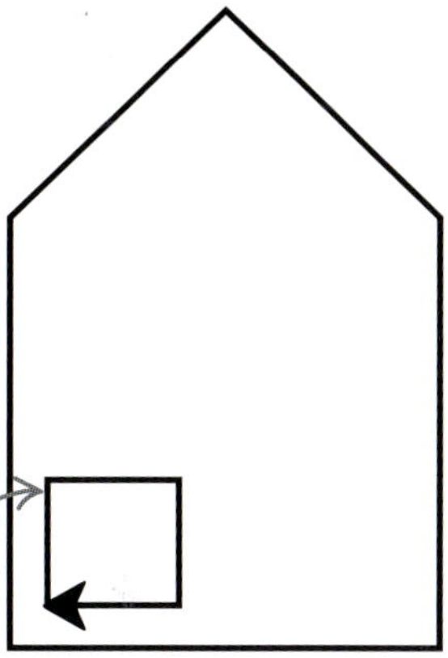

房子现在有窗户了

尝试一些不同的图形

在你知道如何给画添加细节，就可以真正享受使用绘图机的乐趣了。用如下字符串指令，尝试画出猫头鹰的脸。

```
-F100-L90-F200-L90-F50-R60-F30-L120-F30-R60-F40-R60-F30-L120-F30-
60-F50-L90-F200-L90-F100-L90-U-F150-L90-F20-D-F30-L90-F30-L90-F30-
90-F30-R90-U-F40-D-F30-R90-F30-R90-F30-R90-F30-L180-U-F60-R90-D-
40-L120-F40-L120-F40
```

这个字符串中有 3 次抬笔指令，为的是绘制猫头鹰的双眼和喙

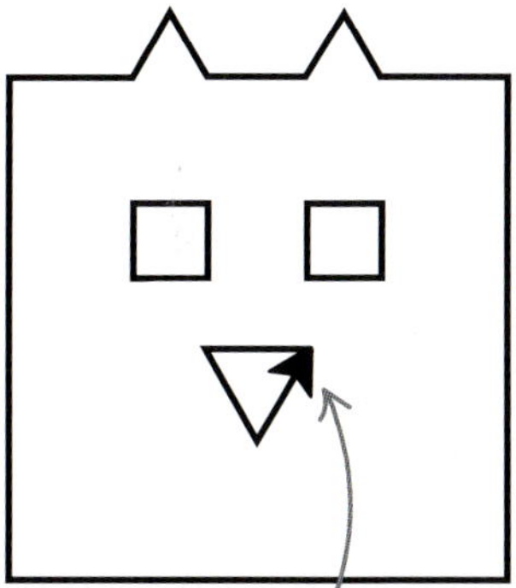

箭头为海龟停止的位置。这意味着猫头鹰的喙是最后画的

■ 记住

成就

实现这几个小目标，你就能创建绘图机程序：

使用流程图设计函数，弄清楚做出判断的点和后续的动作。

先用伪代码设计函数，再编写真正的代码。

创建 turtle_controller() 函数，它会根据提供给它的字母和数字，弄清楚该执行什么海龟指令。

创建 string_artist() 函数，它负责将字符串拆分成更小的单元。

创建界面，这样用户就能通过键盘告知程序要画什么了。

错误和调试

参见
《94~95 错误
《122~123 Python 中的循环
下一步做什么？ 176~177》

程序员并非完人，大多数程序一开始都包含错误。发现并修复错误的过程称为调试（debug）。

错误类型

程序中可能出现的错误主要有 3 种：语法错误、运行时错误和逻辑错误。有些错误很容易发现，有些却很难。以下是几个发现和修复错误的方法。

关键词是“for”，不是“fir”

```
fir i in range(5):
    print(i)
```

△ **容易发现的错误**

语法错误即程序中的单词或符号出错，如关键词拼写错误、缺括号或缩进不正确。

除数不能是 0，这里出错了

```
a = 0
print(10 / a)
```

△ **较难发现的错误**

只有当程序运行时才会出现运行时错误。数值与字符串相加以及除数是 0 的情况都会导致运行时错误。

年龄不可能小于 5 且大于 8，这样没人能获得免费门票

```
if age < 5 and age > 8:
    print("Free ticket!")
```

△ **最难发现的错误**

逻辑错误是前期设计程序时犯的错。例如，应该做减法时却使用了加号。

调试

语法错误较易发现，因为当你运行程序时，IDLE 会用红色高亮显示它们。要找出运行时错误和逻辑错误则要多花一些时间。

1 有问题的程序

此程序的目的是从 1 到变量 top_num 中存储的数字进行累加，然后打印结果。

```
top_num = 5
total = 0
for n in range(top_num):
    total = total + n
print("Sum of numbers 1 to", top_num, "is", total)
```

进行累加的最大数字

此指令将打印一句话，让用户知道结果

2 输出

程序的答案应该为 15（1+2+3+4+5），但显示的答案却是 10，你需要找出原因。

```
Sum of numbers 1 to 5 is 10
```

答案应该是 15，而不是 10

3 添加 print() 和 input() 函数

序不显示每一步操作。添 print() 函数让你能够看到序是怎样做累加运算的。out() 函数让循环在回车键按下以后才会继续。

```
top_num = 5
total = 0
for n in range(top_num):
    total = total + n
    print("DEBUG: n=", n, "total=", total)
    input()
print("Sum of numbers 1 to", top_num, "is", total)
```

该指令将打印当前循环变量的值和累加值

4 新输出

循环从 0 到 4 进行累加，而非从 1 到 5。这因为 for 循环总是从 0 开始(除非提前设定初值)，到达指定终值的前一次停止。

```
DEBUG: n= 0 total= 0
DEBUG: n= 1 total= 1
DEBUG: n= 2 total= 3
DEBUG: n= 3 total= 6
DEBUG: n= 4 total= 10
Sum of numbers 1 to 5 is 10
```

这个结果实际是从 0 到 4 的累加，而不是从 1 到 5 的累加

5 修复错误

range() 函数的终值应是 top_num+1，这样循环是从 1 到 5 进行累加。

```
top_num = 5
total = 0
for n in range(1, top_num + 1):
    total = total + n
    print("DEBUG: n=", n, "total=", total)
    input()
print("Sum of numbers 1 to", top_num, "is", total)
```

从 1 开始，到 top_num 为止

6 正确的输出

print() 函数将从 1 到 5 的累加过程显示出来，出正确答案。错误修复成功!

```
DEBUG: n= 1 total= 1
DEBUG: n= 2 total= 3
DEBUG: n= 3 total= 6
DEBUG: n= 4 total= 10
DEBUG: n= 5 total= 15
Sum of numbers 1 to 5 is 15
```

当 n=3 时，累加值为 6 (1+2+3)

现在打印的是正确答案

算法

参见
《16~17 像计算机一样思考
库 152~153》

算法是执行某个任务的一组指令。一些算法比其他算法更有效，且花费的时间和精力也更少。有很多不同类型的算法适用于简单的任务，比如给一列数字排序。

△ **按顺序排列**
插入排序每次只取一份试卷，后将其插入正确的位置。

插入排序

假设你需要按照分数从低到高的顺序给你们班级的试卷排序。插入排序（insertion sort）是先创建一个有序部分，然后将未排序的试卷一一插入正确的位置。

▽ **工作原理**
插入排序按照如下步骤给数字排序，比手工排序快得多。

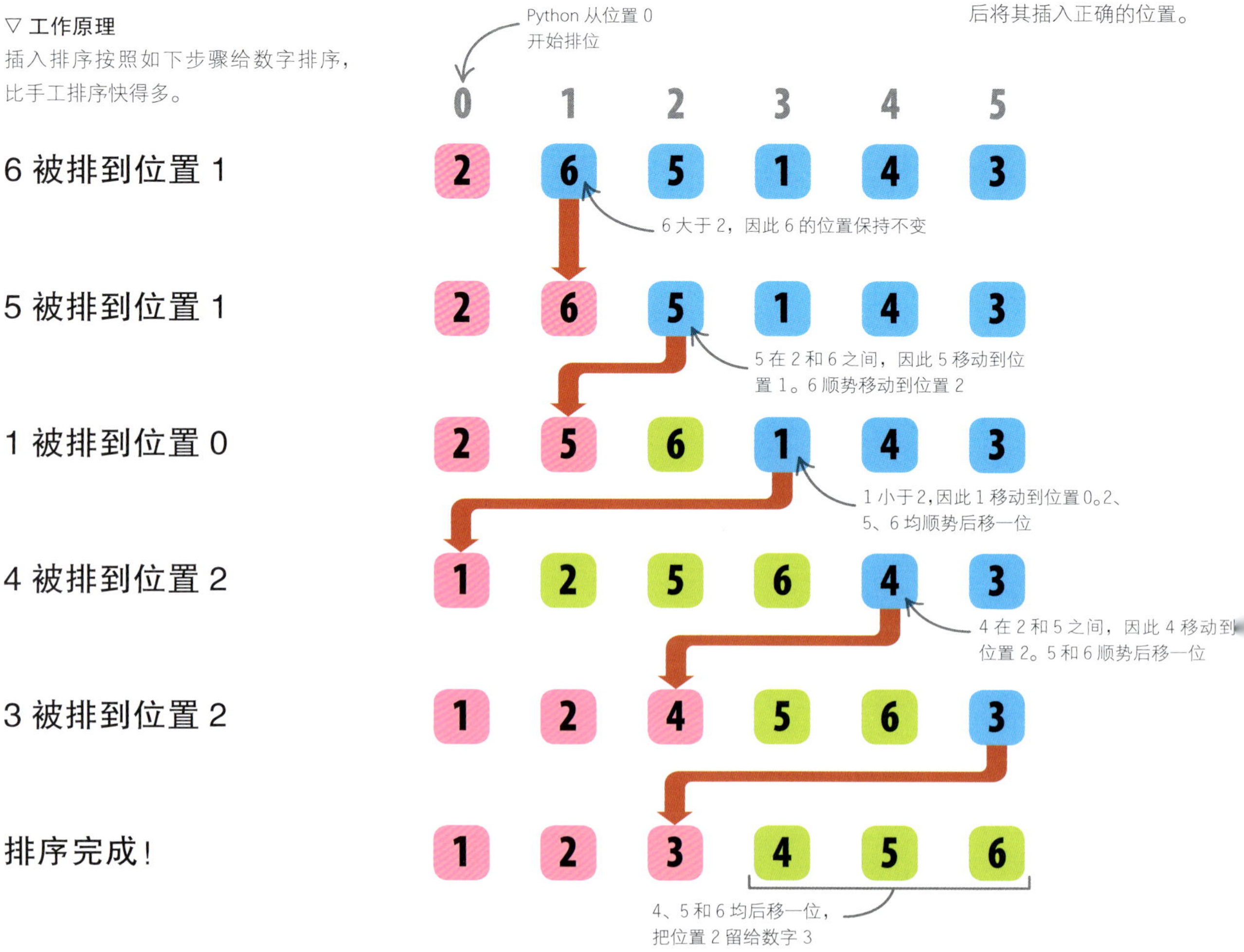

选择排序

选择排序（selection sort）的工作原理不同于插入排序。选择排序只交换两项的位置，而不是不断移动所有项。每次交换位置都将一个数字移动到它的最终位置。

△ 交换位置

交换两项的位置通常很快，且不会影响列表中的其他项。

专家提示

在 Python 中排序

有很多种不同的排序算法，每种算法都有各自的优缺点。Python 中的 sort() 函数使用一种名为 Timsort 的算法——以其设计者蒂姆·彼得斯（Tim Peters）的名字命名。Timsort 算法基于两种排序算法——插入排序和归并排序（merge sort）。输入此代码，查看它是怎样工作的。

a 是一个未排序的数字列表

```
>>> a = [4, 9, 3, 8, 2, 6, 1, 5, 7]
>>> a.sort()
>>> a
[1, 2, 3, 4, 5, 6, 7, 8, 9]
```

使用 sort() 函数

列表 a 中的数字现已排好顺序

库

编写新代码十分耗费时间，因此如果同一段代码能够在不同的程序中使用会很省时、省事。这些代码片段可以在名为库的背包中共享。

参见

制作窗口 154~155 ❯

颜色和坐标 156~157 ❯

标准库中的模块

Python 有一个标准库，其中有很多随时可用的有用代码，称为模块。模块可以添加到 Python 中，使其功能更强大。

◁ 自带电池

Python 的座右铭是“带电池”，指的是 Pyth
提供了很多随时可用
代码。

◁ random

此模块用于随机选一个整数，或将列表中的各项随机排列。

▽ turtle

此模块用于操控海龟在屏幕上绘制线条和图形。

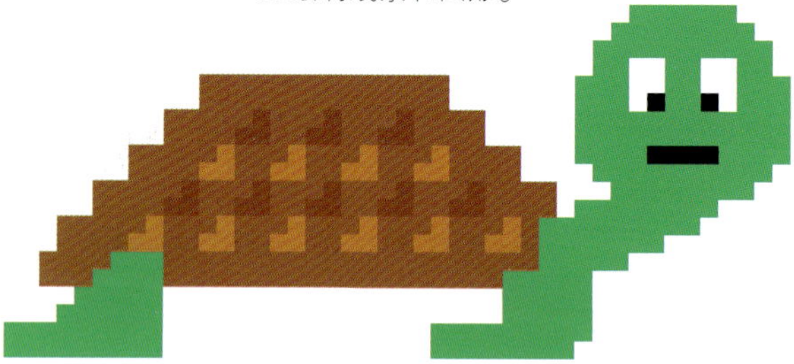

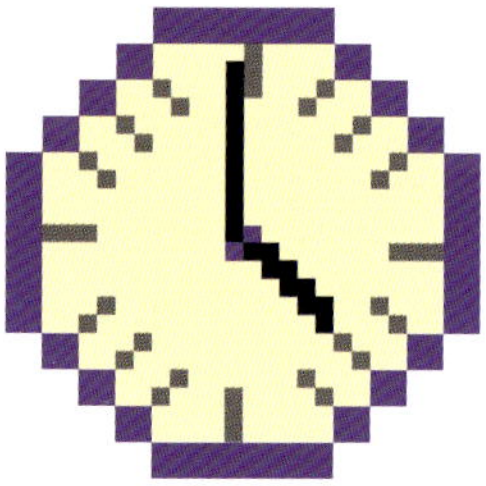

△ time

此模块给出当前时间和日期，还可以计算日期，比如 3 天后是哪一天？

△ socket

此模块有助于计算机通过互联网彼此连接。

▽ tkinter

tkinter 用于设计按钮、窗口和其他图形，以帮助用户与程序交互。

▷ math

使用此模块处理复杂的计算。

导入模块

使用模块之前，你必须先让计算机导入模块，以便程序调用模块中的函数。使用 import 语句导入模块。Python 可以通过几种不同的方式导入模块。

专家提示

pygame

pygame 是为了编写视频游戏而设计的 Python 库。你可以通过 pygame 访问可添加到游戏中的声音模块和特殊图形。一旦熟练掌握了本书中 Python 的基础知识，你就可以自由使用 pygame 了。

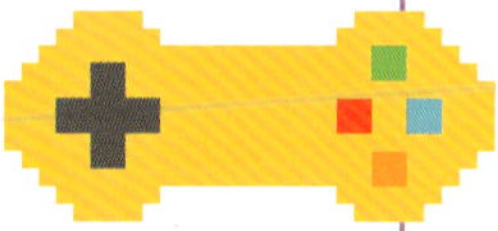

```
import random

random.randint(1, 6)
random.choice(my_list)
```

模块名称出现在函数之前

◁ import random
这种导入方式要求你在代码的开始位置输入模块名称。这让阅读代码更容易，因为你知道函数属于哪个模块。

from random import *
种导入方式非常适合小型程序。但是设计大型序时，这样的操作容易让人混淆，因为不清楚数属于哪个模块。

导入 random 模块中的所有函数

```
from random import *

randint(1, 6)
choice(my_list)
```

此代码没有显示函数属于哪个模块

仅导入 randint() 函数

```
from random import randint

randint(1, 6)
```

random 模块中只有 randint() 函数可用

◁ from random import randint
你可以只导入模块中的某个函数。如果你只需要使用这一种函数，那么这样比导入整个模块更高效。

帮助和文档

不确定如何调用模块或哪些函数可用？Python 标准库参考手册提供了详细信息。看看有哪些可用的库、模块和函数，这样你就不用浪费时间编写已经存在的代码了。

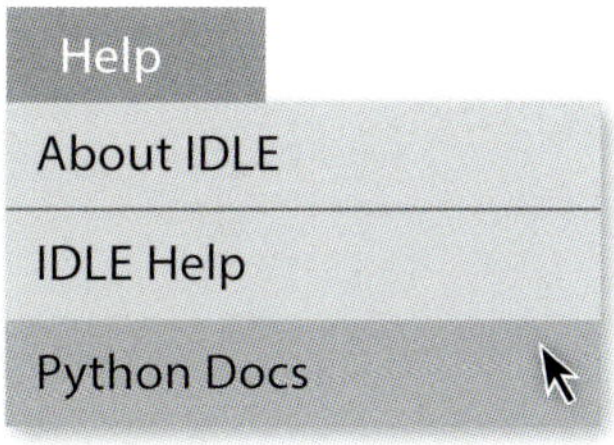

◁ 帮助！
在 IDLE 窗口的顶部，点击 “Help”，选择 “Python Docs”，就会弹出一个提供很多有用信息的窗口。

制作窗口

许多程序都有窗口和用于控制窗口的按钮。按钮和窗口组成了图形用户界面（graphical user interface，缩写为 GUI）。

参见
颜色和坐标 156~157
绘图 158~159
更改内容 160~161

创建一个简单的窗口

创建图形用户界面的第一步是制作一个可以保存其他所有内容的窗口。tkinter 模块（来自 Python 标准库）可以创建简单的窗口。

1 输入代码

使用此代码导入 tkinter 模块并创建一个新窗口。tkinter 模块必须先导入，才能使用。

```
from tkinter import *
window = Tk()
```

此代码从标准库中导入 tkinter 模块

创建 tkinter 窗口

2 tkinter 窗口出现

运行代码，出现一个窗口。窗口现在看起来点无趣，不过没关系，这只是图形用户界面的初始状态

给窗口添加按钮

通过添加按钮让图形用户界面更具交互性。当用户点击不同按钮时，程序会显示不同的信息。

1 创建两个按钮

输入此代码，创建一个带两个按钮的简单窗口

```
from tkinter import *
def bAaction():
    print("Thank you!")
def bBaction():
    print("Ouch! That hurt!")
window = Tk()
buttonA = Button(window, text="Press me!", command=bAaction)
buttonB = Button(window, text="Don't press!", command=bBaction)
buttonA.pack()
buttonB.pack()
```

当按钮 A 被按时，出现此信息

当按钮 B 被按时，出现此信息

此标签出现在按钮 A 上

这里告诉程序，按钮被按时该执行哪个函数

此代码告诉 Python，将按钮加入窗口

此标签出现在按钮 B 上

2 点击按钮，打印信息

当程序运行时，会弹出一个有两个按
的窗口。点击按钮，不同的信息将出现在
互式环境中。你已经设计出一个可以响应
户指令的交互式图形用户界面。

郑骰子

inter 模块可以为一个简单的应用程序创建图形用户界面。
下代码创建了一个模拟掷骰子的程序。

1 创建掷骰子模拟器

此程序创建了一个按钮。当按钮被按时，告诉
l() 函数随机从 1 到 6 之间选一个整数显示。

```
from tkinter import *
from random import randint
def roll():
    text.delete(0.0, END)
    text.insert(END, str(randint(1,6)))
window = Tk()
text = Text(window, width=1, height=1)
buttonA = Button(window, text="Press to roll!", command=roll)
text.pack()
buttonA.pack()
```

导入 random 模块中的 randint() 函数

这段代码将清除文本框中的文本，然后从 1 到 6 之间随机选一个整数，把它填入文本框中

创建一个文本框，用于显示随机数

此处告诉程序，按下按钮时该执行哪个函数

将文本框和按钮加入窗口

此标签出现在按钮上

2 按下按钮掷骰子

运行程序，点击按钮掷骰子，查看结果。
整此程序，让它模拟掷一个具有 12 个面的
子或者扔一枚硬币。

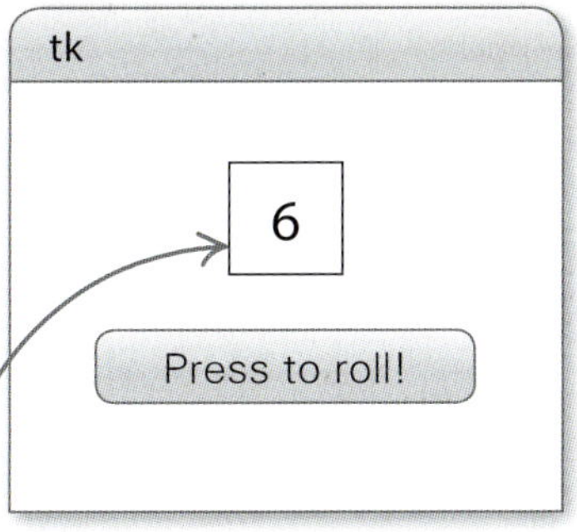

每按一次按钮，这里都会出现一个随机整数

专家提示

简单明了

当你设计图形用户界面时，尽量不要在窗口中添加太多按钮，否则容易让用户混淆。给每个按钮起一个有意义的名字，使程序更易理解。

颜色和坐标

计算机屏幕上的图像由被称为像素（pixel）的微小彩色点组成。要在一个程序中创建图像，首先计算机需要知道每个像素的准确颜色。

参见

❮ 154~155 制作窗口

绘图 158~159 ❯

更改内容 160~161 ❯

选择颜色

以计算机能够理解的方式描述颜色，这很重要。tkinter 模块中包含一个工具，可以帮助你完成这项任务。

1 启动颜色选择工具

在交互式环境中输入如下代码，打开颜色选择对话框。

导入 tkinter 模块中的颜色选择函数

```
>>> import tkinter.colorchooser
>>> tkinter.colorchooser.askcolor()
```

使用美式英语中颜色的拼写

专家提示

混合颜色

每个像素可以发出红色、绿色和蓝色的光。将这些颜色混合在一起，可以创造出你能想象到的所有颜色。

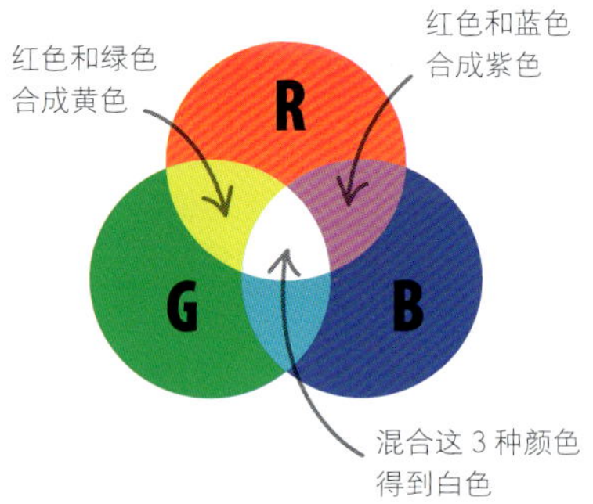

2 选择一种颜色

颜色选择对话框出现。选择你需要的颜色，然后点击“确定”按钮。

在此选择你所需的颜色

在此更容易找到准确的颜色

3 颜色值

选定颜色后，交互式环境中会出现一串数字。这些数字分别是红色值、绿色值和蓝色值。这 3 种颜色混合，形成了你选择的颜色。

```
((60.234, 190.742, 52.203), "#3cbe34")
```

红色值　绿色值　蓝色值　十六进制颜色码

在画布上绘图

要使用 Python 绘图，首先你需要一块用来绘画的空白区域。这块区域称为画布。你可以使用 x 坐标和 y 坐标告诉 Python 从画布的哪个位置落笔。

专家提示

坐标

在 tkinter 窗口中，左上角的坐标是 (0，0)，向右 x 坐标渐大，向下 y 坐标渐大。

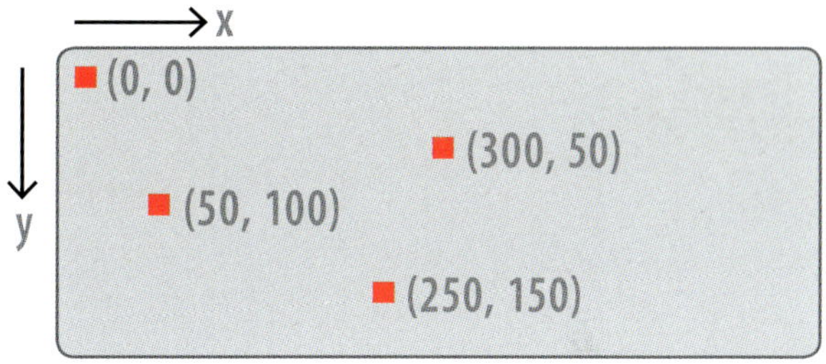

1 创建画圆程序

使用以下代码创建一个窗口，并在其中放置一块画布。然后程序会在画布上随机画圆。

```
from random import *
from tkinter import *
size = 500
window = Tk()
canvas = Canvas(window, width=size, height=size)
canvas.pack()
while True:
    col = choice(["pink", "orange", "purple", "yellow"])
    x0 = randint(0, size)
    y0 = randint(0, size)
    d = randint(0, size/5)
    canvas.create_oval(x0, y0, x0 + d, y0 + d, fill=col)
    window.update()
```

- 导入 random 模块中的所有函数
- 导入 tkinter 模块中的所有函数
- 变量 size 用来设置画布的尺寸
- 在窗口中创建一块画布
- 无限循环让程序无休止地画圆
- 从列表中随机选择一种颜色
- 在画布上的随机位置创建一个随机尺寸的圆
- 此部分代码负责给圆填充已经选中的颜色
- 此部分代码负责画圆

2 彩色的画布

运行代码，程序开始在画布画圆。

在随机位置画圆

每个圆的大小和颜色是随机的

绘图

参见
更改内容 160~161 》
响应事件 162~163 》

除了给图形用户界面添加窗口、按钮和颜色以外，tkinter 模块还可以绘图。

绘制基本图形

长方形和椭圆是十分有用的基本绘图元素。一旦创建画布，使用如下函数就可以在画布上绘图。

```
>>> from tkinter import *
>>> window = Tk()
>>> drawing = Canvas(window, height=500, width=500)
>>> drawing.pack()
>>> rect1 = drawing.create_rectangle(100, 100, 300, 200)
>>> square1 = drawing.create_rectangle(30, 30, 80, 80)
>>> oval1 = drawing.create_oval(100, 100, 300, 200)
>>> circle1 = drawing.create_oval(30, 30, 80, 80)
```

设置画布的尺寸

创建一块画布

使用坐标设置长方形的位置和尺寸

画一个长方形

绘制长和宽相等的长方形，即正方形

画一个圆

设置圆的位置和尺寸

利用坐标绘图

坐标告诉计算机在哪儿绘图。第一个数字（x 坐标）告诉计算机沿着屏幕水平向右多少，第二个数字（y 坐标）告诉计算机沿着屏幕竖直向下多少。

▽ **坐标网格**

长方形左上角的坐标为 (50，50)，右下角的坐标为 (350，250)。

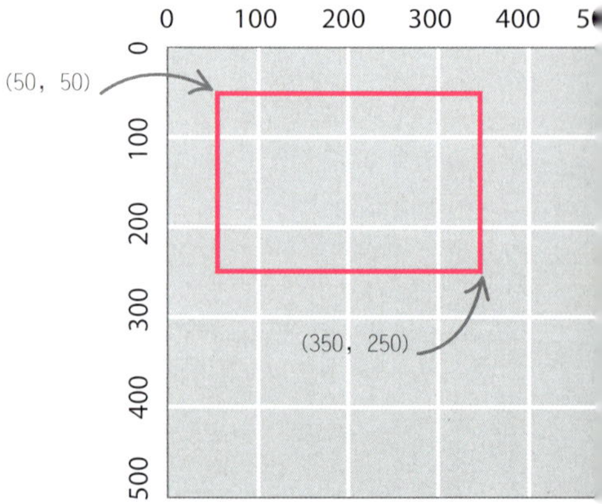

这是画布的名称

长方形左上角的坐标

```
>>> drawing.create_rectangle(50, 50, 350, 250)
```

长方形右下角的坐标

△ **设置坐标**

前两个数字为长方形左上角的坐标，后两个数字为长方形右下角的坐标。

合图形填色

尔还可以绘制彩色图形。通过代码为每个]形的轮廓和内部填充不同的颜色。

绘制一个轮廓为红色、内部为蓝色的圆

```
>>> drawing.create_oval(30, 30, 80, 80, outline="red", fill="blue")
```

绘制一个外星人

通过组合不同的形状，你几乎可以绘制出所有图案。以下是使用圆、椭圆、线段和三角形创造外星人的指令。

1 创造外星人

定义外星人每个部分的形状、尺寸、在画布上的位置和色。每个部分都应该对应唯一的名称，名称即变量名。

```
from tkinter import *
window = Tk()
window.title("Alien")
c = Canvas(window, height=300, width=400)
c.pack()
body = c.create_oval(100, 150, 300, 250, fill="green")
eye = c.create_oval(170, 70, 230, 130, fill="white")
eyeball = c.create_oval(190, 90, 210, 110, fill="black")
mouth = c.create_oval(150, 220, 250, 240, fill="red")
neck = c.create_line(200, 150, 200, 130)
hat = c.create_polygon(180, 75, 220, 75, 200, 20, fill="blue")
```

将窗口标题设置为 Alien

创建画布

绘制一个绿色的椭圆作为身体

在眼睛中间画一个黑色圆点

绘制一个红色的椭圆作为嘴巴

绘制一个蓝色的三角形作为帽子

2 遇见外星人

运行代码，绘制一个外星。它有着绿色的身体、红色的巴，只有一只眼睛。它还戴着顶可爱的蓝色帽子。

画好的外星人

更改内容

现在你已经在画布上画好图了，接下来你可以使用代码改变图形，或者让它在屏幕上移动。

参见
❮ 158~159 绘图
响应事件 162~163 ❯

移动图形

要让图形在画布上移动，你需要告诉计算机移动哪部分（你为图形取的名字）以及把它移动到哪儿。

眼睛向左看，然后变回目视前方

图形的名字

```
>>> c.move(eyeball, -10, 0)
>>> c.move(eyeball, 10, 0)
```

此函数可以移动图形

设置移动的方向和距离

记住

有意义的名字

建议给画布上的图形起有意义的名字。例如，外星人的各部位使用像 eyeball（瞳孔）和 mouth（嘴巴）这样的名字，这样代码易于阅读、理解。

◁ 转动眼睛

在交互式环境中输入代码，让瞳孔转向左边，再转回来。

更改颜色

改变椭圆的颜色，让嘴巴看起来像在张合。

1 编写代码

输入此代码，创建两个函数，让嘴巴看起来像在张合。

itemconfig() 函数可以修改图形的属性

```
def mouth_open():
    c.itemconfig(mouth, fill="black")
def mouth_close():
    c.itemconfig(mouth, fill="red")
```

张开的嘴巴是黑色的

图形的名字

闭上的嘴巴是红色的

2 张嘴和闭嘴

在交互式环境中输入如下代码，让嘴巴张合。

```
>>> mouth_open()
>>> mouth_close()
```

输入这些函数，让外星人张合嘴巴

隐藏和显示

用 itemconfig() 函数隐藏图形。先隐藏瞳孔，再
它重新显示，外星人是不是像在眨眼。

◁ **眨眼的外星人**
要让外星人闭眼，你需要隐藏瞳孔并使眼睛变成绿色。

创建眨眼函数

此代码创建了两个函数，这样你就可以让外星人眨眼了。

```
ef blink():
    c.itemconfig(eye, fill="green")
    c.itemconfig(eyeball, state=HIDDEN)
ef unblink():
    c.itemconfig(eye, fill="white")
    c.itemconfig(eyeball, state=NORMAL)
```

图形的名字

将眼睛变成绿色

隐藏瞳孔

让眼睛恢复成白色

显示瞳孔

2 睁眼和闭眼

在交互式环境中输入此代码，让外星人眨眼。

```
>>> blink()
>>> unblink()
```

unblink() 函数让眼睛睁开

说话

还可以通过在屏幕上显示文本让外星人说话。
甚至可以让它回应用户的指令。

添加文本

此代码给外星人图像添加文本，并创建
帽子的函数。

```
ords = c.create_text(200, 280, text="I am an alien!")
ef steal_hat():
    c.itemconfig(hat, state=HIDDEN)
    c.itemconfig(words, text="Give my hat back!")
```

在画布上定位文本

将你希望外星人说的话输入双引号之间

隐藏帽子

一旦帽子消失，外星人就会出言要回帽子

帽子被偷后，屏幕上会出现新信息

2 偷帽子

在交互式环境中输入此代码，看看会发
什么。

```
>> steal_hat()
```

输入函数，偷走帽子

响应事件

当你按下某个按键或移动鼠标时，计算机就会收到信号。这被称为事件。程序能够指示计算机响应监测到的所有事件。

参见
《 158~159 绘图
《 160~161 更改内容

事件名称

像鼠标、键盘这样的输入设备可以触发很多不同的事件。tkinter 模块给每个事件都命名了。

鼠标事件

- <Button-1> 鼠标左键被点击
- <Button-3> 鼠标右键被点击

键盘事件

- <Right> 右移键被按
- <Left> 左移键被按
- <space> 空格键被按
- <Up> 上移键被按
- <Down> 下移键被按
- <KeyPress-a> “A” 键被按（这里可以是不同的字母）

鼠标事件

要让程序响应鼠标事件，只需将函数链接（或称为绑定）事件。此处，创建 burp() 函数，然后将它绑定 <Button-1> 事件。

```
window.attributes("-topmost", 1)
def burp(event):
    mouth_open()
    c.itemconfig(words, text="Burp!")
c.bind_all("<Button-1>", burp)
```

- 让 tkinter 窗口显示在桌面最上层
- 创建 burp() 函数
- 将 burp() 函数链接点击鼠标事件

△ 打嗝的外星人
在 tkinter 窗口点击鼠标，外星人就打嗝。这是因为 burp() 函数被调用了

建盘事件

]样地，函数也可以绑定键盘上的按键。输入如下代码，按
“A”和“Z”键，让外星人眨眼。

```
lef blink2(event):
    c.itemconfig(eye, fill="green")
    c.itemconfig(eyeball, state=HIDDEN)
lef unblink2(event):
    c.itemconfig(eye, fill="white")
    c.itemconfig(eyeball, state=NORMAL)
:.bind_all("<KeyPress-a>", blink2)
:.bind_all("<KeyPress-z>", unblink2)
```

让眼睛变成绿色（闭眼）

隐藏瞳孔

显示瞳孔

此代码将事件链接函数

此处将“Z”键被按事件链接 unblink2() 函数

△ **让外星人眨眼**

运行代码时，按“A”键会让外星人闭眼，按“Z”键睁眼。

刂用按键运动

键还可以用于触发运动。此代码将方向键绑定让外星人眼睛
动的函数。

```
lef eye_control(event):
    key = event.keysym
    if key == "Up":
        c.move(eyeball, 0, -1)
    elif key == "Down":
        c.move(eyeball, 0, 1)
    elif key == "Left":
        c.move(eyeball, -1, 0)
    elif key == "Right":
        c.move(eyeball, 1, 0)
.bind_all("<Key>", eye_control)
```

这行代码用于找到按键名称

如果上移键被按，则视线上移

如果左移键被按，则视线左移

按任何按键都会激活 eye_control() 函数

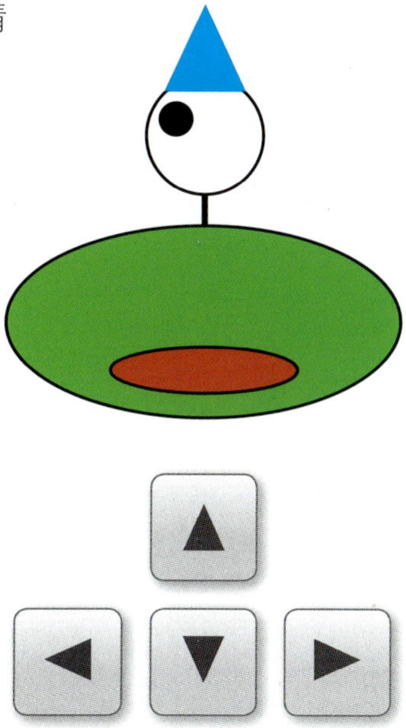

△ **视线控制**

视线按照所按方向键移动。

泡泡爆破

项目 7：泡泡爆破

参见

《 154~155 制作窗口

《 156~157 颜色和坐标

《 158~159 绘图

此项目使用了本章教授的所有技巧设计游戏。这是一个大型项目，因此要分步编写代码，并时常保存程序。在开展下一个阶段的工作之前，试着去理解各部分代码是如何组合在一起的。最后，你将拥有一款非常好玩的游戏，邀请朋友一起玩吧。

游戏目标

在编写代码之前，应当先考虑游戏的整体构架及工作原理。以下是游戏的主要规则：

- 玩家控制一艘潜水艇
- 用方向键移动潜水艇
- 撞破泡泡得分
- 计时器设置为 30 秒倒计时
- 得分达到 1000 可以获得奖励时间
- 时间用完，游戏结束

创建游戏窗口和潜水艇

首先设置场景。打开代码编辑器，输入如下代码，创建游戏窗口和由玩家控制的潜水艇。

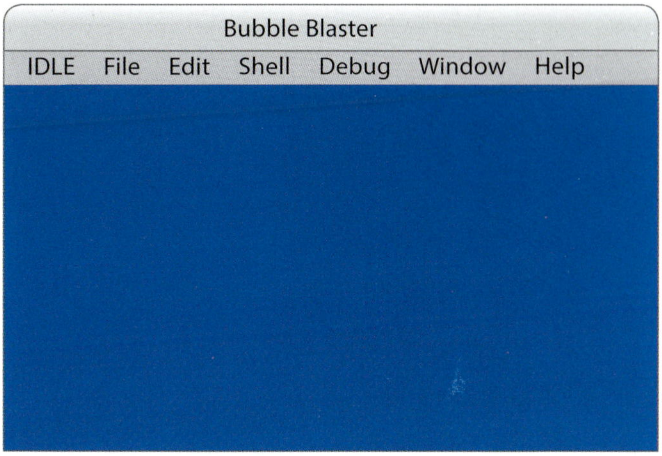

使用 tkinter 模块创建图形用户界面。如下代码负责创建游戏窗口。

```
from tkinter import *
HEIGHT = 500
WIDTH = 800
window = Tk()
window.title("Bubble Blaster")
c = Canvas(window, width=WIDTH, height=HEIGHT, bg="darkblue")
c.pack()
```

导入 tkinter 模块中所有的函数

设置窗口尺寸

给游戏取个生动的名字

将画布的颜色设置为犹如大海的深蓝色

创建画布，以便绘画

在圆中画一个三角形，这个组合图形代表潜水艇

在此游戏中，用简单的图形表示潜水艇。可以使用 tkinter 模块中的绘图函数创建潜水艇。在代码编辑器中输入如下代码，然后运行程序。

```
ship_id = c.create_polygon(5, 5, 5, 25, 30, 15, fill="red")
ship_id2 = c.create_oval(0, 0, 30, 30, outline="red")
SHIP_R = 15
MID_X = WIDTH / 2
MID_Y = HEIGHT / 2
c.move(ship_id, MID_X, MID_Y)
c.move(ship_id2, MID_X, MID_Y)
```

绘制潜水艇的红色三角形部分

绘制潜水艇的红色外圆部分

潜水艇的半径

变量 MID_X 和 MID_Y 给出窗口中心的坐标

将潜水艇的两部分都移动到窗口中心

不要忘记保存文件

泡泡爆破

控制潜水艇

程序的下一个阶段是编写用方向键控制潜水艇移动的代码。创建响应事件的函数，它负责检查哪个方向键被按并移动潜水艇。

3 输入如下代码，创建 move_ship() 函数。按下方向键后，该函数让潜水艇向指定的方向移动。运行代码，了解其工作原理。

```
SHIP_SPD = 10
def move_ship(event):
    if event.keysym == "Up":
        c.move(ship_id, 0, -SHIP_SPD)
        c.move(ship_id2, 0, -SHIP_SPD)
    elif event.keysym == "Down":
        c.move(ship_id, 0, SHIP_SPD)
        c.move(ship_id2, 0, SHIP_SPD)
    elif event.keysym == "Left":
        c.move(ship_id, -SHIP_SPD, 0)
        c.move(ship_id2, -SHIP_SPD, 0)
    elif event.keysym == "Right":
        c.move(ship_id, SHIP_SPD, 0)
        c.move(ship_id2, SHIP_SPD, 0)
c.bind_all("<Key>", move_ship)
```

按一次方向键，潜水艇移动的距离

按上移键时，这两行代码被激活，潜水艇向上移动

按下移键时，潜水艇向下移动

按左移键时，潜水艇向左移动

按右移键时，潜水艇向右移动

无论何时按下哪个按键，都告诉 Python 运行 move_ship() 函数

不要忘记保存文件

▷ 工作原理

move_ship() 函数让潜水艇可以向不同的方向移动。增加潜水艇的 x 坐标和 y 坐标，让潜水艇向右下方移动，同时减小上述两值，则让潜水艇向左上方移动。

准备好泡泡

现在该创建让玩家碰撞的泡泡了。每个泡泡的大小都不同，移动速度也不同。

每个泡泡都需要一个编号（这样程序才能识别每个泡泡）、尺寸和速度。

```
from random import randint
bub_id = list()
bub_r = list()
bub_speed = list()
MIN_BUB_R = 10
MAX_BUB_R = 30
MAX_BUB_SPD = 10
GAP = 100
def create_bubble():
    x = WIDTH + GAP
    y = randint(0, HEIGHT)
    r = randint(MIN_BUB_R, MAX_BUB_R)
    id1 = c.create_oval(x - r, y - r, x + r, y + r, outline="white")
    bub_id.append(id1)
    bub_r.append(r)
    bub_speed.append(randint(1, MAX_BUB_SPD))
```

创建 3 个空白的列表，分别用来存储每个泡泡的编号、半径和速度

将泡泡的最小半径限定为 10，最大半径限定为 30

设定泡泡刚出现时的位置

这行代码用于创建泡泡图形

在最小值和最大值之间，为泡泡随机选择半径

将泡泡的编号、半径和速度分别存储在 3 个列表中

专家提示

泡泡列表

3 个列表用于存储每个泡泡的相关信息。列表一开始是空白的，程序运行后每创造一个泡泡，列表中就会增加一个泡泡的信息。每个列表存储一类信息。

bub_id：存储泡泡的编号，这样程序才能移动每一个泡泡。

bub_r：存储泡泡的半径。

bub_speed：存储泡泡的速度。

不要忘记保存文件

泡泡爆破

让泡泡动起来

现在，存储泡泡编号、半径和速度的列表有了。下一个阶段是编写代码，让泡泡在屏幕上移动。

5 该函数通过泡泡列表，依次移动每个泡泡。

```
def move_bubbles():
    for i in range(len(bub_id)):
        c.move(bub_id[i], -bub_speed[i], 0)
```

函数作用于列表中的每个泡泡

让泡泡以各自的速度在屏幕上移动

6 这是游戏的主循环部分。当游戏运行时，这个循环会一直重复执行。

```
from time import sleep, time
BUB_CHANCE = 10
#MAIN GAME LOOP
while True:
    if randint(1, BUB_CHANCE) == 1:
        create_bubble()
    move_bubbles()
    window.update()
    sleep(0.01)
```

从 time 模块导入你需要的函数

在 1 到 10 之间随机选一个整数

如果随机数是 1，程序就会创建一个新泡泡（随机数是 1 的概率为 1/10，所以窗口中不会同时存在太多泡泡！）

运行 move_bubbles() 函数

更新游戏窗口，重绘移动的泡泡

降低游戏速度，否则太快没法玩

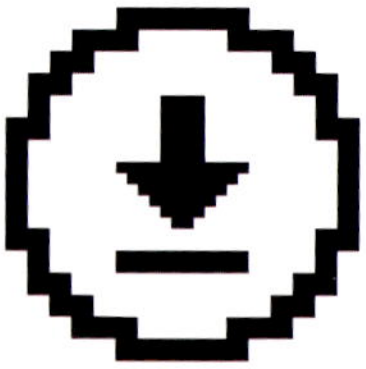

不要忘记保存文件

7 创建一个通过编号定位泡泡的函数。这段代码应添加到第 5 步代码之后。

```
def get_coords(id_num):
    pos = c.coords(id_num)
    x = (pos[0] + pos[2])/2
    y = (pos[1] + pos[3])/2
    return x, y
```

计算泡泡中心的 x 坐标

计算泡泡中心的 y 坐标

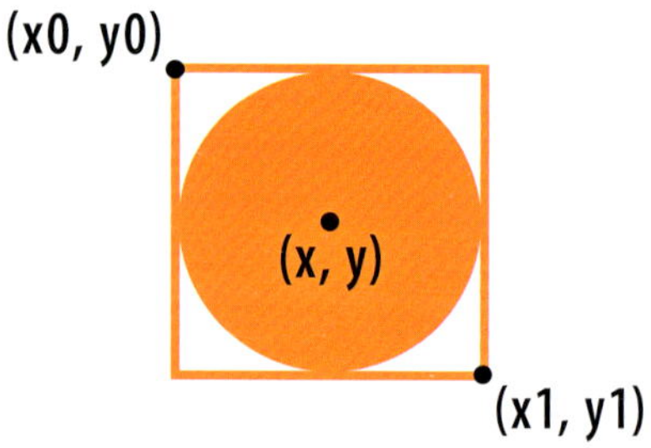

△ **定位泡泡**

函数通过泡泡外接正方形左上角和右下角的坐标，找到泡泡中心的坐标。

如何让泡泡消失？

撞破泡泡后玩家得分，同时程序还需要让被撞破的泡泡从游戏窗口中消失。如下函数将实现这些功能。

此函数用于从游戏中删除泡泡。通过从所有列表中和画布上删除泡泡完成这一操作。在第 7 步代码后添加右侧代码。

```
def del_bubble(i):
    del bub_r[i]
    del bub_speed[i]
    c.delete(bub_id[i])
    del bub_id[i]
```

此函数会删除编号为 i 的泡泡

删除半径和速度列表中泡泡的信息

删除画布上的泡泡

最后删除编号列表中泡泡的信息

输入右侧代码创建一个函数，用于清除漂出游戏窗口的泡泡。这段代码应添加到第 8 步代码后。

```
def clean_up_bubs():
    for i in range(len(bub_id)-1, -1, -1):
        x, y = get_coords(bub_id[i])
        if x < -GAP:
            del_bubble(i)
```

按照倒序作用于列表中的每一个泡泡，避免删除泡泡时 for 循环出错

找到泡泡的位置

如果泡泡漂出游戏窗口就删除它，否则会降低游戏速度

现在更新游戏主循环，将你上一步创建的函数添加到主循环中。运行程序，确保代码没有出错。

```
#MAIN GAME LOOP
while True:
    if randint(1, BUB_CHANCE) == 1:
        create_bubble()
    move_bubbles()
    clean_up_bubs()
    window.update()
    sleep(0.01)
```

制造新泡泡

让泡泡动起来

删除漂出游戏窗口的泡泡

更新游戏窗口，以显示变化

不要忘记保存文件

泡泡爆破

计算两点之间的距离

设计游戏时，需要知道两个对象之间的距离。以下将介绍如何使用我们熟悉的数学公式让计算机计算距离。

11 此函数可以计算两个对象之间的距离。将如下代码添加到第 9 步代码之后。

```
from math import sqrt
def distance(id1, id2):
    x1, y1 = get_coords(id1)
    x2, y2 = get_coords(id2)
    return sqrt((x2 - x1)**2 + (y2 - y1)**2)
```

导入 math 模块中的 sqrt() 函数

获取第一个对象的位置

获取第二个对象的位置

返回两者之间的距离

撞破泡泡

玩家撞破泡泡就能得分。撞破大泡泡和速度快的泡泡能获得更多分数。下一阶段是通过半径（从对象中心到边缘的距离）计算泡泡什么时候被撞破。

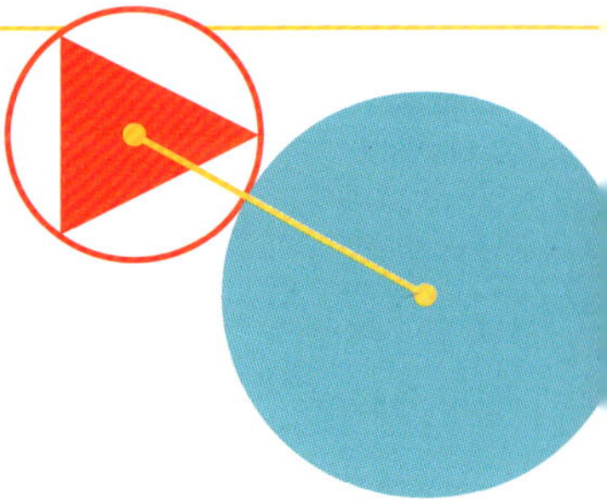

△ **碰撞侦测**

如果潜水艇中心和泡泡中心的距离小于两者的半径之和，就说明它们相撞了。

12 当潜水艇撞到泡泡时，程序应消去泡泡并更新分数。将如下代码添加到第 11 步代码之后。

```
def collision():
    points = 0
    for bub in range(len(bub_id)-1, -1, -1):
        if distance(ship_id2, bub_id[bub]) < (SHIP_R + bub_r[bub]):
            points += (bub_r[bub] + bub_speed[bub])
            del_bubble(bub)
    return points
```

变量 points 负责记录得分

此循环作用于整个泡泡列表（倒序是为了避免删除泡泡时程序出错）

检查潜水艇和任意一个泡泡是否相撞

返回分值

删除泡泡

计算泡泡的分值并将其累加到变量 points 中

现在将你上一步创建的函数添加到游戏主循环中。记住，函数的顺序很重要，确保所有指令的位置都正确。运行程序。当泡泡碰到潜水艇时，泡泡就会破裂消失。查看显示在交互式环境中的得分。

```
score = 0
#MAIN GAME LOOP
while True:
    if randint(1, BUB_CHANCE) == 1:
        create_bubble()
    move_bubbles()
    clean_up_bubs()
    score += collision()
    print(score)
    window.update()
    sleep(0.01)
```

游戏开始时，将得分设定为零

创建新泡泡

将被撞破泡泡的分值累加到得分中

在交互式环境中显示得分

让运动产生短暂停顿。试试删除它会发生什么

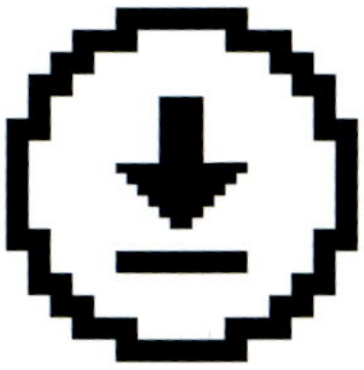

不要忘记保存文件

专家提示

Python 代码简写

代码“score += collision()”是“score = score +collision()”的简写。它将撞破泡泡的分值添加到得分中，然后更新得分。类似的代码很常见，因此简写很有用。你还可以用减号实现相似的功能。例如，“score -= 10”的作用与“score = score – 10”相同。

泡泡爆破

最后的润色

现在游戏已经可以正常运行了，剩下的就是添加记分牌和倒计时牌。

14 在第 12 步代码后添加如下代码。它告诉计算机显示玩家得分和游戏的剩余时间。

```
c.create_text(50, 30, text="TIME", fill="white")
c.create_text(150, 30, text="SCORE", fill="white")
time_text = c.create_text(50, 50, fill="white")
score_text = c.create_text(150, 50, fill="white")
def show_score(score):
    c.itemconfig(score_text, text=str(score))
def show_time(time_left):
    c.itemconfig(time_text, text=str(time_left))
```

创建标签 “TIME” 和 “SCORE”，向玩家解释数字的意义

设置得分和剩余时间显示的位置和颜色

显示得分

显示剩余时间

15 接下来设置时间限制和获得奖励时间所需的分数，并计算游戏的剩余时间。此代码应添加在游戏主循环之前。

```
from time import sleep, time
BUB_CHANCE = 10
TIME_LIMIT = 30
BONUS_SCORE = 1000
score = 0
bonus = 0
end = time() + TIME_LIMIT
```

从 time 模块导入函数

将游戏时间设为 30 秒

设定给予奖励时间的条件为玩家获得 1000 分

在名为 end 的变量中存储总时长

△ 记分牌

记分牌是一种很棒的视觉呈现方式，让玩家一就能看到自己在游戏中的表现。

更新游戏主循环，添加分数和时间函数。

```
#MAIN GAME LOOP
while time() < end:
    if randint(1, BUB_CHANCE) == 1:
        create_bubble()
    move_bubbles()
    clean_up_bubs()
    score += collision()
    if (int(score / BONUS_SCORE)) > bonus:
        bonus += 1
        end += TIME_LIMIT
    show_score(score)
    show_time(int(end - time()))
    window.update()
    sleep(0.01)
```

重复执行游戏主循环，直到游戏结束

计算何时给予奖励时间

用代码“show_score(score)”替换原本的“print(score)”，使得分显示在游戏窗口中

在游戏窗口显示剩余时间

不要忘记保存文件

最后，添加“GAME OVER”。当时间用完时，游戏窗口就会显示该文本。将如下代码添加到程序的最后。

```
c.create_text(MID_X, MID_Y, \
              text = "GAME OVER", fill = "white", font = ("Helvetica", 30))
c.create_text(MID_X, MID_Y + 30, \
              text = "Score: " + str(score), fill = "white")
c.create_text(MID_X, MID_Y + 45, \
              text = "Bonus time: " + str(bonus * TIME_LIMIT), fill = "white"
```

文本显示在窗口中间

设置字体，这种字体非常适合大写字母

告诉你得分情况

显示获得多少奖励时间

将文本颜色设置为白色

不要忘记保存文件

泡泡爆破

玩游戏啦！

干得漂亮！你已经完成泡泡爆破游戏的程序编写工作，现在可以玩游戏了。运行游戏，玩玩看。如果游戏不能正常运行，回忆调试方法，仔细检查代码，确保所有内容输入正确。

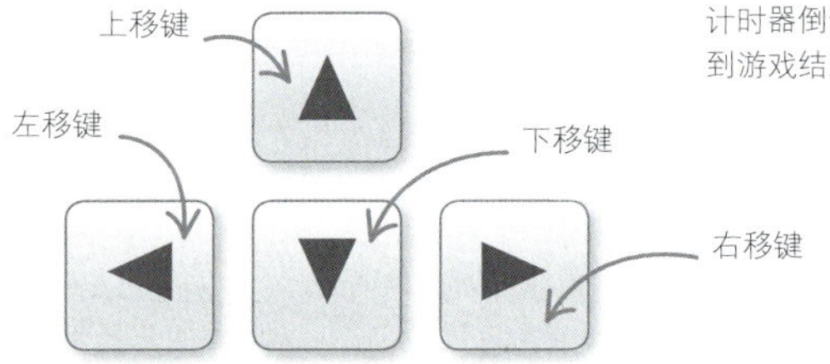

△ **控制**
使用方向键控制潜水艇。你也可以修改代码，使用其他方式控制潜水艇。

专家提示

改进游戏

所有计算机游戏都是从一个初步想法开始的。然后游戏需要运行、测试、调整、改进无数次。把现在你已经做好的游戏当作第一版。以下是通过代码改变和改进游戏的一些建议：

通过调整游戏时间和奖励时间所需的分数，让游戏难度加大。

为潜水艇更换颜色。

创建更逼真的潜水艇图像。

设计一种特殊的泡泡，使得潜水艇撞到这种泡泡后可以提升速度。

添加一种智能炸弹，当你按下空格键时可以删除窗口中的所有泡泡。

创建排行榜，记录得分最高的前 5 位玩家及其得分。

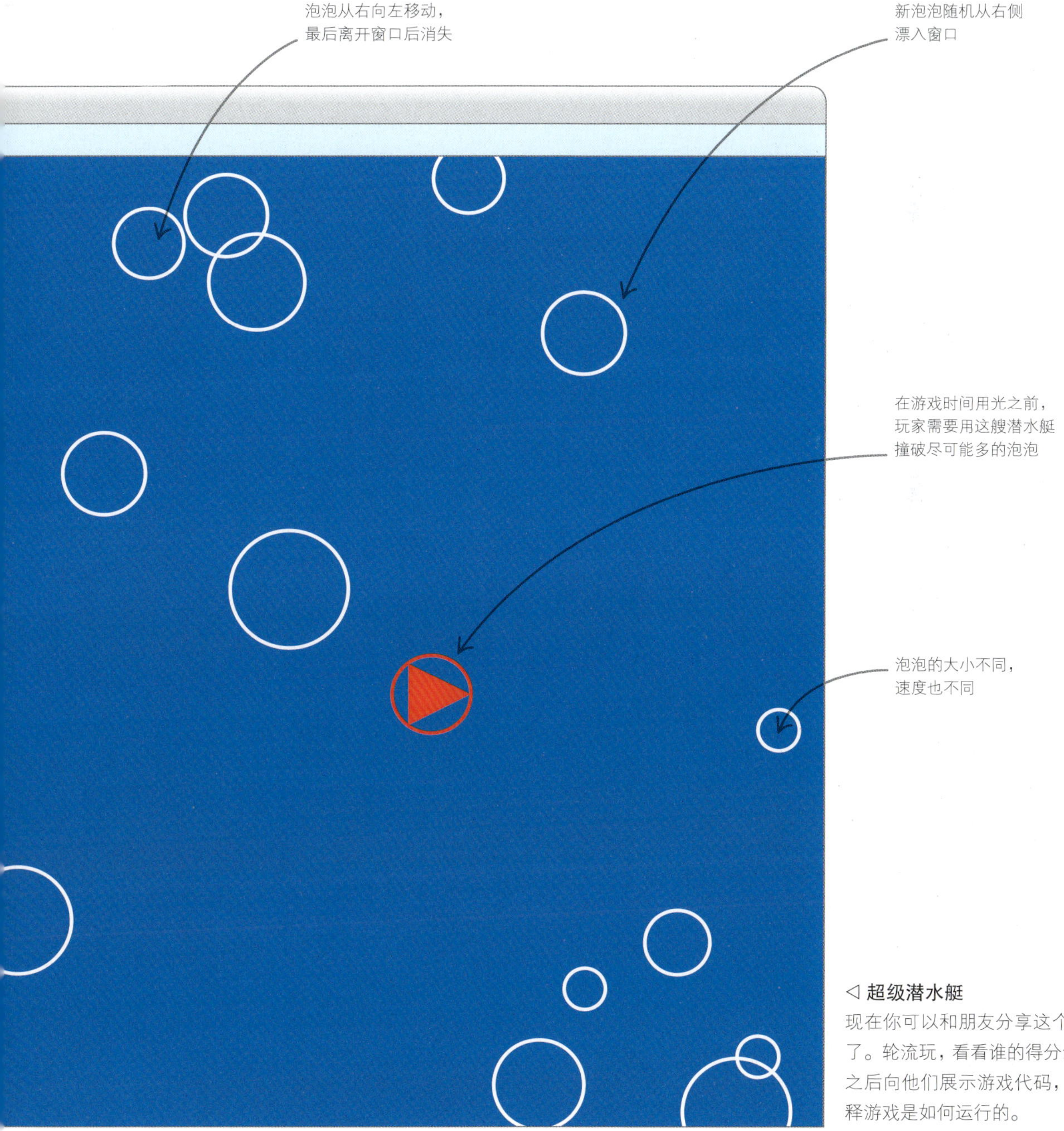

◁ **超级潜水艇**

现在你可以和朋友分享这个游戏了。轮流玩，看看谁的得分最高。之后向他们展示游戏代码，并解释游戏是如何运行的。

下一步做什么？

现在你已经完成本书全部的 Python 项目，你即将成为一名优秀的程序员。以下是有关进一步学习 Python 和提高编程技巧的一些建议。

参见
❮ 152~153 库
计算机游戏 204~205 ❯

试验

以本书中出现的项目为试验对象，找到新方法重新组合代码或给项目添加新功能。不要害怕出错！这是很棒的试验机会。记住，Python 是一种具有强大功能的专业编程语言，你可以用它做各种各样的事。

建立你自己的库

程序员有各自惯用的代码并且乐于分享成果。创建你自己的库并分享它。看到其他程序员使用你设计的代码，你会相当自豪。你可以构建一些与 tkinter、turtle 类似的有用模块！

记住

阅读大量代码

寻找其他人编写的有趣程序或库，阅读其中的代码和注释。试着去解析它们的工作原理以及为什么以这种方式构建代码。这会增加你对编程实践的认知。你还可以学习更多关于库的有用信息，这些都会成为你未来实践的基础。

利用 Python 设计游戏

你可以使用 Python 创建自己的游戏。pygame 可以从网站下载，其中包含许多函数和工具，它们可以让编写游戏变得更简单。从制作简单的游戏开始，不断积累经验，希望你能早日设计出更加复杂、有趣的游戏。

专家提示

Python 的不同版本

你在其他地方（书或网站）找到的代码可能是用不同版本的 Python 编写的，把它们输入计算机时可能需要做一些小改动。

```
print "Hello World"
```

Python 2

```
print("Hello World")
```

Python 3

调试代码

调试是编程的重要部分。如果程序不能正常运行，不要放弃。记住，计算机只做你让它们做的事情，所以快去检查代码，找出错误。有时，与其他程序员一起研究能帮助你更快找出错误。

4

计算机揭秘

计算机揭秘

参见
在文件中存储数据 192~193 》
互联网 194~195 》
小型计算机 214~215 》

最早的计算机其实是简单的计算器。从基本架构来看，计算机一直以来都没有发生太大变化。它们接收数据(输入)、计算并给出答案 (输出)。

基本组成

计算机主要由 4 个部分组成：输入设备、存储器 (memory)、处理器 (processor) 和输出设备。输入设备收集数据，就像你的眼睛和耳朵采集周围的信息；存储器存储信息；处理器读取和处理信息，就像人类的大脑；输出设备显示处理器的计算结果，就像人在决定下一步该干什么以后说的话或做的事。

▷ **冯·诺伊曼体系**

一位名叫约翰·冯·诺伊曼的科学家于 1945 年首次提出了计算机的标准结构。现在，他提出的架构仍然广泛适用，只是有了一些改进。

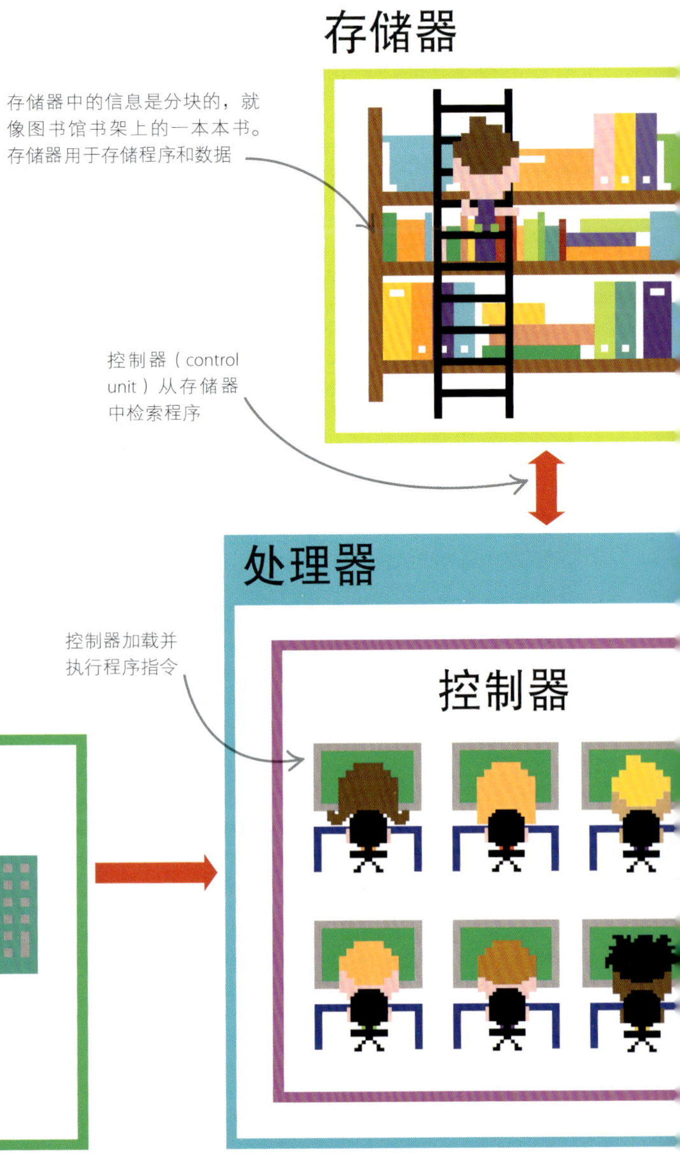

输入设备

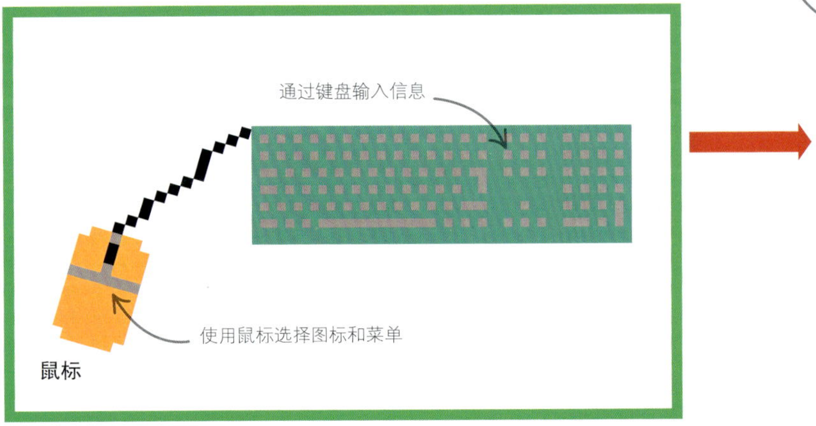

十算机硬件

更件是计算机的物理部分。计算机
包含协同工作的很多不同的硬件。
随着计算机制造商将越来越多的功
能添加到体积越来越小的计算机中，
更件必须更小，能耗更低，产生的
热量更少。

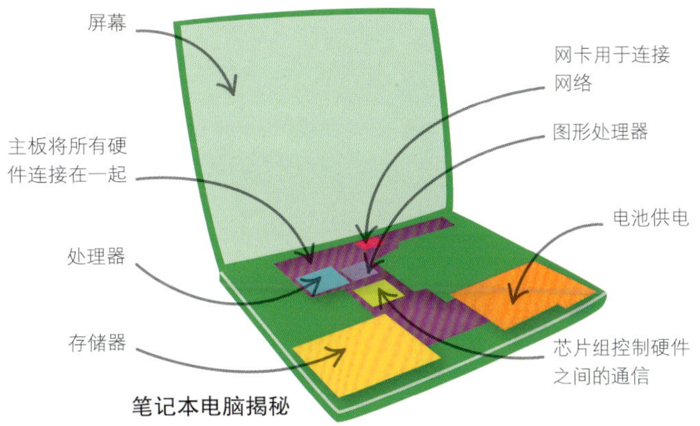

笔记本电脑揭秘

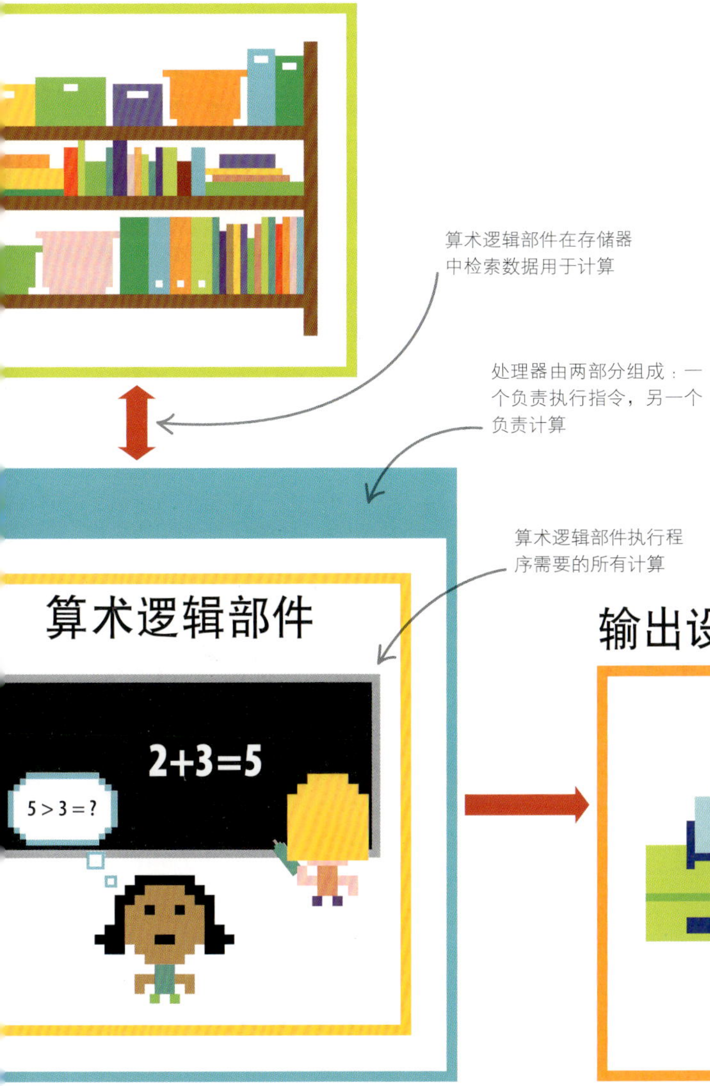

术语

GIGO

GIGO 是计算术语，表示“无用输入，无用输出”。换句话说，即使是最好的程序，如果接收的是错误输入，也只能输出无意义的信息。

输出设备

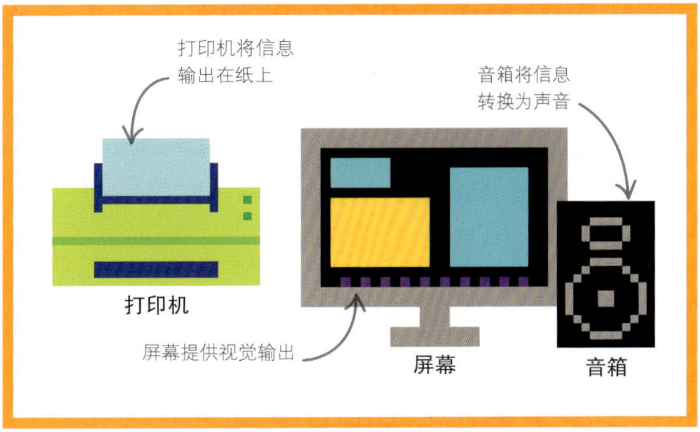

二进制和基数

计算机只能理解电信号。它们怎样解决复杂的计算呢？它们通过二进制代码将电信号转换为数字。

参见
字符和代码 184~185
逻辑门 186~187

什么是基数？

基数是指进位计算制（简称数制）所使用数码（数制中表示基本数值大小的不同数字符号）的个数。

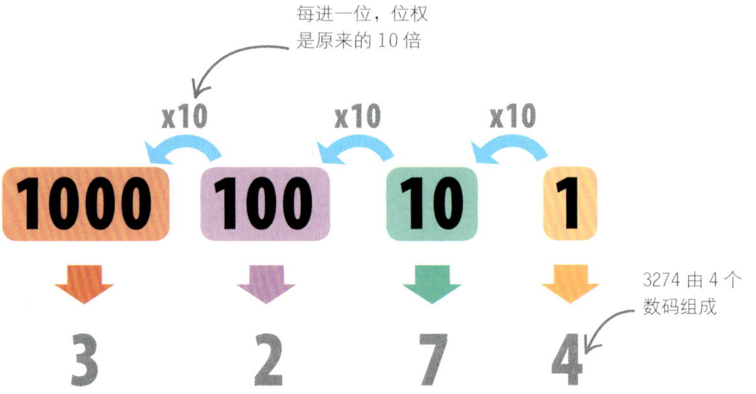

3x1000 + 2x100 + 7x10 + 4x1 = 3274

▷ 十进制

十进制是我们最熟悉的数制，基数为 10。个位的位权是 1，十位的位权是 10，百位的位权是 100。

二进制代码

从最基础的架构层面来看，计算机只能理解电信号"开"和"关"。因为只有两个值，所以计算机只需要使用二进制数处理数据。数码要么是 1，要么是 0。每进一位，位权都是原来的 2 倍。

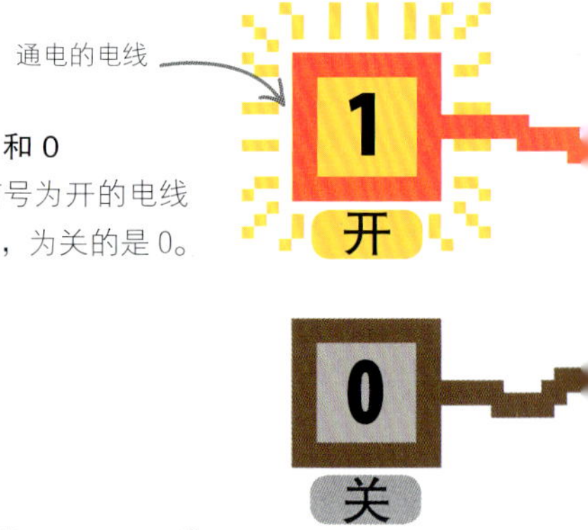

▷ 1 和 0

电信号为开的电线是 1，为关的是 0。

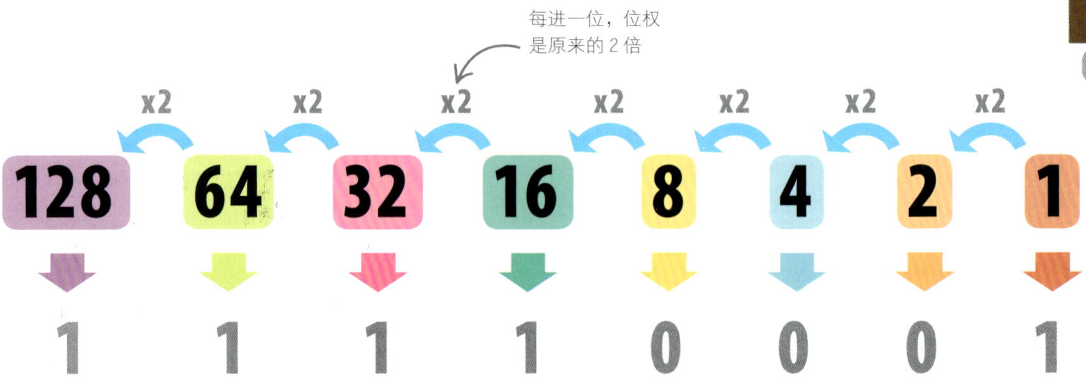

1x128 + 1x64 + 1x32 + 1x16 + 0x8 + 0x4 + 0x2 + 1x1 = 241

◁ 二进制

二进制的基数为
进位规则是逢
进一。

十六进制

十算机程序使用的数字通常为十六进制，因为二进制数很容易专换为十六进制数。十六进制采用的数码是 0、1、2、3、4、5、、7、8、9、A、B、C、D、E、F，其中字母 A~F 表示 10~15。

▽ **理解半字节**

半字节由 4 位二进制数组成，也可以用一位的十六进制数表示。

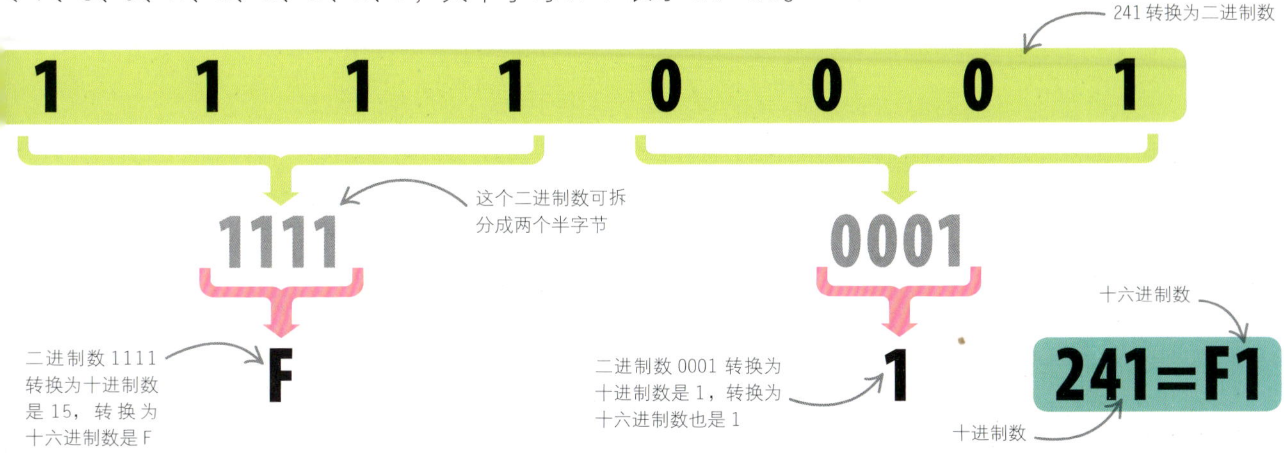

▽ **比较数制**

通过下方表格，我们发现十六进制数能以最少的数码提供最多的信息。

不同数制

十进制	二进制	十六进制
0	0 0 0 0	0
1	0 0 0 1	1
2	0 0 1 0	2
3	0 0 1 1	3
4	0 1 0 0	4
5	0 1 0 1	5
6	0 1 1 0	6
7	0 1 1 1	7
8	1 0 0 0	8
9	1 0 0 1	9
10	1 0 1 0	A
11	1 0 1 1	B
12	1 1 0 0	C
13	1 1 0 1	D
14	1 1 1 0	E
15	1 1 1 1	F

记住

位、半字节和字节

位（bit）即二进制位，也是计算时最小的存储单位。多位可以组成半字节和字节（byte）。千位是 1024 位。兆位是 1024 千位。

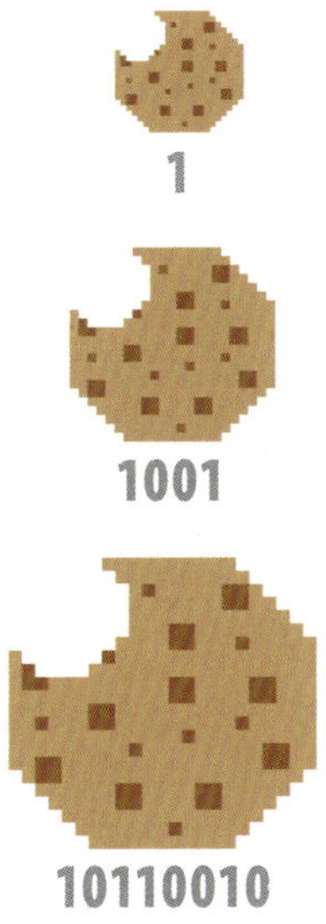

位：每位都是一个二进制数，1 或 0。

半字节：4 位组成一个半字节，或者一个十六进制位。

字节：8 位（或两个十六进制位）组成一个字节。数值范围为 0~255（00~FF）。

字符和代码

计算机使用二进制代码将数字转换为电信号，它们是如何通过二进制数存储字符的呢？

参见
《 180~181 计算机揭秘
《 182~183 二进制和基数

ASCII 码

最早的计算机都以特有的方式存储字符。这样很好，但前提是数据不需要在计算机之间进行交换。如果要交换数据，就需要一种通用系统，这就是 ASCII 码（美国信息交换标准代码集）诞生的契机。

▷ ASCII 码对照表
ASCII 码为大小写字母各分配一个十进制数，为标点符号和其他字符也分配了十进制数。

▷ ASCII 码与二进制数
因为每个字符都对应一个十进制数，该数需要转换成二进制数才能存储在计算机中。

R = 82 = 1010010

r = 114 = 1110010

ASCII码					
32	SPACE	64	@	96	`
33	!	65	A	97	a
34	“	66	B	98	b
35	#	67	C	99	c
36	$	68	D	100	d
37	%	69	E	101	e
38	&	70	F	102	f
39	‘	71	G	103	g
40	(	72	H	104	h
41	)	73	I	105	i
42	*	74	J	106	j
43	+	75	K	107	k
44	,	76	L	108	l
45	-	77	M	109	m
46	.	78	N	110	n
47	/	79	O	111	o
48	0	80	P	112	p
49	1	81	Q	113	q
50	2	82	R	114	r
51	3	83	S	115	s
52	4	84	T	116	t
53	5	85	U	117	u
54	6	86	V	118	v
55	7	87	W	119	w
56	8	88	X	120	x
57	9	89	Y	121	y
58	:	90	Z	122	z
59	;	91	[	123	{
60	<	92	\	124	|
61	=	93	]	125	}
62	>	94	^	126	~
63	?	95	_	127	DELETE

▽ Python 中的 ASCII 码
在大多数编程语言中，包括 Python 在内，你都可以实现 ASCII 码和二进制数之间的相互转换。

打印名字 Sam 中的每个字母及其对应的 ASCII 码和二进制数

```
>>> name = "Sam"
>>> for c in name:
        print(c, ord(c), bin(ord(c)))
```

这是运行结果。每个二进制数都以“0b”开始

```
S 83 0b1010011
a 97 0b1100001
m 109 0b1101101
```

Jnicode 编码

着世界各地的计算机开始共享数据，ASCII 码的局限性逐渐现。因为需要表示数百种语言的成千上万个字符，所以产了名为 Unicode 编码的计算机科学领域业界标准。

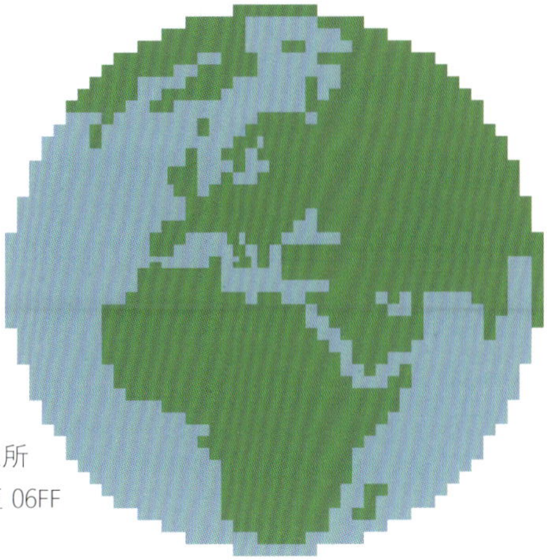

▷ **国际代码**
Unicode 编码容纳了世界上所有的字符。例如，0600 至 06FF 为阿拉伯文。

Unicode 编码
nicode 编码用十六进制表示，为一串字母和数（见第 182~183 页）。中每个字符都有自己的码。更多的字符正在被入 Unicode 编码，其中一些特别的字符，比如把小雨伞。

记住

十六进制

十六进制的基数为 16，采用的数码为数字 0~9 和字母 A~F，其中 A~F 表示 10~15。每个十六进制数都对应一个二进制数。

字符 ë 对应的 Unicode 编码

对应的二进制数

ë = 00EB = 11100111

▽ **Python 中的 Unicode 编码**
在 Python 中，Unicode 编码可用于显示特殊字符。只需输入一个包含 Unicode 编码的字符串。

在十六进制数之前加"\u"，告诉计算机后面是 Unicode 编码

```
>>> "Zo\u00EB"
"Zoë"
```

代码转换为字符 ë

逻辑门

参见
❮ 180~181 计算机揭秘
❮ 182~183 二进制和基数

与理解数字和字母一样，计算机还可以使用一种名为逻辑门（logic gate）的设备根据电信号做决策。逻辑门主要有 4 种：与门（AND gate）、非门（NOT gate）、或门（OR gate）、异或门（exclusive-OR gate）。

与门

门接收一个或多个输入信号，然后基于一种简单的规则产生一个输出信号。只有当所有输入信号均为开时，与门的输出信号才为开。

△ 输入 1 和 1，输出 1
只有两个输入信号均为开时，与门的输出信号才为开。

△ 输入 1 和 0，输出 0
如果一个输入信号为开，另一个为关，则与门的输出信号为关。

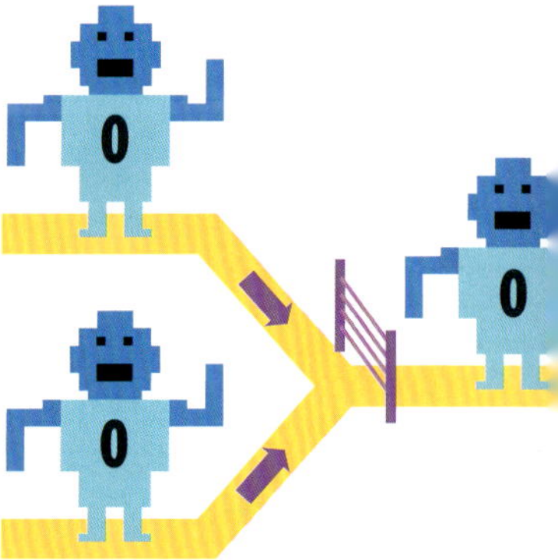

△ 输入 0 和 0，输出 0
如果两个输入信号均为关，则与门的输出信号为关。

非门

非门的输入信号和输出信号总是相反的，即开输入变为关输出，关输入变为开输出。因此，非门又称逆变器（inverter）。

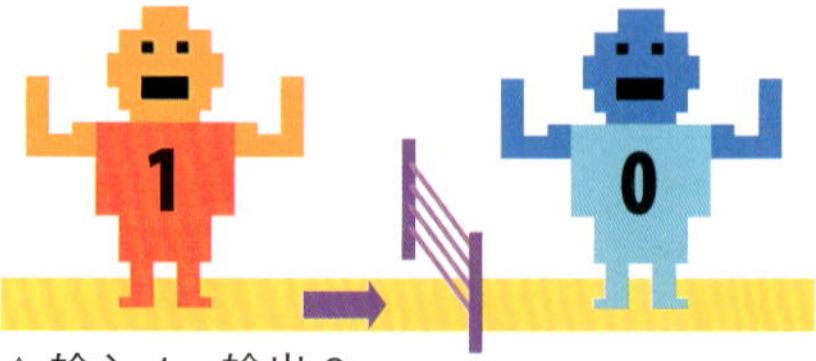

△ 输入 1，输出 0
非门将开输入信号变为关输出信号，反之亦然。

现实世界

乔治·布尔（1815~1864）

乔治·布尔是一位英国数学家，他的研究成果奠定了逻辑门的基础。他设计出一种能解决逻辑问题的系统。为了纪念他，这种只能解决真假问题的数学系统被称为布尔逻辑（Boolean logic）。

或门

只要有一个输入信号为开，或门的输出信号就为开。

△ 输入 1 和 1，输出 1
如果两个输入信号均为开，则或门的输出信号为开。

△ 输入 1 和 0，输出 1
如果一个输入信号为开，另一个为关，则或门的输出信号为开。

△ 输入 0 和 0，输出 0
只有当两个输入信号均为关时，或门的输出信号才为关。

异或门

只有当一个输入信号为开且另一个为关时，异或门的输出信号才为开。两个输入信号同时为开或关时，异或门的输出信号为关。

△ 输入 1 和 1，输出 0
如果两个输入信号均为开，则异或门的输出信号为关。

△ 输入 1 和 0，输出 1
只有当两个输入信号不同时，异或门的输出信号才为开。

专家提示

设计计算机电路

通过组合这 4 种基本的逻辑门，你可以设计电路以执行一系列复杂的指令。例如，连接一个与门和一个异或门，创建能将两个二进制数相加的电路。在一个环路中连接两个或门和两个非门，创建能够存储 1 比特数据（1 或 0）的电路。即使最强大的计算机，也建立在数十亿个微小的逻辑电路基础上。

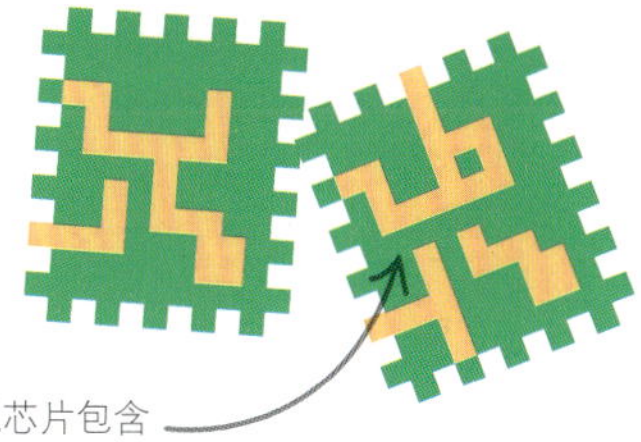

计算机芯片包含许多逻辑电路

处理器和存储器

计算机内部有很多种电子芯片，其中最重要的是处理器芯片和存储器芯片，前者负责运行程序，后者负责存储数据用于即时访问。

参见
《 180~181 计算机揭秘
《 186~187 逻辑门

处理器

处理器是非常小且复杂的电路集合，电路被印刷在像玻璃一样的硅晶片上。名为晶体管的小型开关组成简单的逻辑门，逻辑门进一步组合构成复杂的电路。这些电路可以运行计算机里的所有程序。

◁ **处理器中的电路**
处理器中的所有电路通过
一的时钟脉冲保持同步，
像一名指挥家指挥管弦乐
一样。

机器码

处理器只能理解被称为机器码（machine code）的程序指令。像加减法和存储数据这样的简单指令经过组合，可以创建复杂的程序。

```
83 e4 f0
83 ec 20
c7 44 24 1c 00 00 00
00
eb 11
c7 04 24 60 84 04 08
e8 1d ff ff ff
83 44 24 1c 01
83 7c 24 1c 09
7e e8
```

保存在存储器中
调用另一段代码
比较两数

▷ **什么是机器码?**
机器码只是数字。程序员使用的程序语言（如 Python）会被转换为机器码。

存储器

与处理器芯片一样，存储器芯片也被印刷在硅晶片上。一些逻辑门组合在一起创建了锁存器（latch）。每个锁存器存储一位（即二进制位，计算机中数据的最小单位，值为 1 或 0），许多锁存器组合在一起可以创建兆字节级别或千兆字节级别的存储空间。

术语

内存

内存的全称是随机存储器（RAM），其中任何一部分都可以直接访问。早期的存储器只能按顺序访问数据，速度非常慢。

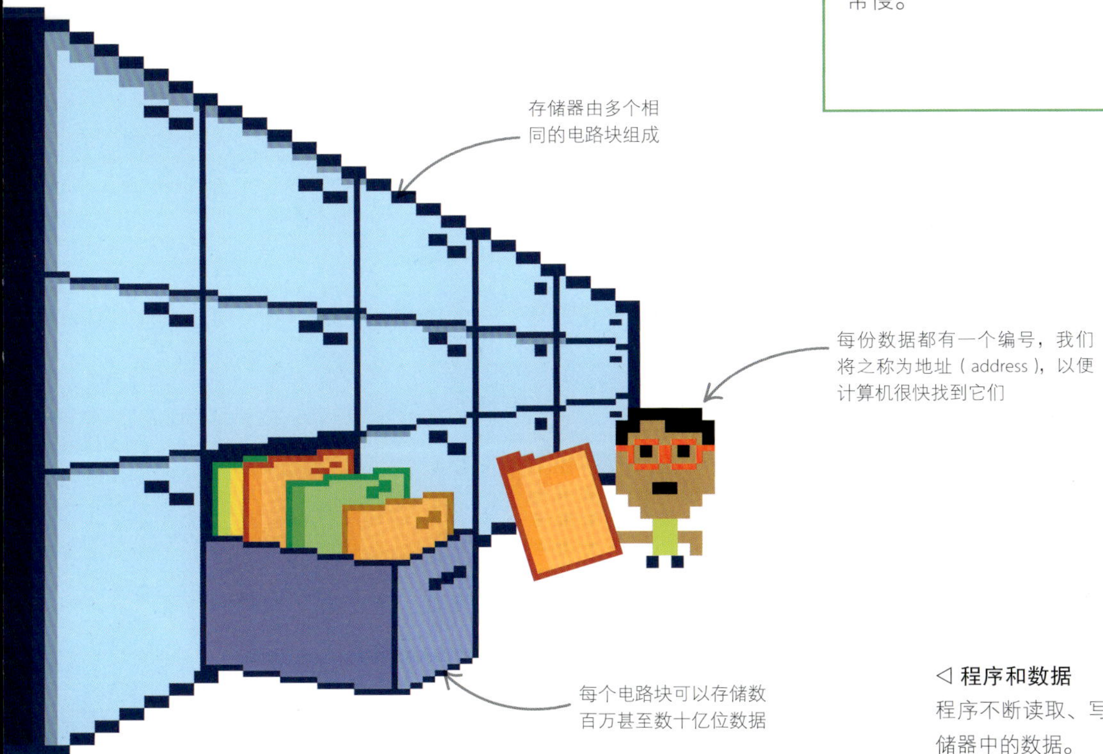

◁ **程序和数据**
程序不断读取、写入和更新存储在存储器中的数据。

记住

处理信息

处理器、存储器、输入设备和输出设备可以做到计算机能做的一切。在一个游戏程序中，用户通过点击鼠标输入位置信息，由处理器进行计算，数据被读取和写入存储器，然后通过在屏幕上显示字符的方式输出。

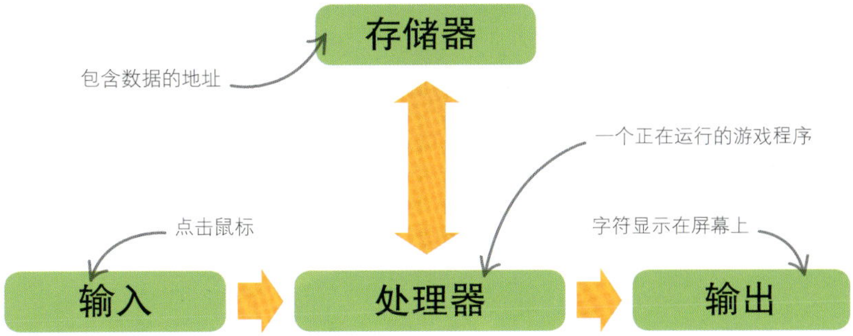

基本程序

有些程序可以保障计算机正常工作，每台计算机都需要安装它们。其中最重要的程序是操作系统、编译程序（compiler）和解释程序（interpreter）。

参见
《180~181 计算机揭秘
《182~183 二进制和基数
《188~189 处理器和存储器

操作系统

操作系统是计算机资源的管理者。它负责控制哪些程序可以运行、运行时间以及运行时需要使用计算机的哪些部分。它还提供如文件浏览器之类的接口，实现用户与计算机的交互。常见的操作系统有 Windows 和 macOS。

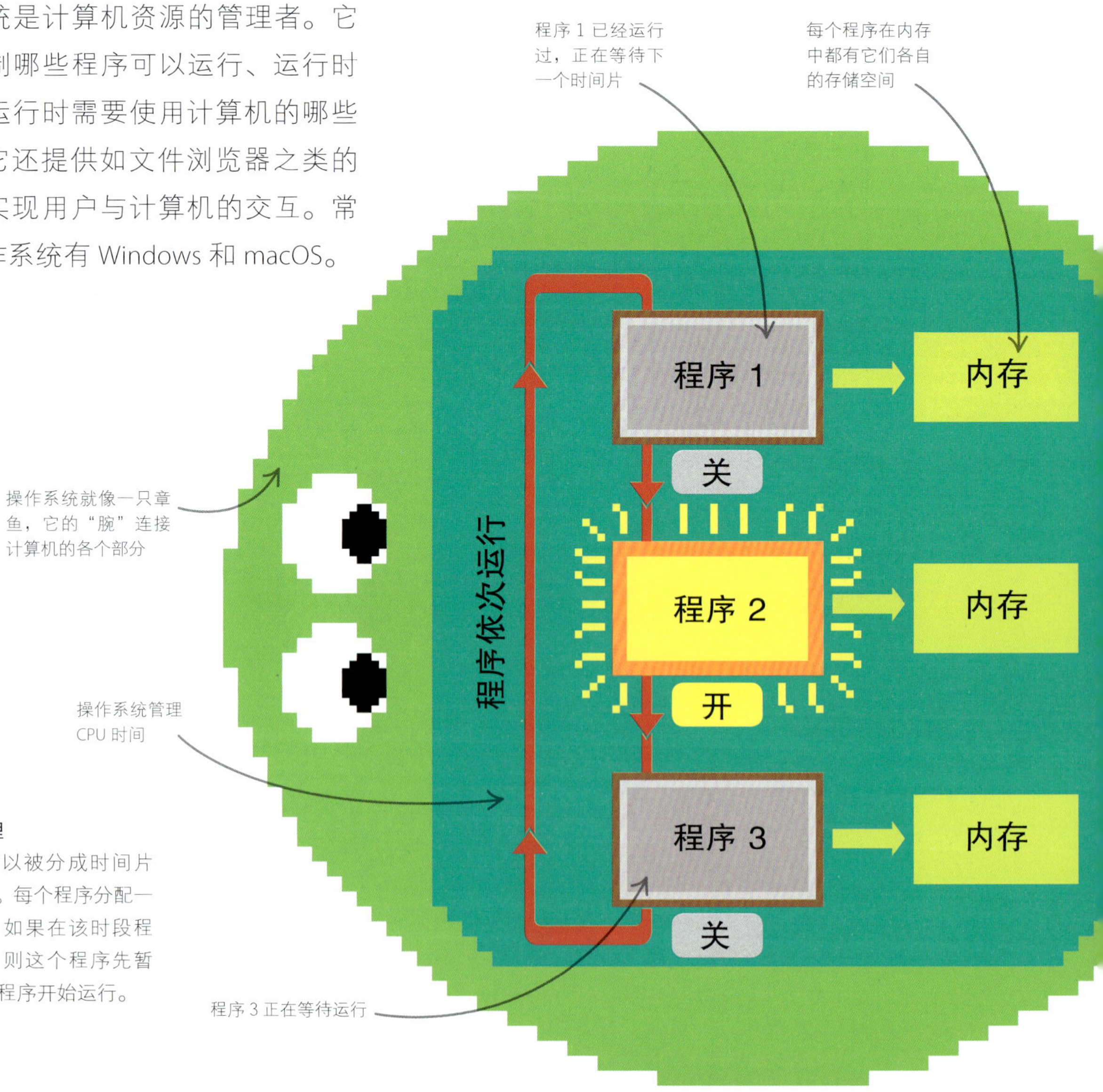

▷ 工作原理

CPU 时间可以被分成时间片（time slice）。每个程序分配一个时间片。如果在该时段程序未完成，则这个程序先暂停，下一个程序开始运行。

扁译程序和解释程序

ㄋ编写程序所用的语言如
ython 被称为高级语言（high
evel language）。计算机处理
器无法理解这些语言，编译程
序和解释程序负责将高级语言
翻译成计算机能够理解的低级
吾言（low level language），即
l器码。

编译程序

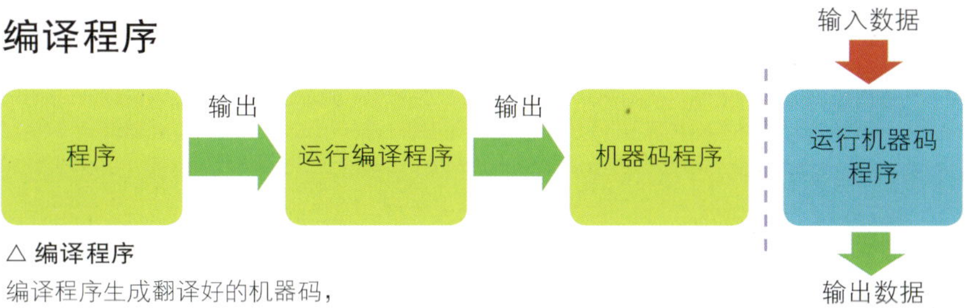

△ **编译程序**
编译程序生成翻译好的机器码，保存并稍后运行。

解释程序

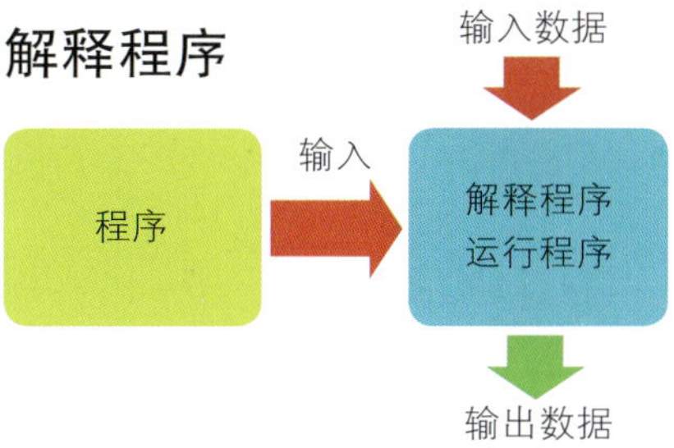

▷ **解释程序**
解释程序一边翻译代码，一边执行程序。

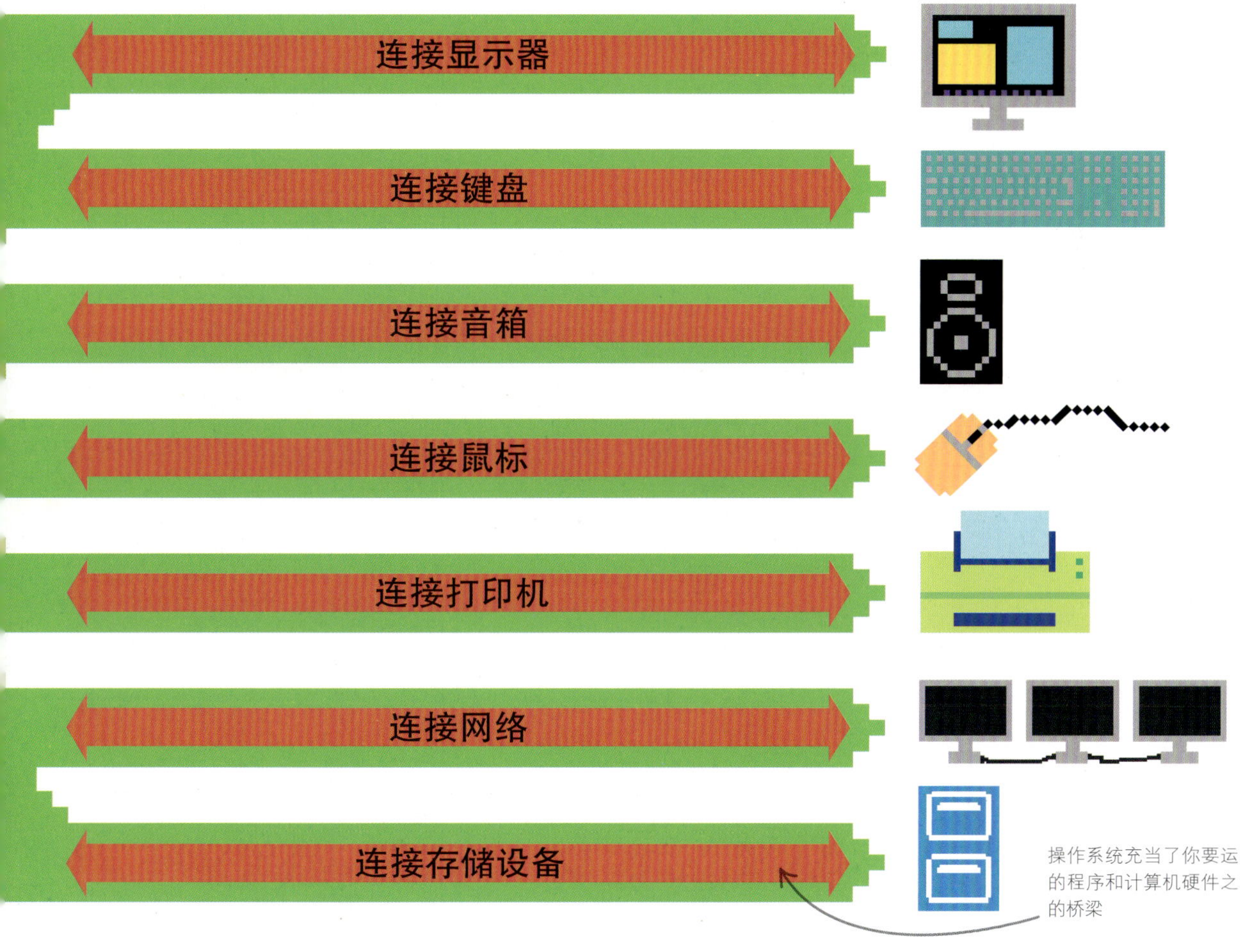

操作系统充当了你要运行的程序和计算机硬件之间的桥梁

在文件中存储数据

计算机存储器中不仅可以存储字符，还可以存储很多其他类型的数据，如音乐、图片和视频。这些数据是如何存储的？怎样查找数据？

参见
《182~183 二进制和基数
《188~189 处理器和存储器
《190~191 基本程序

如何存储数据？

当数据被保存供以后使用时，数据就被放进了一个文件中。你可以给文件命名，以便之后更容易找到它。文件不但可以存储到硬盘或内存中，还可以在线存储，这样即使关闭计算机，数据依然是安全的。

计算机的文件系统类似于纸质文件系统

专家提示

文件大小

文件本质上是二进制数（位）形式的数据集合。文件大小按以下单位计算：

字节（B）
1B=8位（例如，10011001）

千字节（KB）
1KB=1024B

兆字节（MB）
1MB=1024KB=1048576B

千兆字节（GB）
1GB=1024MB=1073741824B

太字节（TB）
1TB=1024GB=1099511627776B

▽ **文件信息**

文件信息不仅仅是其中的内容，文件属性会告诉系统它需要了解的有关文件的全部信息。

右击文件查看属性，如文件类型、位置和大小等

文件属性

文件属性	
文件名	groove
文件类型	mp3
打开方式	Music Player
位置	/Users/Jack/Music
大小	50MB

文件名应该是容易记忆的

文件扩展名通常由3个字符组成

能够处理文件数据的程序

文件在计算机中的位置

文件大小

目录

果计算机中的文件很有条理，用户就更容易找到要找的文件。为此，可以通过目录（也称为文件夹）给文件分组。目录是可以包含其他目录的树形结构，通常十分有用。

专家提示

管理文件

文件管理系统用于查找文件和目录。每种操作系统的文件管理系统都不同：

Windows: 使用 Windows 资源管理器查看树形结构目录。

macOS: 使用访达查看树形结构目录。

Ubuntu: 使用 Nautilus 查看树形结构目录。

树形结构目录

目录被放进其他目录中时，会创建一个类似倒置的枝叶繁茂的大树结构，其上的“树枝”为路径（path）。

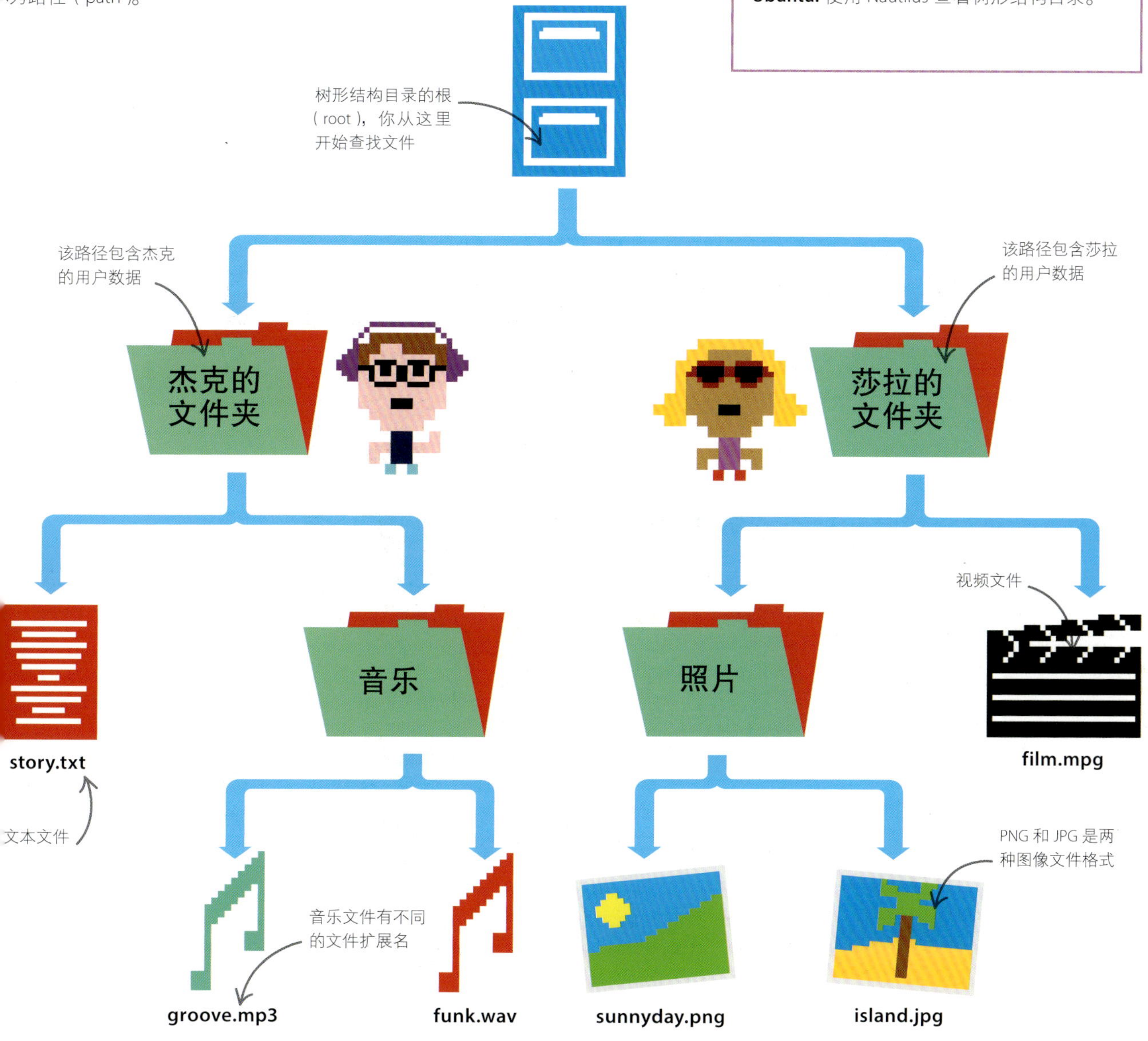

互联网

参见
《 182~183 二进制和基数
《 192~193 在文件中存储数据

互联网是使全球计算机互联互通的网络。正是因为有如此多的计算机，我们才需要更聪明的系统，以确保信息到达正确的位置。

IP 地址

连接互联网的每台计算机或手机都有一个地址，这非常像是一座大楼。这个地址被称为 IP（Internet Protocol 的缩写，即互联网协议）地址，每个地址都由一串数字组成。

▽ **发送信息**
文件被拆分成名为数据包（data packet）的小数据块在计算机之间传输。路由器将这些数据包转发到目的地。

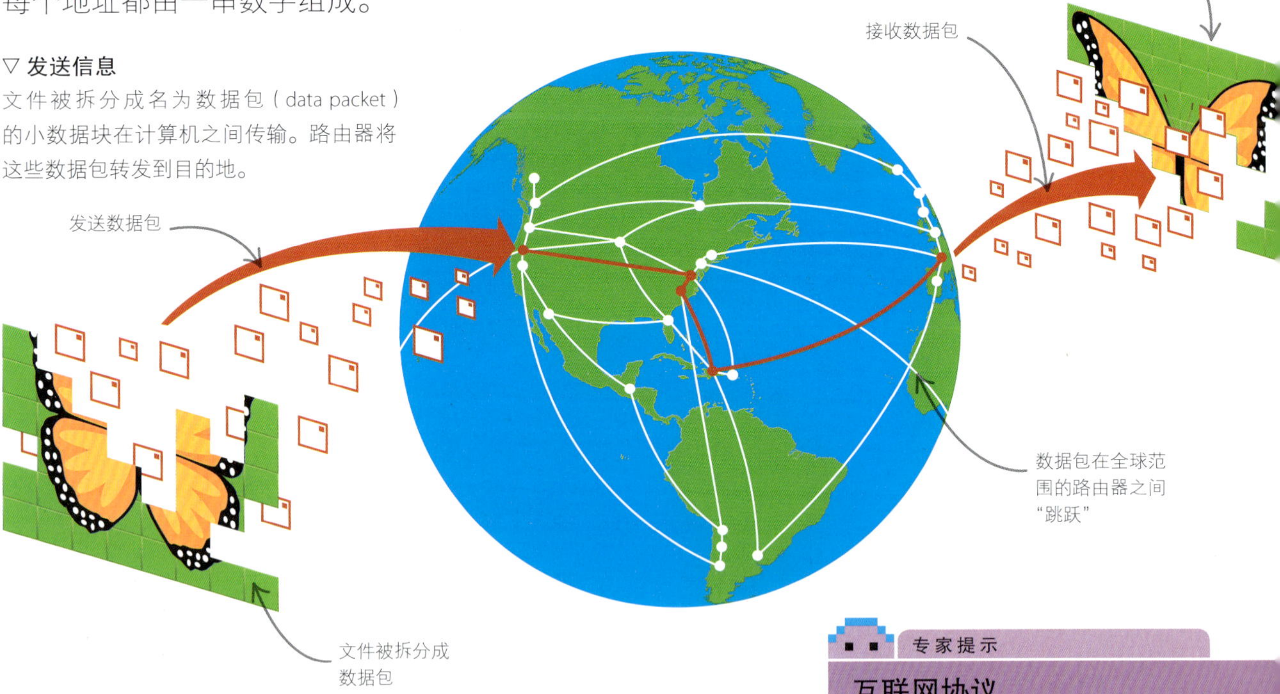

◁ **地址信息**
每个数据包都标有目的地和发送方的 IP 地址。此例是将域名 dk.com 转换为 IP 地址。

专家提示

互联网协议

协议是一系列规则。互联网协议是有关数据包大小及其结构的规则。所有互联网设备能够彼此通信的前提是，它们必须遵守这些规则。

移动数据

在设备间传送数据包之前，数据包必须被转换为能够进行远距离传输的二进制信号（1 和 0）。互联网中的每个设备都有网卡执行这项任务。不同设备发送数据的形式也不同。

△ **电信号**
铜丝让 1 和 0 以不同强度的电信号进行传输。

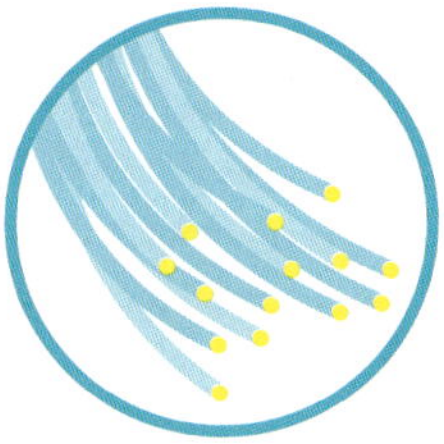

△ **光**
光缆主要由特殊的玻璃纤维组成，以光脉冲的方式传输数据。

△ **无线电波**
各种类型的无线电波无须电线即可传输 1 和 0。

端口

就像你给一座公寓楼里的某个人寄一封信一样，你可能需要把数据包发给某个设备上的特定程序。计算机使用称为端口（port）的数字作为单个程序的地址。一些常见程序拥有计算机特别为其保留的端口。例如，网页浏览器始终通过 80 端口接收数据包。

▽ **端口号**
端口号为 0~65535，可以分成 3 种类型：公认的、已注册的和私有的。

专家提示

套接字

IP 地址和端口的组合被称为套接字（socket）。套接字让程序可以通过互联网直接互相交换数据，这对用户运行在线游戏等在线程序非常有用。

5

现实世界中的编程

计算机语言

参见
计算机游戏 204~205 ❯
设计 App 206~207 ❯

人们已经创造了成千上万种编程语言。你使用哪种编程语言受到许多因素的影响，比如需要编写的程序类型以及程序是在哪种计算机上运行。

常见的编程语言

一些编程语言因能够编写在特定类型计算机上运行的特定类型程序而广为流行。如下代码演示了如何用一些流行的编程语言编写输出为“Hello World!”的程序。

```
#include <stdio.h>
main()
{
        printf("Hello World!");
}
```

△ C 语言

C 语言一直是最流行的编程语言之一，常用于硬件编程。

```
#include <iostream>
int main()
{
        std::cout << "Hello World!" << std::endl;
}
```

△ C++

C++ 基于 C 语言，并增加了其他功能。它用于编写对运行效率要求较高的程序，比如主机游戏。

```
#import <stdio.h>
int main(void)
{
    printf("Hello World!");
}
```

△ Objective-C

Objective-C 基于 C 语言，并增加了其他功能。凭借在苹果公司 macOS 和 iOS 操作系统上的应用，Objective-C 已经成为流行的编程语言。

```
alert('Hello World!');
```

△ JavaScript

JavaScript 用于创建在网页浏览器上运行的程序如简单的游戏和电子邮网站。

```
class HelloWorldApp {
    public static void main(String[] args) {
        System.out.println("Hello World!");
    }
}
```

△ Java

Java 是一种通用的编程语言，可以在大多数计算机上运行。它是开发 Android 操作系统的编程语言。

```
<?php
echo "Hello World!";
?>
```

◁ PHP

PHP（页面超文本预处理器多用于创建交互式网站，在承载网站的服务器上运行。

编程语言的发展历程

几十年前闻名于世的许多编程语言现在已经风光不再，尽管仍有一些非常重要的系统在使用它们。以现在的标准衡量，这些语言常被认为难以用于编程。

BASIC

BASIC 于 1964 年在美国达特茅斯学院问世。在家用计算机首次上市时，BASIC 非常受欢迎。

Fortran

IBM 是一家科技公司，于 1954 年设计出 Fortran。Fortran 主要用于大型计算机的计算。现在，它仍然用于天气预报。

COBOL

COBOL 是由一个专家委员会于 1959 年设计的，现在仍然被许多公司和银行程序使用。

现实世界

千年虫

由较早的编程语言（如 COBOL）编写的许多程序都用两位十进制数表示年份，如用 99 表示 1999 年。人们曾预测，进入新千年以后表示年份的数字会变成 00，这会造成系统运算出错，进而引发各种各样的系统功能紊乱甚至崩溃。

全世界的计算机都必须更新，以阻止千年虫

奇怪的语言

在成千上万种编程语言中，有一些是出于非常特别或奇怪的目的被创造出来的。

```
( '&%:9]!~}|z2Vxwv-,POqponl$Hjig%eB@@>a=<M:9[p6tsl1TS/
Q1Oj)L(I&%$"" Z~AA@UZ=RvttT`R5P3mOLEDh,T*?(b&`$#87[}{W
```

△ Malbolge

用 Malbolge 编写程序是不可能的。直到该编程语言发布两年之后，第一段能运行的代码才出现，而且是用另一种编程语言编写的。

△ Piet

利用 Piet 编写的程序看起来像抽象艺术。“Hello World!”的输出如上所示。

△ Chef

用 Chef 编写的程序代码看起来像烹饪食谱。但是在实践中，这并不具有任何意义。

△ Ook!

“Ook!”是一种让猩猩使用的语言，只有 3 个组成元素：“Ook”“Ook!”和“Ook?”。这 3 个元素经过组合可以产生 6 种指令，如“Ook!Ook”和“Ook?Ook!”。

编程明星

参见
《18~19 成为一名程序员
计算机游戏 204~205》

每天，全世界数百万程序员都在推动计算机科学的发展，偶有天才出现，让计算机科学得以快速发展。以下是几位著名的程序员。

埃达·洛夫莱斯

国籍：英国

生卒年：1815~1852 年

闻名原因：埃达·洛夫莱斯被视为全球第一位程序员。1843 年，她发布了用于查尔斯·巴贝奇分析机（一种早期的计算机）的第一个程序。她还提出了用数字表示字符的方法。

艾伦·图灵

国籍：英国

生卒年：1912~1954 年

闻名原因：数学家艾伦·图灵被誉为计算机科学之父。他还因在二战期间协助英国军方成功破译德国的密码系统而闻名。

格雷丝·霍珀

国籍：美国

生卒年：1906~1992 年

闻名原因：格雷丝·霍珀创造了第一个编程语言编译程序（将人类可读程序转换为机器码）。她既是一名计算机科学家，还是一名美国海军少将！

比尔·盖茨和保罗·艾伦

国籍：美国

生卒年：盖茨生于 1955 年，艾伦 1953~2018 年

闻名原因：比尔·盖茨和保罗·艾伦于 19 世纪 70 年代一起创立了微软公司。他们发明了一些有史以来最受欢迎的程序，如 Windows 和 Office。

横井军平和宫本茂

国籍：日本

生卒年：横井 1941~1997 年，宫本生于 1952 年

闻名原因：横井军平和宫本茂为任天堂公司工作。横井设计了 Game Boy 掌上游戏机，宫本设计了超级马里奥等十分受欢迎的游戏。

蒂姆·伯纳斯–李

国籍：英国

生卒年：生于 1955 年

闻名原因：在欧洲核研究组织（瑞士著名的科学研究中心）工作期间，蒂姆·伯纳斯–李成功开发出万维网，并让所有人免费使用它。他在 2004 年被英国女王伊丽莎白二世册封为爵士。

拉里·佩奇和谢尔盖·布林

国籍：美国

生卒年：佩奇生于 1973 年，布林生于 1973 年

闻名原因：1996 年，拉里·佩奇和谢尔盖·布林开始合作开发谷歌搜索引擎。这种高效的搜索方法彻底改变了互联网。

马克·扎克伯格

国籍：美国

生卒年：生于 1984 年

闻名原因：马克·扎克伯格 2004 年在大学宿舍里创立了脸书。脸书于 2021 年更名为 Meta，已经成为市值数千亿美元的公司，并使扎克伯格成为全世界最富有的人之一。

开源运动

范围：全世界

起止时间：从 19 世纪 70 年代后期开始

闻名原因：开源运动是由世界各地的程序员一起发起的，他们认为软件应该免费，这样所有人都可以使用软件。像 GNU/Linux 操作系统和维基百科（在线百科全书）都开放了源代码。

繁忙的程序

参见
《180~181 计算机揭秘
《192~193 在文件中存储数据

程序已经成为人们日常生活中无形但不可或缺的一部分。每天，人们都受益于复杂的程序，这些程序可以帮助人们解决一些异常难办的问题。

压缩文件

通过互联网传送的所有类型的文件几乎都能以某种方式压缩（compress）。当文件被压缩时，系统会识别并丢弃不需要的数据，只留下有用的数据。

◁ 压缩数据
压缩文件就像盖上玩偶盒，使玩偶缩在一个更小的空间里。

现实世界

音乐文件

如果没有音乐压缩程序，你只能在音乐播放器中存储屈指可数的歌曲。通过压缩音乐文件，现在平均每台智能手机能存储成千上万首歌曲。

密码

当你登录网站并通过互联网买东西或发信息时，智能程序会为你的密码加密，这样即使其他人拦截了你的密码，也不知道它是什么。全球银行系统都依赖于这些能够隐藏秘密信息的高级程序。

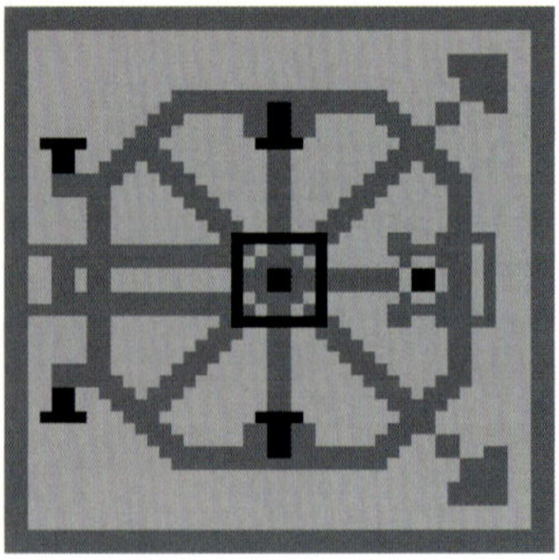

◁ 密码学
密码学是研究密码的科学。复
杂的数学代码可以为个人信息
加密，以保障个人信息的安全
也可以解密个人信息。

人工智能

習能程序能让计算机游戏变鼻有趣。人工智能（artificial ntelligence，缩写为 AI）用于是供更好的医疗以及在对人来说十分危险的地方（比如战争地区和刚刚发生过自然灾害的地区）用机器人代替人类工作。

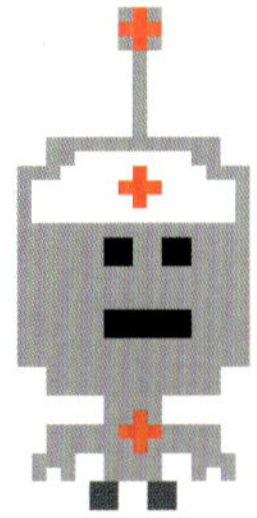

△ **医疗**

系统能够分析海量的医疗信息，并将其与患者的具体情况对照，提供诊断结果。

△ **拆弹**

使用智能机器人在已经清场的地方安全拆弹，这样可以挽救许多士兵的生命。

超级计算机

超级计算机（supercomputer）——被美国国家航空航天局等高科技组织使用——集合了数千个能够共享数据并高速通信的计算机处理器的强大功能，是每秒可以执行 1 万亿欠以上计算的计算机。

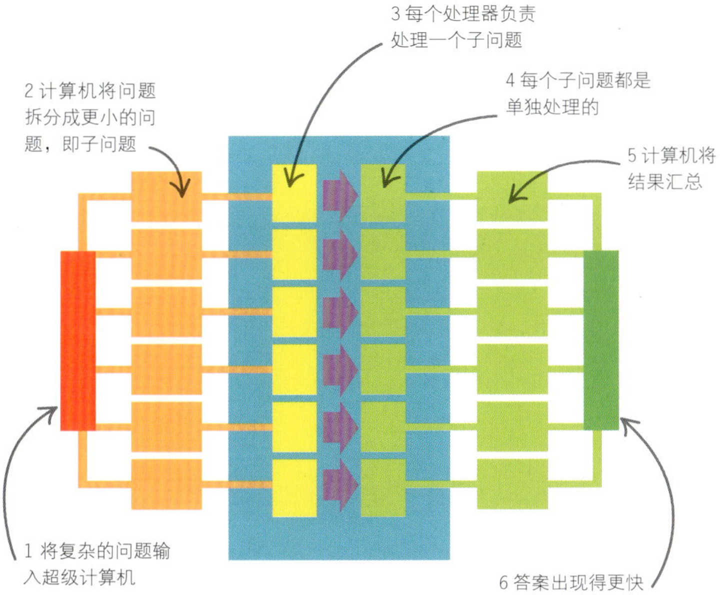

△ **工作原理**

可题被拆分成更小的问题，这些更小的问题由不同的处理器司时单独处理。最后将结果组合在一起，得出答案。

现实世界

天气预报

天气很难预测。超级计算机需要处理用于准确预测天气情况的大量数据。超级计算机中的每个处理器只负责计算地图上一小部分地区的天气情况。将所有的结果组合在一起，就是天气预报。

计算机游戏

设计一款计算机游戏需要什么？所有的游戏都是相同构成要素的不同组合。极受欢迎的游戏通常由软件开发团队设计完成，而不仅仅是程序员的功劳。

参见
《200~201 编程明星
设计 App 206~207》

谁制作计算机游戏?

即使是手机上的简单游戏，也可能是由大型团队开发的。为了让游戏受欢迎，在开发过程中应注意每一个细节，这需要许多具有不同技能的人协作完成。

△ **程序员**
程序员负责编写代码，让游戏能够运行，然而他们依赖团队中的其他成员才能完成编程工作。

◁ **关卡设计师**
关卡设计师作为虚拟游戏世界的建筑师，负责创建有趣的设置和关卡。

△ **平面设计师**
所有关卡和角色都需要看起来赏心悦目。平面设计师负责确定游戏中所有事物的外观和结构。

▷ **测试人员**
测试人员的工作就是玩游戏，这是不是听起来太棒了？但是他们经常需要一遍又一遍地玩同一个关卡，以检查游戏有没有错误。

△ **编剧**
现在大多数成功的游戏都拥有有趣的情节，甚至可以与优秀的书籍和电影媲美。编剧负责设计游戏中的所有角色，编写故事。

◁ **声音设计师**
就像优秀的电影一样，精彩的游戏同样需要高质量的音乐和音效来带动玩家的情绪。

术语

控制台

控制台是一种非常适合运行游戏的特殊计算机。诸如 PS4 和 Xbox One 之类的控制台，通常拥有先进的图形和声音处理器，能够同时运行许多内容，使得我们设计出更逼真的游戏成为可能。

游戏构成要素

最常见的游戏构成要素组成游戏引擎。游戏引擎建立易于使用的基础，这样新游戏才能被快速开发出来。

> 故事和游戏逻辑

所有游戏都必须拥有精彩的故事情节和一些需要达成的目标，比如拯救公主。精心设计的游戏逻辑能让玩家兴致盎然。

◁ 游戏中的物理常识

在虚拟世界中，必须重新建立现实世界的规则，比如重力和碰撞，这样能让游戏世界更加逼真。

△ 图形

随着游戏变得越来越逼真，游戏中的图形也变得更加复杂。但是模拟身体运动、烟雾和流水仍然极难达到理想效果。

> 控件

熟悉的控件让玩家更容易上手，有助于制作出出色的游戏。优秀的控件设计会让玩家身临其境，忘记他们正在使用控制台。

▷ 声音

必须录制游戏角色所有要说的话以及随着游戏推进不断变化的背景音乐和音效。

△ 人工智能

人类玩家经常要与计算机控制的玩家并肩作战或对战。人工智能程序允许这些角色产生真实的反应。

现实世界

严肃的游戏

玩游戏不仅仅是为了获得乐趣，像飞行员、外科医生和士兵这些专业人士需要通过游戏进行工作培训。一些企业甚至通过战略游戏提高员工的规划能力。

设计 App

手机为程序员开辟了一个新世界。每个人的口袋里都相当于装了一台计算机，一些 App 如定位和运动感应使用新的输入方法，可以为用户提供更好的体验。

参见
《 190~191 基本程序
《 198~199 计算机语言
《 204~205 计算机游戏

什么是 App？

App 是可以在移动设备上运行的程序。移动设备包括智能手机、平板电脑，甚至智能手表这样可佩戴的高科技产品。有许多不同类型的 App，它们拥有不同的功能。

◁ 社交网络
社交类 App 让人与人之间无障碍交流，分享想法、图片、音乐和视频，无论距离远近。

◁ 游戏
移动设备中可以存储各种类别的游戏，从简单的益智游戏到快节奏的冒险游戏。

△ 旅游
旅游类 App 会根据你的位置，结合其他人的评价，为你提供关于餐厅、旅馆和游玩项目的建议。

△ 天气
App 会根据你的位置，为你提供当地天气预报，还允许你查看世界各地的天气情况。

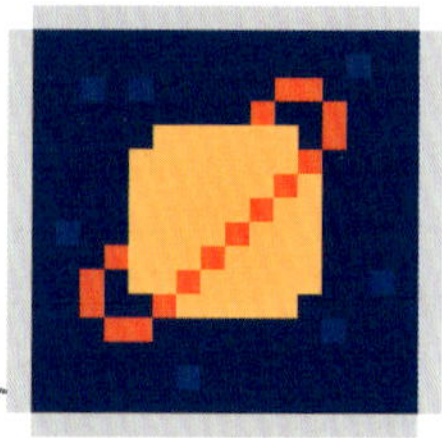

△ 教育
教育类 App 非常适合自学。幼儿可以通过它们学会数数和拼写，大人可以通过它们学习一门新语言。

◁ 运动
人们在跑步或骑车时使用 App 监测自己的健康状况，这类程序还可以实时更新运动时的得分。

怎样制作 App？

在制作一款 App 之前，有很多问题要解答。它是做什么的？它在什么设备上运行？怎样实现用户与它交互？一旦这些问题有了答案，制作 App 就只是一个循序渐进的过程。

1 产生想法

对于新 App 的所有想法都必须非常适合移动设备。它可以是一个全新的想法，也可以是对现有 App 的改进。

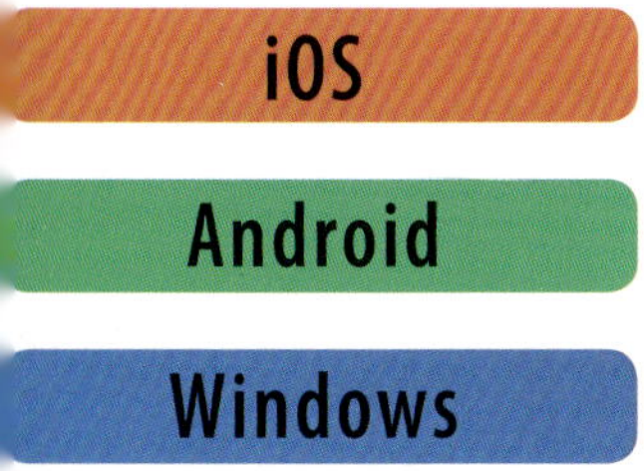

2 哪种操作系统？

这款 App 是否针对特定类型的移动设备？程序员通常先编写好程序，然后根据不同的操作系统调整代码。

3 学习制作 App

无论 App 在哪种操作系统下运行，程序员都需要学习构建 App 所需的编程语言和其他技能。在线教程和本地的编程俱乐部可以为他们提供帮助。

4 创建 App

成功的 App 需要一定的时间来制作。基础版本可能只要几周就能完成，但若想真正获得成功，还需要研发几个月才能发布。

5 测试 App

如果 App 经常出错，用户很快就会摈弃它。将测试作为编程的一部分，让朋友和家人试用，有助于在发布之前清除 App 中的错误。

互联网程序设计

网站是使用像 Python 一样的编程语言构建的。其中最重要的编程语言是 JavaScript，它使网站具有交互性。

参见

❮ 198~199 计算机语言

使用 JavaScript 210~211 ❯

网页如何工作?

大多数网页的构建需要同时使用几种不同的编程语言。例如，电子邮箱网站是用 CSS（串联样式表）、HTML（超文本标记语言）和 JavaScript 共同制作的。JavaScript 代码使网站无须重新加载网页就能立即响应鼠标点击。

◁ CSS
CSS 控制页面的颜色、字体和布局。

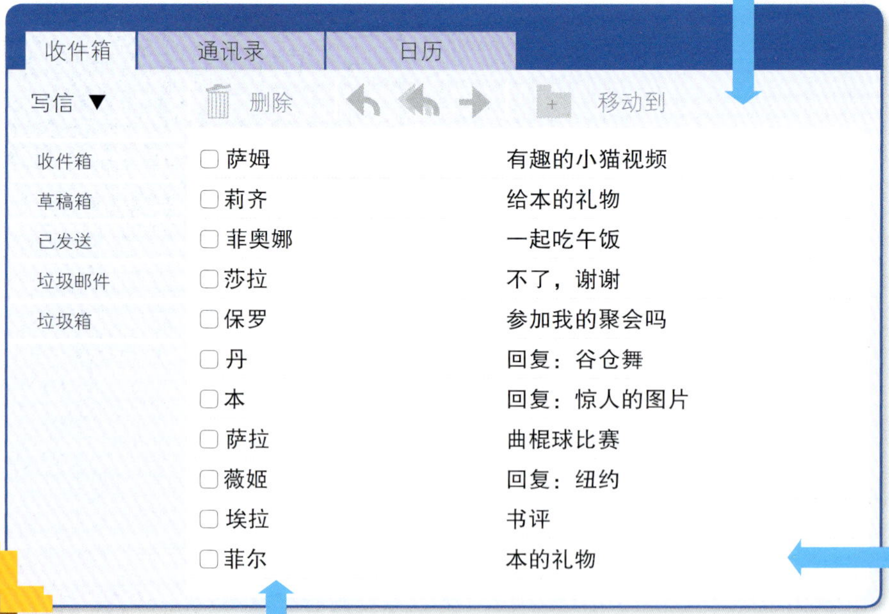

◁ HTML
HTML 构建页面的基本结构，包括文本或图像等。

▷ JavaScript
JavaScript 控制页面被使用时如何改变。例如，点击一封电子邮件，JavaScript 就会打开一条信息。

·ITML

当你打开一个网站时，你的网页浏览器就会下载一个HTML文件并运行代码将其转换为网页。要了解其中的工作原理，可以将右侧代码输入代码编辑器（见第92~93页），并且在保存文件时添加文件扩展名“.html”。双击该文件，系统会启动一个网页浏览器窗口，上面显示“Hello World!”。

```
<html>
 <head>
  <title>The Hello World Window</title>
 </head>
 <body>
  <h1>Hello World in HTML</h1>
  <p>Hello World!</p>
 </body>
</html>
```

文本块的首尾标记，这是HTML代码的特点之一。标记之间是窗口的标题

“<p>”和“</p>”是普通段落的首尾标记

HTML代码结束的标记

尝试 JavaScript

尔很容易就能体验JavaScript，因为现在所有的网页浏览器都能够理解它。JavaScript代码通常立于HTML代码的中间，下方的例子同时使用了这两种编程语言。JavaScript代码部分的首尾用“<script>”和“</script>”标记。

1 编写一些 JavaScript 代码

打开代码编辑器，输入如下代码。一定要仔细检查代码。如果其中包含一丁点错误，你就只能看到一个空白页面。

```
<script>
alert("Hello World!");
</script>
```

JavaScript代码开始的标记

alert指令会弹出一个警示框

2 保存文件

保存文件并输入文件名，如“test.html”，这样代码就被保存为HTML文件，而不是Python文件。然后双击该文件，进行测试。

test.html

不要忘记用“.html”作为文件扩展名

专家提示

JavaScript 游戏

JavaScript非常擅长创建交互功能，因此常被用于制作游戏——从简单的猜谜游戏到快节奏的赛车游戏。这些游戏可以在任何网页浏览器上运行，所以没有必要在计算机中安装它们。JavaScript还可用于创建网页版App，如交互式日历。

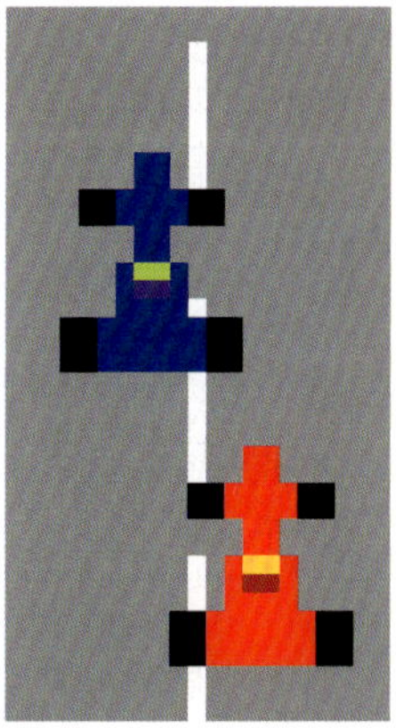

3 弹出警示框

网页浏览器打开并弹出一个警示框，上面显示“Hello World!”。点击“确定”按钮，关闭警示框。

JavaScript利用按钮实现交互

使用 JavaScript

JavaScript 非常适合创建在线小程序，这些小程序让网站变得生动活泼，实现与用户交互。JavaScript 与 Python 类似，虽然 JavaScript 代码更简洁，却更难学。

参见
❮ 122~123 Python 中的循环
❮ 162~163 响应事件
❮ 208~209 互联网程序设计

获得输入

与 Python 一样，你也可以使用 JavaScript 询问用户。JavaScript 利用弹出框询问信息。如下程序提示用户输入他们的名字并回复问候。

1 使用提示

这段简短的代码将用户的名字存储在一个变量中。在代码编辑器中输入右侧代码，记得保存时添加文件扩展名“.html”。

```
<script>
var name = prompt("Please enter your name");
var greeting = "Hello " + name + "!";
document.write(greeting);
</script>
```

此行创建一个弹出框，并且将用户输入的内容存储在变量 name 中

双引号中的文本出现在弹出框上

JavaScript 代码行总是以分号结束

JavaScript 代码结束的标记

该行负责显示问候

2 问题出现

双击 HTML 文件，启动网页浏览器。在弹出框中输入你的名字，点击“确定”按钮，查看问候。

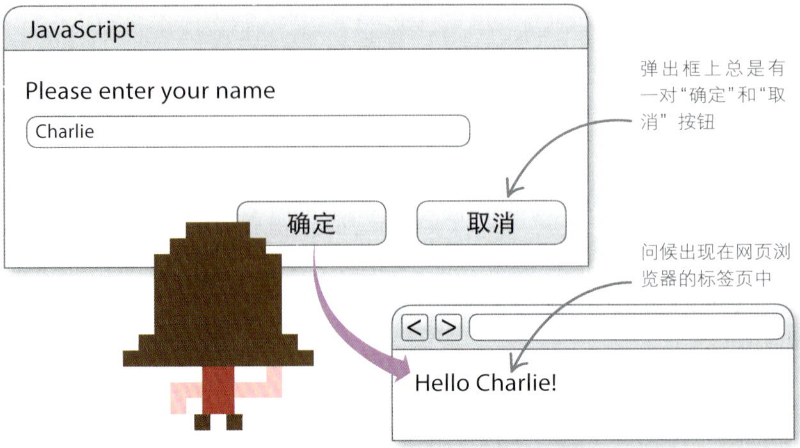

弹出框上总是有一对“确定”和“取消”按钮

问候出现在网页浏览器的标签页中

专家提示

仔细输入

使用 JavaScript 时，应仔细检查你输入的代码是否正确。如果代码出错，网页浏览器会忽略全部代码，只创建一个空白的窗口，并且不会出现报错提示。如果出现上述情况，请再次仔细检查代码。

事件

事件是程序能够检测到的任意动作，如点击鼠标和通过键盘输入。响应事件的代码称为事件处理程序。事件处理程序被广泛用于 JavaScript，可以触发许多不同的函数，让网页变得有趣，增加互动性。

1 输入代码

此例中，事件（按下一个按钮）触发一个简单的函数（显示绕口令）。在代码编辑器中输入代码，保存文件时添加文件扩展名“.html”。

```
<button onclick = "tonguetwist()">Say this!</button>
<script>
 function tonguetwist()
 {
  document.write("She sells seashells");
 }
</script>
```

HTML 代码将函数链接按钮

函数名称

用 JavaScript 代码定义函数

花括号括住一段代码。花括号的作用类似于 Python 的缩进

2 运行程序

双击文件，在网页浏览器中启动程序。

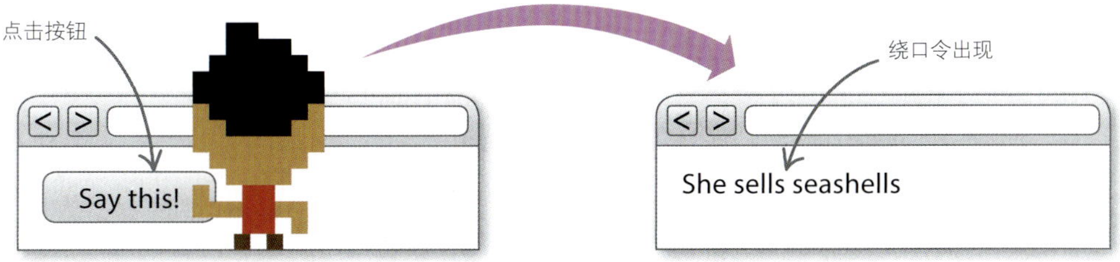

JavaScript 中的循环

循环是一段用于重复动作的代码。与一次又一次敲击一行又一行相同的代码相比，使用循环更快更简单。

1 循环代码

与 Python 类似，JavaScript 使用关键词“for”建立循环，用花括号括住说明重复内容的代码行。此循环创建了一个简单的计数器，每执行一次计数器加 1。

```
<script>
for (var x=0; x<6; x++)
{
 document.write("Loop count: "+x+"<br>");
}
</script>
```

JavaScript 代码开始的标记

此行创建一个名为 x 的计数器，x 的初值为 0，循环每执行一次加 1，终值为 5

此行告诉计算机打印文本“Loop count: ”，后面跟着 x 的值

2 循环输出

保存代码并添加文件扩展名“.html”，然后运行文件。只要 x 小于 6（在代码中有“x<6”），循环就会一直进行。如果想增加重复次数，可以在“<”之后输入更大的数。

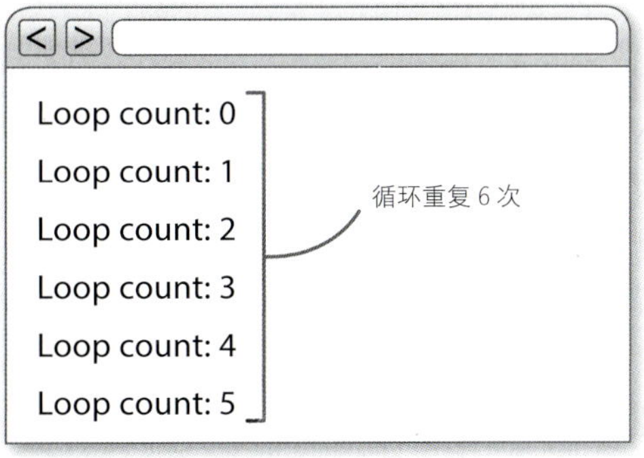

恶意软件

参见
《194~195 互联网
《202~203 繁忙的程序

并不是所有程序都是有趣的游戏或有用的 App。一些程序被设计出来是为了盗取你的数据或破坏你的计算机的。它们通常看起来无害，而且可能在你没有意识到的时候让你成为受害者。

恶意软件

在你不知情的情况下或未经你同意就运行的程序被称为恶意软件（malware）。未经授权访问他人计算机的行为属于犯罪，但仍有许多不同类型的恶意软件试图入侵你的计算机。

▷ 蠕虫
蠕虫（worm）是一种在连入网络的计算机之间“爬行”的恶意软件。蠕虫会堵塞网络，使网速变慢。1988 年，第一个蠕虫恶意软件使数千台计算机瘫痪。

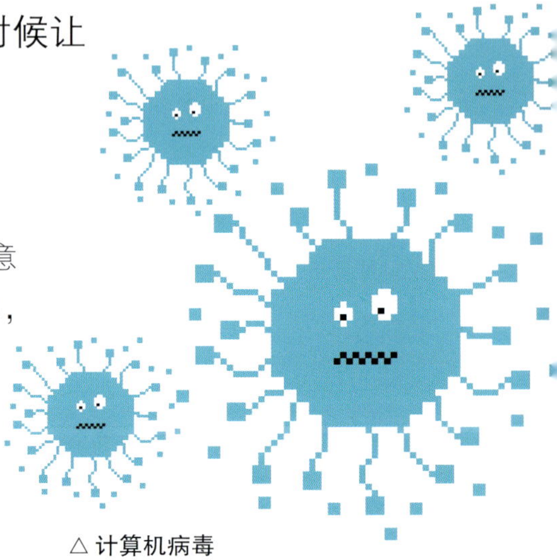

△ 计算机病毒
与人体内的病毒类似，计算机病毒（virus）会不停地自我复制。它们通常通过电子邮件、U 盘或其他在计算机之间传输文件的方法传播。

△ 特洛伊木马
伪装成无害程序的恶意软件被称为特洛伊木马（trojan horse）。这个词来自一场古代战争。在那场战争中，希腊人送给特洛伊人一个巨大的木马。但是这个木马里却藏着希腊士兵，这些士兵帮助希腊人赢得了胜利。

现实世界

著名的蠕虫

2000 年 5 月 5 日，菲律宾的互联网用户纷纷收到一封标题为 ILOVEYOU 的电子邮件。它的附件似乎是一封情书，实际却是一个能够损坏文件的恶意软件。

◁ ILOVEYOU
这种蠕虫很快在世界各地的计算机之间蔓延。为了修复它损坏的文件，全世界花费了 200 多亿美元。

恶意软件会做什么？

病毒、蠕虫和特洛伊木马都是想要入侵你的计算机的恶意软件，在成功感染目标以后，它们会做些什么呢？它们可能会删除或损坏文件，窃取密码，或者为了实现一些更大的目标而试图控制你的计算机，如构建僵尸网络（botnet）。

▷ **僵尸网络**
僵尸网络是被感染的计算机的集合，会发送垃圾邮件，或者连续访问目标网站使其崩溃。

拯救计算机的好软件

值得庆幸的是，人们在对付恶意软件方面并非毫无抵抗之力。反恶意软件已经成为重大商机，许多供应商竞相为计算机提供更好的保护。其中两类众所周知的产品是防病毒程序（antivirus program）和防火墙（firewall）。

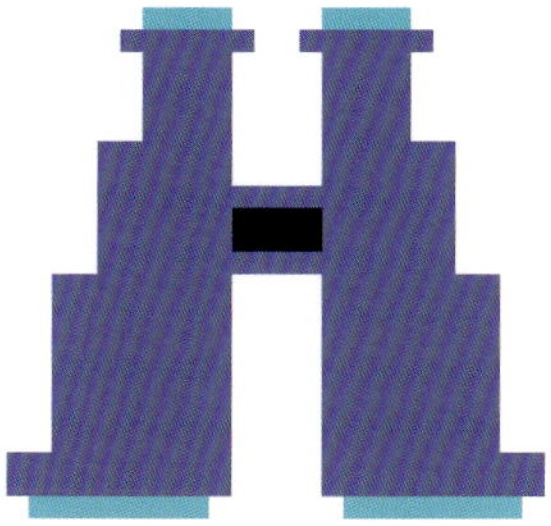

△ **防病毒程序**
防病毒程序能够检测恶意软件。它们通过扫描文件并将文件内容与可疑代码数据库进行比对来识别恶意软件。

△ **防火墙**
防火墙旨在防止恶意软件和危险数据入侵你的计算机。它们会扫描来自互联网的所有输入数据。

术语

黑客

闯入计算机系统的人被称为黑客（hacker）。出于犯罪目的编写恶意软件的人被称为黑帽黑客（black-hat hacker）；编写程序以防范恶意软件的人被称为白帽黑客（white-hat hacker）。

白帽黑客　　黑帽黑客

小型计算机

计算机不需要很大、很昂贵。市面上有各种各样小巧廉价的计算机可供选择。由于体积小、成本低，这些计算机正在以许多激动人心的新颖方式被使用。

参见
《180~181 计算机揭秘
《202~203 繁忙的程序

树莓派

树莓派是一种只有信用卡大小的计算机，是为了计算机基本工作原理的教学而制造的。相较于尺寸，它们的功能非常强大，能够运行与现代个人计算机相似的程序。

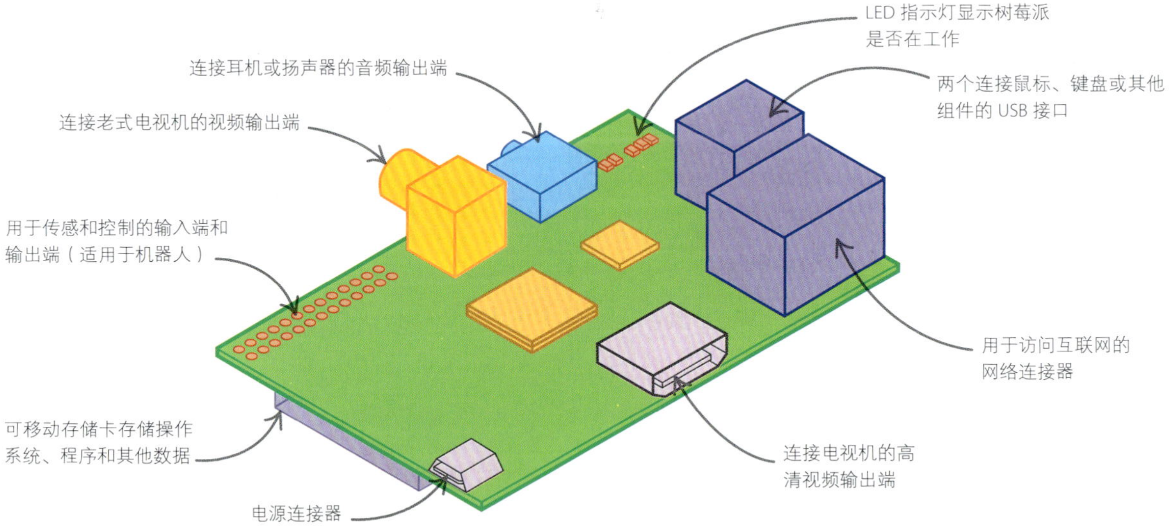

Arduino

Arduino 比树莓派便宜，功能也弱一些。它们通常用于以一种低成本的简单方式制作定制版电子器件或机器人。

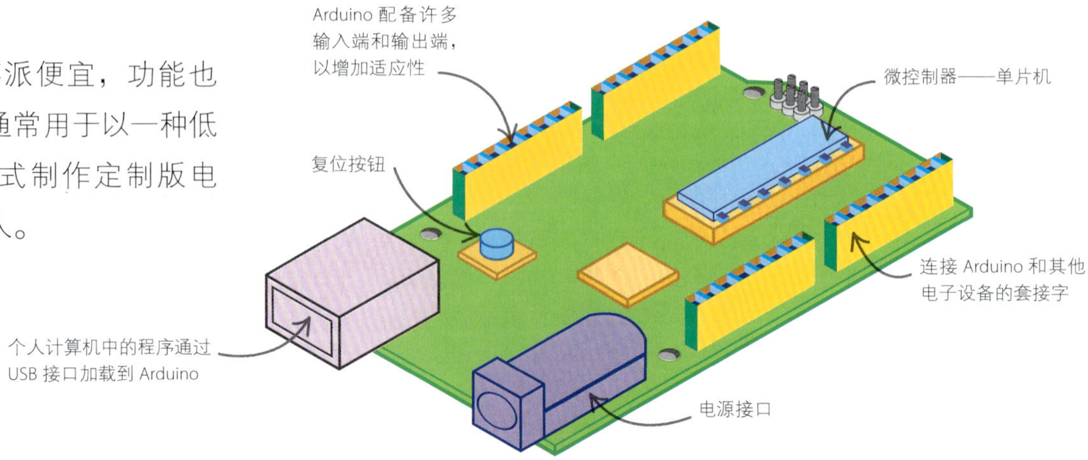

使用小型计算机

因为有多种接口，所以小型计算机的应用非常广泛。这里只是一些建议。

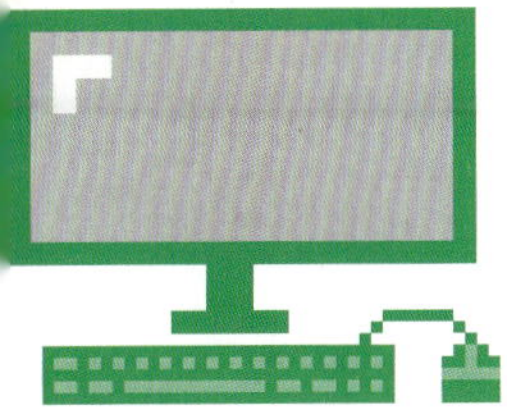

△ 计算机
将键盘、鼠标和显示器连接一台可以正常工作的主机。

△ 音频输出
连接一组音箱，然后通过网络将音乐输送给音箱。

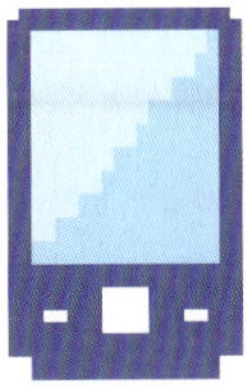

△ 智能手机
使用智能手机让计算机连入互联网。

△ 小工具
连接 LED 指示灯和其他简单的电子器件，制作机器人或小工具。

△ 电视机
连接一台电视机，将其作为媒体中心，用来播放电影、浏览照片。

△ 相机
将相机与你的小型计算机相连，创建网络摄像头。

△ U 盘
连接 U 盘，通过网络分享文件。

△ 存储卡
只需更换存储卡，就能更改小型计算机里的程序。

现实世界

自制机器人

由于体积小、成本低、重量轻，越来越多的小型计算机用于制作不同类型的机器人。例如：

观测高空天气情况的气象气球。

可以像蝙蝠一样使用声呐侦测障碍物的微型车。

能够捡起并移动不同物体的机械臂。

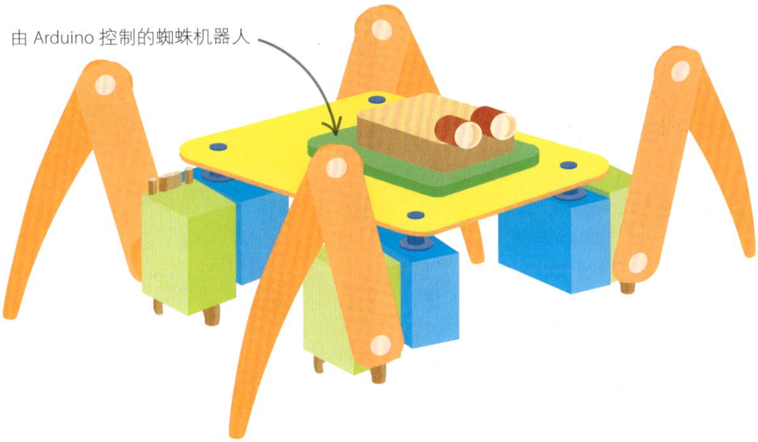

成为编程大师

参见
❮176~177 下一步做什么？
❮214~215 小型计算机

成为编程大师的秘诀是以编程为乐。只要你能在编程中找到乐趣，无论是将编程当作业余爱好还是未来的职业，你在编程方面的前途都将无可限量。

△ **多多编程**
人们常说熟能生巧，你写的代码越多，你的编程水平就越高。坚持下去，很快你就能成为专家。

如何成为更棒的程序员？

与滑雪、弹钢琴、打网球类似，编程也是一种技能，通过不断练习，你会越来越强。要成为一名真正的专家可能需要数年时间，但是如果你在学习过程中十分享受，学习之旅就会变得轻松。这里有一些技巧，可以帮助你成为编程大师。

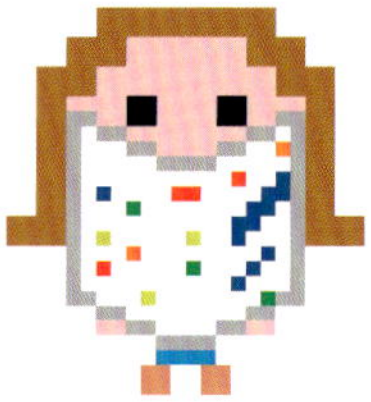

◁ **好学**
阅读有关编程的书籍。登录相关网站，阅读其他人编写的代码。你将收获专家提示和技巧，这些东西如果靠自己领悟可能需要许多年。

△ **借鉴理念**
如果你发现了一个很棒的程序，思考如果由你来制作这个程序，你会如何编写代码。看看你有没有更好的创意。所有顶级程序员无一例外都会借鉴他人想法并尝试突破。

▷ **教朋友编程**
教其他人编程的同时，你也会收获良多。解释代码的工作原理也是确保你完全理解代码的好方法。

▷ **训练你的大脑**
你的大脑就像一块肌肉，如果你经常锻炼它，它就会越来越强大。做一些让你能够像程序员一样思考的事情。例如，解决逻辑难题，玩一玩脑筋急转弯，做一做数独，认真学习数学。

▷ 测试你的代码

通过输入极值测试你编写的程序，看看会发生什么以及程序的容错能力。尝试改写代码以改进程序，或者改写别人的程序——你能学到别人所有的秘密技巧。

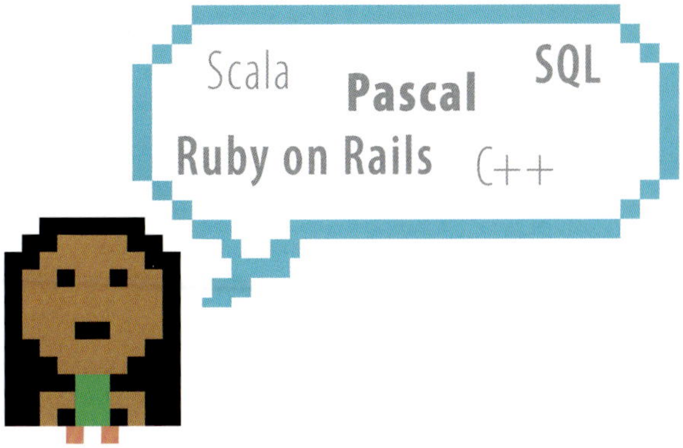

△ 学习新的编程语言

掌握多种编程语言。你所学的每一种编程语言都将教会你更多深入的编程知识。大多数编程软件都有免费版本，快去下载吧！

◁ 建立一支机器人军队

将计算机连接各种可编程的设备，从闪烁的 LED 指示灯到机器人。这很有趣，当你弄清楚如何征服世界时，你会学到非常多的东西。

▷ 拆分计算机

拆开一台旧计算机，看看它是如何工作的（记得事先获得主人许可）。计算机没有太多组件，所以了解计算机的所有组成部分不需要太长时间。最好尝试自己组装计算机，然后在计算机上运行你编写的程序。

▷ 赢得一次奖励

当你的编程技巧大大提高以后，为什么不参加一次在线编程竞赛呢？有很多不同水平的编程竞赛可供你选择，其中最难的是世界级赛事，如谷歌编程挑战赛，也有一些比较容易的竞赛。

记住

一定要玩得开心！

编程很像尝试解决难题。它极具挑战性，你可能经常陷入困境，有时这很令人沮丧。但是当你解决难题以后，你会有长足的进步，而且看到代码运行时，你肯定会非常兴奋。保持对编程热情的最好方法就是量力而行，接受适合自己的挑战。如果项目太简单，你会感到无聊；如果项目太难，你会失去兴趣。永远不要害怕去完善或打破规则，让你的好奇心引领你。不过最重要的是，一定要玩得开心！

词汇表

ASCII 码

美国信息交换标准代码集，用于将文本中的字符存储为二进制代码。

编程语言

用来给计算机发布指令的语言。

变量

用来存储可更改信息的已命名的位置。

病毒

一种通过自我复制在计算机间传播的恶意软件。

布尔表达式

只有两种可能答案——真和假——的问题。

操作系统

计算机操作系统为其他程序运行提供了基础，是其他程序与硬件之间的纽带。

程序

为了完成任务，计算机需要遵循的一组指令。

处理器

计算机内运行程序的电子芯片。

存储器

计算机内存储数据的电子芯片。

错误

程序代码中的错误，使程序表现异常。

调用

使用程序中的一个函数。

端口

计算机使用一个数字作为特定程序的地址。

恶意软件

旨在扰乱或破坏计算机的软件。

二进制代码

由 0 和 1 组成的代码，用于存储数据。

分支

程序中有两条或两条以上路径的位置。

服务器

存储可通过网络访问文件的计算机。

浮点数

带小数点的数。

函数

一段代码，用于完成复杂任务中的一部分。

黑客

闯入计算机系统的人。白帽黑客为保护计算机安全的公司工作，负责发现计算机漏洞并修复它们。黑帽黑客入侵计算机系统，造成危害或从中获取非法利益。

IP 地址

计算机连接到互联网时，代表计算机地址的一串数字。

机器码

计算机能够理解的基本语言。在处理器读取程序之前，编程语言必须被翻译成机器码。

积木

Scratch 代码积木的简称。其本质是代码指令，只不过外在形式类似积木，Scratch 的编程方式类似搭积木。

计算机网络

将两台或更多台计算机连接在一起的系统。

加密

一种对数据加密的技术。经过加密后，只有特定的人才可以访问数据。

界面

用户与软件或硬件交互的媒介。

角色

Scratch 中可移动的对象。

库

Python 中的一组模块。

门

计算机通过门做出判断。根据规则，门有一个或多个输入信号，只产生一个输出信号。例如，只有当两个输入信号都为开时，与门的输出信号才为开。除了与门，还有或门、非门、异或门等。

模块

Python 中存储一系列函数的独立文件。

目录

存储文件等信息的数据结构。

random

Python 的一个模块，其中包

含可以产生不可预测结果的函数。random 模块在创建游戏时很有用。

容器

程序的一部分，用于存储数据。

软件

在计算机中运行并控制计算机如何运行的程序。

十六进制

基数为 16 的数字体系，数码中的10~15由字母A~F表示。

事件

可以让计算机程序做出反应的动作，如按下键盘上的一个按键或者点击鼠标。

输出

由计算机程序生成并给用户查看的数据。

输入

利用麦克风、键盘或鼠标等设备输入到计算机中的数据。

数据

如字母、符号和数字一类的信息。

算法

执行任务时遵循的一组分步指令，如运行一个计算机程序。

索引

列表中各项的编号。在 Python 中，列表第一项的索引是 0，第二项是 1，以此类推。

套接字

IP 地址和端口的组合。套接字让程序可以通过互联网直接传送数据。

特洛伊木马

为了欺骗用户而伪装成其他软件的恶意软件。

调试

查找并更正程序中的错误。

调试程序

检查其他程序的代码是否存在错误的程序。

图像

屏幕上非文本的视觉元素，如图片、图标和符号。

图形用户界面

组成程序的按钮和窗口的名称。你可以通过图形用户界面查看程序并实现交互。

Unicode 编码

计算机使用的通用代码，用来表示成千上万个字符。

位

一般用二进制数字 0 或 1 表示。位是数据信息的最小单位。

文件

有名称的数据存储集合。

循环

程序的重复运行部分（可以避免多次输入相同的代码）。

压缩

让数据占用更小存储空间的方法。

硬件

你可以看到并触摸的计算机的物理部分，如电线、键盘和显示器。

语法

决定程序如何构建才能正常运行的规则。

元组

用逗号分隔并用圆括号括起来的项目集合。

运行

使程序开始的指令。

运算

执行特定函数。

整数

不包含小数点并且不是分数的数。

字符串

一组字符。字符串可以包含数字、字母和符号。

字节

作为一个单位来处理的 8 位二进制数。

索引

致谢

DORLING KINDERSLEY would like to thank: Vicky Short, Mandy Earey, Sandra Perry, and Tannishtha Chakraborty for their design assistance; Olivia Stanford for her editorial assistance; Caroline Hunt and Steph Lewis for proofreading; Helen Peters for the index; and Adam Brackenbury for creative technical support.

DORLING KINDERSLEY INDIA would like to thank: Kanika Mittal for design assistance; Pawan Kumar for pre-production assistance; and Abhijit Dutta and Mark Silas for code testing.

Scratch is developed by the Lifelong Kindergarten Group at MIT Media Lab. See **http://scratch.mit.edu**